市政工程规划与设计

主编　余以文　曾向前　张秋芳

上海交通大学出版社
SHANGHAI JIAO TONG UNIVERSITY PRESS

内容提要

本书围绕城市与市政工程的核心内容，深入探讨了城市发展与市政建设的关系。首先，概述了城市与市政工程的基本概念与重要性，指出市政工程在城市发展中的基础性作用。接着，详细介绍了城市道路工程、竖向工程、给水工程、排水工程、防洪工程、能源工程、通信工程、管线综合工程的规划与设计的要点，为城市道路的合理规划提供了指导。同时，通过工程规划设计案例，展示了理论知识的实际应用，探讨了城市发展要求下的规划设计策略，为城市的可持续发展提供了有力支持。

本书旨在为读者提供全面而深入的城市与市政工程知识，为城市规划和市政工程建设提供有益参考。

图书在版编目（CIP）数据

市政工程规划与设计 / 余以文，曾向前，张秋芳主编. -- 上海 : 上海交通大学出版社，2024.9 -- ISBN 978-7-313-31380-5

Ⅰ. TU99

中国国家版本馆 CIP 数据核字第 20249RF640 号

市政工程规划与设计

SHIZHENG GONGCHENG GUIHUA YU SHEJI

主　　编：余以文　曾向前　张秋芳

出版发行：上海交通大学出版社　　地　　址：上海市番禺路 951 号

邮政编码：200030　　电　　话：021-64071208

印　　制：苏州市古得堡数码印刷有限公司　　经　　销：全国新华书店

开　　本：787 mm×1092 mm　1/16　　印　　张：13.5

字　　数：322 千字

版　　次：2024 年 9 月第 1 版　　印　　次：2024 年 9 月第 1 次印刷

书　　号：ISBN 978-7-313-31380-5

定　　价：78.00 元

《市政工程规划与设计》编委会

主　编

余以文　广州市城市规划勘测设计研究院有限公司

曾向前　广州市城市规划勘测设计研究院有限公司

张秋芳　广州市城市规划勘测设计研究院有限公司

副主编

王远回　深圳国家高技术产业创新中心深圳发展改革研究院

编　委

何恒林　华设设计集团浙江工程设计有限公司

况　旺　深圳市城市交通规划设计研究中心股份有限公司

周文君　佛山市城市规划设计研究院有限公司

房　肖　广州帛铎工程技术咨询有限公司

吴浩彬　汕头市自然资源局潮南分局

前 言 | FOREWORD

高质量的市政工程规划建设是城市高质量发展的重要支撑和保障。现有城市核心区的市政工程规划存在着空间要素融合不足、地下空间水安全考虑不周、厌恶性设施落地难和新型技术应用不够等问题。国外类似先进城市案例分析表明,高质量、可持续的市政基础设施具有低碳绿色与智慧升级的内涵特征。市政工程规划和设计要树立创新、协调、绿色、开放、共享的理念。如何在做好市政工程的基础上,推动市政工程的高质量规划建设,是中国式现代化进程中的一个重大课题。

本书为"工程建设理论与实践丛书"之一。本书围绕市政工程规划与设计主题,从城市与市政工程、城市道路工程规划与设计、城市竖向工程规划与设计、城市给水工程规划与设计、城市排水工程规划与设计、城市防洪工程及海绵城市规划与设计、城市能源工程规划与设计、城市通信工程规划与设计、城市管线综合工程规划与设计九大方面对市政工程规划和设计的基础理论进行阐述,并结合新时期高质量发展背景下的城市市政工程规划与设计实例,来详细阐述在现代背景下如何进行城市市政工程的规划与设计。本书适合从事城市规划、区域规划、资源环境与城乡规划以及市政工程等专业的工程技术人员和管理人员参考使用。

由于笔者水平有限,加之时间仓促,书中所涉及的内容难免有疏漏之处,希望各位读者多提宝贵意见,以便进一步修改,使之更加完善。

编 者

2024 年 1 月 20 日

目 录 | CONTENTS

第一章

城市与市政工程

第一节　城市发展与市政建设

一、城市的概念

城市在经济学、社会学、地理学、城市规划学等不同的学科领域有着不同的概念阐述。经济学家认为城市是在有限空间内具有一定规模的各类经济活动相互交织的地理区域。社会学家认为城市是非农业人口密集、具有市场功能的、在地理上有界的社会组织形式。地理学家认为城市是指地处交通方便的环境，且覆盖有一定面积的人群和房屋的密集结合体。

中国工程院、中国科学院两院院士吴良镛对城市的解释如下："城市聚集了一定数量的人口；城市以非农业活动为主，是区别于农村的社会组织形式；城市作为一定地域范围内的政治、经济、文化中心，通常具有多种职能；城市要求相对聚集，以满足居民生产和生活方面的需要，发挥城市特有功能；城市必须提供必要的物质设施和力求保持良好的生态环境；城市是根据共同的社会目标和各方面的需要而协调运转的社会实体；城市有继承传统文化并加以延续发展的使命"。

《城市规划基本术语标准》(GB/T 50280—1998)中对城市的定义："以非农产业和非农业人口聚集为主要特征的居民点。包括按国家行政建制设立的市和镇。"

综上所述，城市是非农业人口集中，并以从事非农业生产活动为主的居民点，是在一定地域范围内，社会经济和文化活动集中的空间结构形式。

二、市政的含义与基本职能

（一）市政的含义

市政，即市政主体作用于市政客体及其过程。可以从广义和狭义两方面来理解。广义的市政是指城市的政党组织和国家政权机关为实现城市自身和国家的政治、经济、文化和社会发展而进行的各项管理活动及其过程。狭义的市政是指城市的国家行政机关对市辖区域内的各类行政事务和社会公共事务所进行的行政管理活动及其过程。

市政是相对于乡政而言的，严格意义的市政是城市与乡村分治、城市管理机构与乡村管理机构分设之后的产物。

从一般意义上讲，自从产生了城市，便相应产生了对城市的行政管理活动。但过去城市与乡村是合治的，也没有专司城市事务的城市政府，因此严格意义上的市政是在城市政府产生后，在城乡分治、市政与乡政明确分开后才出现的。

综上所述，市政是指国家在城市区域设置的政权机关，特别是行政机关，为实现城市自身和国家整个政治、经济、文化的发展，以各种手段对城市有关公共事务进行的有效的管理活动。

（二）市政的基本职能

市政职能是指城市政府在依法管理城市公共事务中所承担的职责和具有的作用。从动态来看，它是行使职权、发挥作用的一系列活动的总称。

在我国，广义的市政职能包括国家在城市内的政治、经济、文化和社会管理事务方面的重要职责和功能，在市政管理过程中体现为法律、法规和上级政府决定的行为。狭义的市政职能主要是指城市政府在城市环境、城市规划、城市建设、城市服务和城市管理等方面的职责和功能，也包括组织本市的政治、经济、文化和社会活动，管理地方公共事务，为城市居民提供优质高效的公共服务。

市政职能的履行是以城市政府为主体，通过法制化、科学化、现代化的途径和方式，对城市公共事务这个客体进行管理。

市政职能随着城市的发展而不断发展变化，在不同国家和同一国家的不同历史时期，市政职能具有不同的内容和特征。

三、市政与城市发展的关系

城市的发展形成了市政。生活在城市中的人们要求获得更好的生活环境。要想城市的各方面正常运转，就必须要求市政府有一套专门的管理制度和管理模式，城市现代化程度的不断提高要求市政设施等方面也同步跟上。

当前国际化大都市、全球城市、世界城市、信息城市、数字城市、海绵城市、生态城市等新的概念不断涌现，沿海大都市带迅速发展，城市间的协调竞争成为重要问题。新时期的城市规划体系要能够推进城市高质量发展，强调城市生态环境，注重城市形象；强调以人为本、公众参与，建立和谐社会；强调城市遗产保护，坚持可持续发展。

城市规划与市政工程规划设计也是紧密结合、密不可分的。城市规划从某种意义上讲就是一种空间地域的规划，其任务是为各种活动提供空间结构规划，它涉及城市的外观形式、性质、产业发展与布局、社会发展与设施、规模投资及城市各部分的组成、管理、政策等。市政工程规划设计是城市规划体系的重要组成部分，是进行市政施工的蓝图。作为城市规划体系重要组成部分的市政工程规划设计体系，与城市总体规划、控制性详细规划以及城市设计相互作用，共同推进城市化建设和发展。在进行市政工程规划设计时，必须要立足长远，统筹兼顾，对整个城市进行科学、合理规划，并将着眼点置于城市的未来发展。城市的发展规划关系着整个城市的现状和未来发展，在进行城市化建设时，要对市政工程规划设计在城市规划体系中的地位和作用进行深入探析，以推进城市化建设的高质量发展。

第二节　市政工程的认知

一、市政工程的概念

市政工程，又称为市政公用设施或基础设施。市政与现代城市息息相关，城市的发展带动了市政设施的形成和完善，城市现代化程度的不断提高也要求市政设施同步发展。

城市公用设施和城市基础设施、城市的发展规划、城市卫生、城市环境保护等方面都属于市政，市政府需要把这些事务综合起来，设立各个不同的市政部门，运用各种法律规章和行政手段对其进行管理和规范，保证社会公共事务的正常运行，促使市政、市政管理、城市建设向着良性运行的方向发展。

城市基础设施是区域基础设施在城市市区内的具体化，是地区或区域基础设施的组成部分。包括城市道路交通、给水、排水、供电、燃气、集中供热、邮政电信、防灾等，这些都是分布在城市区域内并直接为城市生产生活服务的基础设施，并在城区中由市政府及其职能部门进行筹划、组织设计、施工并实施管理，故称之为“市政工程”或“市政公用设施”。

市政工程是城市赖以生存和发展的物质基础，是现代化城市的重要标志。城市的健康快速发展离不开城市的生命线工程——完善、便捷、高效的市政工程的建设。

二、市政工程建设的特点

市政工程建设的特点，主要表现在以下六个方面。

(1) 单项工程投资大。一般工程的投资在千万元左右，较大工程在亿元以上。

(2) 产品具有固定性，工程建成后不能移动。

(3) 工程类型多，工程量大。如道路、桥梁、隧道、水厂、泵站等类别的工程，工程量很大；又如城市快速路、大型多层立交、千米桥梁逐渐增多，土石方数量也很大。

(4) 点、线、片形工程都有。如桥梁、泵站是点形工程，道路、管道是线形工程，水厂、污水处理厂是片形工程。

(5) 结构复杂。每个工程的结构不尽相同，特别是桥梁、污水处理厂等工程更是复杂。

(6) 干、支线配合，系统性强。如道路、管网等工程的干线要解决支线的流量问题，并形成系统，否则会相互堵截，排流不畅。

总之，由于市政工程的特点，在基本建设项目的安排上，特别是在核算工程投资或造价方面，必须尊重市政工程的客观规律性，严格按照程序办事。

三、市政工程在基本建设中的地位

市政工程是国家的基本建设，是组成城市的重要部分。市政工程包括：城市交通、给水、排水、供电、供燃气、集中供热、邮政电信、防灾等工程，这些工程都是国家投资(包括地方政府投资)兴建的，是城市的设施，是供城市生产和人民生活的公用工程，故又称“城市公用设施工程”。

市政工程有着建设先行性、服务性和开放性等特点，在国家经济建设中起着重要的作用。它不仅能解决城市交通运输、排水问题，促进工农业生产，而且能大大改善城市环境卫生，提高城市文明建设的水平。有的国家市政工程为支柱工程、骨干工程。改革开放以来，我国各级政府大量投资兴建市政工程，不仅使城市林荫大道成网，给水、排水管道成为系统，绿地成片，水源丰富，电源充足，堤防巩固，而且逐步兴建煤气、暖气管道，集中供热、供气，使市政工程起到了为工农业生产服务，为人民生活服务，为交通运输服务，为城市文明建设服务的作用，并有效地促进了工农业生产的发展，改善了城市环境、美化了市容，使城市面貌焕然一新，经济效益、环境效益和社会效益不断提高。

四、市政工程规划的阶段和侧重点

市政工程规划阶段的划分是由市政工程自身建设发展要求决定的。从理论角度讲，城市市政工程规划分两个阶段（专业规划、详细规划）、三个层次（宏观、中观、微观）。

市政工程规划一般分为专业规划、详细规划两个阶段。专业规划从空间分布上可分为区域性专业规划和城市性专业规划。专业规划可以在编制城市总体规划的同时作为子课题进行，也可在城市总体规划编制完成后，在其指导下单独进行编制。详细规划一般应按编制办法所要求内容较为完整地进行编制，也可根据实际情况，只选择其中一个或几个子内容进行编制。如城市道路工程详细规划、城市排水工程详细规划等。

市政工程规划就其空间布置而言，可分为宏观、中观、微观三个层次。宏观主要是解决区域布局，中观主要是解决一个城市的系统和指标，微观则侧重具体操作实施。由于这三个层面的存在，使市政工程规划具有阶段性，不同的阶段，解决问题侧重点不同，最终形成层次分明、点面结合、分工明确、互相协调，运转高效的市政设施有机整体。

城市市政工程规划的两个阶段和三个层次有其自身的内在规律和时序，一般应遵循宏观—中观—微观的层次。各自解决问题的侧重点也显而易见，宏观解决区域体系、方针政策，便于政府进行宏观引导和控制，避免重复建设、优化资源配置、减少浪费、提高整个系统的效率；中观则根据每个城市的具体情况，有针对性地解决城市具体问题和矛盾，进行城市市政工程设施和线路布局，提出合理的指标体系；微观则重点解决具体操作性问题，直接为工程设计和建设提供依据。但市政工程规划编制的实际情况与上述要求并不一定相同，通常是微观先行、宏观在后，这就使得市政工程规划在两个阶段的侧重点有所差异，详细规划阶段的工作更着重于整合，对先前开展的多块分散控制性详细规划覆盖范围（没有有机联系在一起）内的市政工程规划内容进行整合，增强其系统性和可操作性。

在对分散的块状控制性详细规划覆盖范围内的市政工程内容进行整合时，需要以上一层次专业规划作为依据，因此，有条件时应先行开展宏观、中观层次专业规划；条件尚不成熟的，也应在整合规划开展前进行有关方面的分析和研究，拟定大的原则、系统指标框架，作为整合规划的依据。

第三节　市政工程的高质量发展

高质量发展需要体现“创新、协调、绿色、开放、共享”的新发展理念。创新发展理念明确创新是引领发展的第一动力，要求遵循经济发展规律、科技发展规律，通过不断创新提高生产力水平；协调发展理念明确协调是可持续健康发展的内在要求，同步推进新型工业化、信息化、城镇化和农业现代化，推进行业、产业、城乡、区域协调发展，实现物质文明和精神文明相协调；绿色发展理念明确绿色是永续发展的必要条件和人民对美好生活追求的重要体现，要求尊重自然、顺应自然、保护自然，在遵循自然发展规律的基础上实现高质量发展；开放发展理念明确开放是国家繁荣发展的必由之路，坚持共商共建共享，坚持和平合作、开放包容、互学互鉴、互利共赢，主动参与、推动引领经济全球化进程，推动构建人类命运共同体，提高发展内外联动性；共享发展理念明确共享是中国特色社会主义的本质要求，要在发展中处理好效率和公平的关系，坚持发展为了人民、发展依靠人民、发展成果由人民共享。因此，必须完整、准确、全面贯彻新发展理念。

在城市建设领域中，体现以人为本的新型城镇化，以及生态优先、绿色发展，统筹发展和安全等，是建设高质量城市的重要方向。市政系统作为支撑城市发展的重要基础，探索适应城市高质量发展、生态文明可持续发展新要求的新型市政系统规划方法具有重要意义。

《"十四五"新型城镇化实施方案》指出，要坚持人民城市人民建、人民城市为人民，顺应城市发展新趋势，加快转变城市发展方式，建设宜居、韧性、创新、智慧、绿色、人文城市，打造人民高质量就业和高品质生活的空间，不断满足人民日益增长的美好生活需要。高质量的发展是要更好提供精准化、精细化服务，把为人民服务放在首位，塑造美好的生活家园。

一、传统市政规划的主要问题

面向城市核心区高密建设需求，传统的市政系统规划在高质量和可持续方面体现不足。主要存在竖向和空间要素融合度不足，忽视与人日常服务相关的其他要素，对城市安全重视不足，对厌恶性设施选址考虑不周等问题。同时，传统市政规划缺乏对新的市政技术的系统考虑，特别是对一些新型的、面向可持续发展的资源集约新技术应用研究不够。

（1）市政规划和其他空间要素融合度不足。以深圳湾超级总部基地原有市政专项为例（以下简称"超总"）。其规划开展主要面向配套和支撑超总控制性详细规划（以下简称"控规"）编制，以市政系统本身的合理性和科学性为主要导向，但忽视了与之相关的复杂的地下空间开发体系。如污水工程规划，在区内规划了埋深约 6～7 m 的污水干管，对超总地下空间开发的人行连通系统制约明显，影响了地下人行服务系统的便捷性和舒适性体验，难以体现以人为本导向的市政规划价值观。同时，超总城市设计以窄街区、密路网为导向，支路红线空间狭窄，一般仅规划 12 m 道路红线宽度，原规划的市政管网系统在管线路由敷设方面也受到极大的制约。

（2）地下空间水安全规划考虑不足。在传统的市政规划中，一般地下空间规划和市政工程规划由不同的单位和主管部门编制。虽然在城市防洪规划、排水防涝规划等市政规划中会系统考虑城市洪涝风险，但对于地下空间洪涝风险考虑不足，地面和地下水安全缺乏协同考虑。如河南郑州"7·20"暴雨灾害给地下空间开发的水安全保障敲响了警钟。

（3）难以解决厌恶性设施落地问题。近年来，随着城镇化程度不断提高，厌恶性设施的选址往往面临着与周边环境协同的压力。垃圾转运站、变电站、热电厂等市政设施，因其邻避性都受到了或多或少的公众阻力。传统市政规划在考虑本身系统合理性的同时，对于设施的建设形式、对周边环境影响等选址制约因素的考虑还不够深入。

（4）新技术应用研究不够。随着信息技术和智能化技术的进步，以及双碳工作背景下对低碳绿色和生态文明理念的落实，雄安新区、深圳前海、珠海横琴等城市建设高标准区域，进行了若干新技术的探索研究，涌现了区域供冷、直流供电、无人物流、气动垃圾、智慧市政等新型技术。而传统市政规划主要考虑水、电、气、环卫等基本保障型设施，对于新型的、改善和提高人的体验的技术尚缺乏统筹性研究和探索。

总体来说，传统的市政系统规划以市政行业部门为主导，注重的是市政系统本身的科学性和合理性，以满足市政工程建设为导向，而缺乏对人的服务的精细关注，缺乏对其他相关城市空间要素的细致考虑，且对低碳绿色可持续技术方面的关注也不足。

二、国外先进的市政系统规划案例

1. 日本大丸有地区

大丸有地区位于东京中央车站和日本皇宫之间，是东京建设密度最高，最为复杂的地区之一，约 120 hm^2 范围内，集聚 28 万的就业人口和 4 300 多家企业。

大丸有地区非常重视对人的服务和环境友好发展，总体愿景为打造一个具有千年活力的地区。为此，大丸有发展协会设立了 9 个关键目标，包括创建鼓励创造力的多元化社区、系统地使用人们聚集的外部和公共空间、建立综合能源管理系统等。为此需要实现可持续的发展，在市政服务领域则强调能源的综合管理、城市供水网络升级、新运输和物流分配系统、多级废物利用等方面。

如能源方面，主要是要建立环境和能源管理系统。通过对片区居民和企业用户能源利用数据的收集，研究更高的能源使用效率；扩展现有大丸有地区能源网络系统，优化能源利用和热量输出。

与能源和供热企业共同协作，优化水—冰蓄能系统，并与生物质能、风能、太阳能、地热能等系统进行耦合。在未来，大丸有将被规划成为一个完全碳中和的城市，该地区内的活动对碳平衡的净影响将为零。

2. 新加坡裕廊湖地区

新加坡市区重建局发布的 2017 年度规划报告中提出，要为一个可持续的未来进行规划，其使命是使新加坡成为一个宜居、宜业、宜游的伟大都市。该报告提到，新加坡城市建设密度越来越高，但是依然追求一个更为绿色的都市，如城市空间和高层景观美化计划，以及垂直绿色城市的打造等，将城市塑造为一个更宜人的空间。

在市政方面，新加坡注重提升场所空间活力的设施建设，如在计划打造为新加坡新的中央商务区(central business district, CBD)的裕廊湖区，建设了一套地下式集中供冷系统。该供冷系统可以提供 2×10^6 m^2 的供冷，覆盖 32 栋标志性建筑的供冷服务。同时，该供冷系统可以对部分室外空间进行切换服务。例如当遇到国庆节等重大节日时，可以给部分室外空间供冷，提供更好的空间场所感受。

区域供冷系统利用了滨海湾的强大基础设施网络，特别是地下公共管廊，该网络为该区域提供了所有市政基础设施服务。此外，该地区还进行了气动垃圾输送系统、终端物流配送服务系统的规划和建设。

3. 多伦多未来城市

多伦多水岸项目是对未来之城的一次全面探索，虽然该项目最后因为政府、企业和市民的多方关系问题，数据的隐私问题以及面向疫情的经济冲击影响而宣告失败，但作为曾经的标杆和旗帜，多伦多项目为我国国内如雄安新区的智慧城市项目提供了参考。

多伦多未来城市项目面积约为 77 hm^2，位于安大略湖畔的一处老工业区，规划 2040 年创造 9.3 万个工作岗位，旨在创造一个“以人为本的完整社区”，其核心技术是构建以物联网和大数据为基础的城市运维系统。通过安装大量的传感器，监测交通、建筑、公共空间、管网、电网性能和垃圾收集情况等的运行，并收集交通、水质、空气等方面的数据，利用大数据技术分析和了解人们在出行、居住、用能等方面的特征，进而利用新技术提供更为精准匹配的城市服务，提升人们的生活体验。

三、市政工程的高质量发展趋势

高质量发展城市是以人为本的城市。正如多伦多规划开篇所述，未来城市不是一个人们幻想着飞行汽车的城市，而是一个更好地实现人的个性，服务人的需求，提供更好的工作、住房以及环境的城市。大丸有地区、新加坡的裕廊湖区、多伦多的未来城市都以服务人，让人更好地生活、工作、游乐，给人提供更好的生活空间和生活体验为出发点，这与我们国家提出的以人为本的新型城镇化建设不谋而合。

高质量、可持续的市政基础设施具有低碳绿色与智慧升级的发展路径。随着气候变暖的压力越来越大，低碳减排是上述案例重点探索的方向。气候适应，区域能源网络，废物的多级利用，水资源的综合利用等都是为了更友好地与环境“相处”，降低城市开发建设对环境的影响。以物联网、数字化技术形成基础平台系统，以人工智能等技术优化系统运行，并为传统市政工程如供能、供水等提供优化空间，为智慧物流配送、气动垃圾系统等新市政工程提供保障。

四、新时期市政工程规划的原则

城市发展对于市政基础设施的需求与日俱增。新时期，在新的国土空间规划体系、新的城市总体规划、新的市政工程审批制度改革背景下，在新的规范和新的市政技术应用条件下，需要认真思考如何更好地开展市政工程的综合规划，为城市发展继续保驾护航。

新时期市政工程的综合规划需要遵循以下原则。

(1) 坚持目标导向。以面向实施的时空统筹为目标，通过方案深化、三维控制，实现对各类工程的空间整合和建设时序统筹。

(2) 强化底线约束。各类工程的规划和设计均应满足相应规范要求，对现状工程的存废进行充分论证，保障各类工程的运行安全。

(3) 注重品质提升。从各类市政附属设施的精细化管控着手，使各类箱体杆柱融合于城市空间，与城市景观相协调。

(4) 加强全周期统筹。市政工程前期综合规划统筹与后续设计充分衔接，同时兼顾施工经济和运维便捷。

(5) 坚持理念更新。积极开拓创新思维，运用先进的集约化技术手段破解空间规划难题。

第二章

城市道路工程规划与设计

第一节　城市道路规划设计的基本要求

一、城市交通对道路规划建设的基本要求

城市道路规划应结合城市性质与规模、用地功能分区布置、交通运输、自然地形、工程地质水文条件、城市环境保护和建筑布局等要求进行综合分析确定，这样才能建成一个系统完整、功能分明、线形平顺、交通便捷通畅、布局合理的城市道路网。其具体要求如下。

(1) 道路建设、运输要经济。道路规划设计的总目标是以最少的建设投资和正常的维护费用，获得最大的服务效果与交通运输成本的节省。规划时，要注意把道路、居住区建筑和公用设施有机结合起来考虑；根据交通性质、流向、流量的特点，结合地形和城市现状，合理布置线路及其断面大小；对交通量大、车速高的干道路线，要平顺布置，次要干道可着重地形、现状，不强求线形平顺，以达到节省投资的目的。

(2) 区分不同功能道路性质，分流交通。尽量考虑区分不同功能道路性质，进行分流，这是使交通流畅、安全与迅速的有效措施。随着城市工农业生产和各项事业的兴旺发达，城市客、货运交通量和汽车、自行车数量的迅速增长，很多城市的交通拥挤状况日趋严重。除积极新建和扩建道路外，按客、货流不同特性以及交通工具不同性能和交通速度的差异进行分流，即将道路区分不同功能，妥善组织平交道口交通，布置必要的立体交叉，人流与车流分隔也是有效的措施。做到车辆、行人“各从其类，各行其道”，从而保证交通流畅与安全。

(3) 道路网规划应注意城市环境的保护。一般城市主要道路走向应平行于夏季主导风向，这样有利于城市通风。北方城市冬季严寒且多风沙，道路宜布置成与主导风向成直角或一定角度，可以减少大风直接侵袭城市。为减少机动车行驶排出的废气和噪声的污染，布置干道时，应注意采用交通分隔带，加强绿化，道路两侧建筑宜后退红线，特别要注意保持居住区与交通干道之间有足够的消声距离。

(4) 城市道路规划应注意道路与建筑整体造型的协调。城市道路不仅是城市的交通地带，而且通过路线的柔顺、曲折、起伏，两旁建筑的进退、高低错落和绿化配置，以及沿街公用设施、照明安排等有机协调配合，对城市面貌改善起到了重要的作用，可以给城市居民和外地旅客以整洁、舒适、美观和富有朝气的感受。

二、城市道路设计的基本要求

汽车在道路上行驶时，要保证安全、迅速、舒适的行驶状态，其中，行车安全是最基本的前提。汽车运输的整个过程应该达到行车迅速、运输价廉、乘客平稳舒适的要求。为满足这

些行车要求，道路应达到的基本要求有如下五方面。

(1) 保证汽车在道路上行驶的稳定性。这就要求合理地设置路线方向，合理地连接转向点，设置合理的弯道，设计合理的路面结构，以保证车轮在与路面接触时具有足够的附着力，保证汽车在行驶过程中不出现翻车、侧滑、倒溜等现象，同时保证汽车在坡道上行驶时具有抵抗倾覆和侧向滑移的能力。

(2) 保证行车畅通。在道路设计中，应保证进行交通运输时道路有足够的通行高度和宽度，足够的行车安全视距，尽可能地避免、减少或调节道路交叉的交通隐患。

(3) 对道路平面、纵断面进行合理的设计，尽可能地提高行车速度，减少燃料的消耗和轮胎的磨损。

(4) 设置必要的绿化和景观，以保证行车时感观舒适。

(5) 满足通行能力和交通量。一条道路的车辆通行能力是以一条车道为单位计算所得的。假定车辆以一定车速、最小安全距离连续行驶，每小时通过的最大车辆数即为一条车道的理论通行能力。交通量以车流量/小时或车流量/日表示，如指一天中由于通勤等出行引起的车流量明显高于其他时间的某一小时内通过的车辆数量，则称为高峰小时的车流量。

第二节　城市道路的作用和组成

一、城市道路的作用

城市道路是指城市内部的道路，是城市组织生产、安排生活、搞活经济、流通物资所必需的车辆、行人交通往来的道路，是连接城市各个功能分区和对外交通的纽带。

我国城市道路有着悠久的发展历史。城市道路的名称源于周朝。秦朝以后称“驰道”或“驿道”，元朝称“大道”。清朝由京都至各省会的道路为“官路”，各省会间的道路为“大路”，市区街道为“马路”。20世纪初，汽车出现后称为“公路”或“汽车路”。

城市道路是城市中组织城市交通运输的基础设施，主要作用是安全、迅速、舒适地通行车辆和行人，为城市工业生产和居民生活提供服务保障；是连接城市各个组成部分，并与郊区公路相贯通的交通枢纽。同时，城市道路是布置城市公用事业、地上及地下管线的基础，为布置街道绿化、组织沿街建筑、划分街坊提供条件。

城市道路是城市市政设施的重要组成部分。城市道路的用地范围是在城市总体规划中确定的，一般指道路规划红线之间的用地范围，是道路规划红线与城市建筑用地、生产用地以及其他用地的分界线。

二、城市道路的组成

城市道路是在城市范围内，供车辆及行人通行的，具备一定技术条件和设施的道路。它不仅是组织城市交通运输的基础，而且是城市中设置公用管线、街道绿化、组织沿街建筑和划分街坊的基础。把城市的各个不同功能组成部分(市中心区、工业区、居住区、机场、码头、车站、公园等)通过城市道路加以连接，还具有美化城市的功能。

城市道路主要组成有车行道、人行道、平侧石及附属设施四个主要部分。

(1) 车行道。供各种车辆行驶的行车部分。其中，供机动车行驶的车道称为“机动车道”;供非机动车行驶的车道称为“非机动车道”。

(2)人行道。专供行人步行交通使用,如地下人行道、人行天桥。

(3)平侧石。位于车行道和人行道的分界处,是路面排水设施的一个组成部分,起着保护道路面层结构边缘部分的作用。侧石与平石的线形决定了车行道的线形,平石的平面宽度则属于车行道范围。

(4)附属设施。主要包含以下内容:

① 交通基础设施。如交通广场、停车场、公共汽车停靠站台、出租车上下客站等。

② 交通安全设施。是为了便于组织交通、保证交通安全而布置的,如交通信号灯、交通标志、标线、交通岛、护栏、各种电子信号显示设备等。

③ 排水系统。用于排除地面水,如街沟、边沟、雨水口、窨井、雨水管等。

④ 沿街景观设施,如灯柱、电杆、邮筒、电话亭、清洁箱、公共厕所、行人座椅等。

⑤ 具有卫生、防护和美化作用的绿化带。包括中央分隔带、机非分隔带、人行道绿化带等。

⑥ 地下的各种管线,如电缆、燃气管、给水管、污水管等。

第三节　城市道路的分类及结构形式

一、城市道路的分类

城市道路是城市的骨架,必须满足不同性质交通的功能要求。作为城市交通的主要设施、通道,除了应该满足交通的功能要求以外,还要起到组织城市和城市用地规划的作用。城市道路系统规划要求按照道路在城市总体布局中的骨架作用和交通地位对道路进行分类,还要按照道路的交通功能进行分类,城市道路需同时满足“骨架”和“交通功能”的要求,两者相辅相成,相互协调。两种分类的协调统一是衡量一个城市交通和道路系统规划是否合理的重要标志。此外,还可以按对交通的服务目的对道路进行分类,这是把上述两种分类的思路结合起来,提出的第三种分类,有助于加深对道路系统的认识,组织好城市道路交通。

(一)按城市骨架分类

根据道路在城市道路系统中所处的地位、交通功能以及在城市总体布局中的位置、作用,我国国家标准对城市道路按城市骨架共划分为四类,即快速路(一般为汽车专用路)、主干路(全市性干道)、次干路(地区性或分区干道)、支路(居民区道路与连通路)。其中,除快速路外的每类道路又分为三级,主要是根据其所在城市的规模、设计交通量、地形等因素分类的,由此城市道路共分为四类、十级。

1. 快速路

快速路又称城市快速干道,属于城市交通主干路,一般是汽车专用路。

城市快速路中设有中央分隔带,具有四条以上的车道,全部或部分采用立体交叉与控制出入,分向分道行驶,一般布置在城市组团之间的绿化分隔带中,成为城市组团的分界,是供车辆以较高的速度行驶的道路。

快速路完全为交通功能服务,是解决城市长距离快速交通运输的动脉。为城市中大量、长距离、快速交通服务。快速路是城市与高速公路的联系通道。在快速路的机动车道两侧不应设置非机动车道，不宜设置吸引大量车流、人流的公共建筑物的进出口。两侧一般建筑物的进出口应加以控制，且车流和人流的出入应尽量通向与其平行的道路。

快速路两旁视野要开阔，可以设绿化带，但不可种植高大的乔木和灌木，以免阻碍视线，影响交通安全。在有必要且条件允许的城市，快速路的部分路段可考虑采用高架的形式，也可采用路堑的形式，以更好地协调用地与交通的关系。

2. 主干路

主干路又称城市主干路，是城市中主要的常速交通道路，在城市范围之内为全市性干道，在城市道路网中起骨架作用；是连接城市各主要分区的交通干道，为相邻的组团之间和市中心区的中距离运输服务；是联系城市各组团及城市对外交通枢纽的主要通道。

主干路以交通功能为主（小城市的主干路可兼沿线服务功能）。除可分为客运或货运为主的交通性主干路外，也有少量主干路可以成为城市主要的生活性景观大道。

主干路两侧不应设置吸引大量车流、人流的公共建筑物的进出口。当自行车交通量大时，宜采用机动车与非机动车分隔形式。一般交叉口采用平面交叉，交通量较大时，采用扩大渠化交叉口，以提高通行能力。流量特大的主干路交叉口可设置立体交叉。主干路上平面交叉口距离以 800～1 200 m 为宜，以减少交叉口交通对主干路交通的干扰。交通性的主干路解决大城市各区之间的交通联系，以及与城市对外交通枢纽之间的联系。例如：北京的东西长安街是全市东西向的主干路，全线展宽为 50～80 m，市中心路段为双向 10 条车道，设置隔离墩，实行快慢车分流。

3. 次干路

次干路是城市各组团内的主要干道，联系主干路之间的辅助性干道，与主干路连接组成城市干道网，起到广泛连接城市各部分和集散交通的作用。属于地区性或分区范围内的干道。

次干路是城市中较多的一般交通道路，沿街多数为公共建筑和住宅建筑，兼有服务功能；设置有机动车和非机动车的停车场，并能满足公共交通站点和出租车服务站的设置要求。其主要特征是一般交叉口采用平面交叉；部分交叉口采用扩大交叉口。

4. 支路

支路又称城市一般道路或地方性道路，是次干路与街坊路的连接线，解决局部地区交通，以服务功能为主，沿街以居住建筑为主。

支路不得与快速路直接相连，只可与平行快速路的道路相接，在快速路两侧的支路需要联系时，应设置分离式立体交叉跨越。支路应满足公共交通路线行驶的要求。

快速路与高速公路、快速路、主干路相交采用立体交叉；与交通量较大的次干路可采用立体交叉，与交通量较小的次干路采用展宽式信号灯管理平面交叉；与支路不能直接相交；禁止行人和非机动车进入快速车道。

城市道路除快速路以外，每类道路按照城市规模、设计交通量、地形等分为Ⅰ、Ⅱ、Ⅲ级。以城区常住人口为统计口径，将城市划分为五类、七档。

（1）超大城市。城区常住人口 1 000 万以上的城市。

（2）特大城市。城区常住人口 500 万以上 1 000 万以下的城市。

（3）大城市。城区常住人口 100 万以上 500 万以下的城市为大城市，其中 300 万以上 500 万以下的城市为Ⅰ型大城市，100 万以上 300 万以下的城市为Ⅱ型大城市。

(4) 中等城市。城区常住人口50万以上100万以下的城市。

(5) 小城市。城区常住人口50万以下的城市,其中20万以上50万以下的城市为Ⅰ型小城市,20万以下的城市为Ⅱ型小城市。

根据《城市道路工程设计规范(2016年版)》(CJJ 37—2012)要求,大城市及以上应采用各类道路中的Ⅰ级标准;中等城市应采用Ⅱ级标准;小城市应采用Ⅲ级标准。有特殊情况需变更级别时,应做技术经济论证,报相关规划部门审批和批准。

城市道路设计年限是指为确定道路宽度而采用的考虑远期交通量的道路使用年限。城市道路的分类分级详见表2.1。

表2.1 城市道路分类分级

类别	级别	设计年限/年	计算车速/(km·h^{-1})	双向机动车车道数/条	机动车车道宽度/m	分隔带设置	横断面采用形式
快速路	—	20	80,60	4,8	3.75~4	必须设	双,四幅路
主干路	Ⅰ	20	60,50	4,6	3.75	应设	双,三,四
	Ⅱ		50,40	≥4	3.75	应设	双,三
	Ⅲ		40,30	4	3.5~3.75	宜设	双,三
次干路	Ⅰ	15	50,40	4	3.75	应设	双,三
	Ⅱ		40,30	4	3.5~3.75	设	单,双
	Ⅲ		30,20	2~4	3.5	设	单,双
支路	Ⅰ	10	40,30	2~4	3.5~3.75	不设	单幅路
	Ⅱ		30,20	2	3.5	不设	单幅路
	Ⅲ		20	2	3.5	不设	单幅路

(二) 按交通功能分类

城市道路按交通功能分类的依据是道路与城市用地的关系,按道路两旁用地所产生的交通性质来确定道路的功能。可分为两大类。

1. 交通性道路

交通性道路是以满足交通运输为主要功能的道路,承担城市主要的交通流量及对外联系的交通。

交通性道路的特点为车速高、车辆多、车行道宽,道路线形要符合快速行驶的要求,道旁要求避免布置吸引大量人流的公共建筑。

根据车流的性质,交通性道路又可以分为以下几种。

(1) 以货运为主的交通干道主要分布在城市外围和工业区、对外货运交流枢纽附近。

(2) 以客运为主的交通干道主要布置在城市客流的主要流向上,又可分为客运机动车交通干道、全市性自行车专用路两种。

(3) 客货混合性交通道路是交通干道间的集散性或联络性的道路，或用于用地性质混杂的地段。

2. 生活性道路

是以满足城市生活交通要求为主要功能的道路，主要为城市居民购物、社交、游憩等活动服务，以步行和自行车交通为主，机动车交通较少，道路两旁布置为生活服务的、人流较多的公共建筑及居民建筑，要求有较好的公共交通服务条件。它又可分为以下两种：① 生活性干道，如商业大街、居住区主要道路；② 生活性支路，如居住区内部道路等。

(三) 按交通目的分类

可以把交通分为以疏通为目的的交通(疏通性交通)和以服务为目的的交通(服务性交通)两类。两类交通对道路的布置、断面、线形的要求，以及与道路两旁的用地的关系是不同的。因此可以把城市道路从系统上分为以下两大类。

1. 疏通性道路

要求畅通、快捷。如城市中的快速路、交通性干道等。疏通性的道路应与对外交通系统有好的衔接关系。

2. 服务性道路

是指解决地区内交通的地方性道路，以服务功能为主。通常是城市次干路、支路等，服务性道路上的车速较低，要有较多供车辆停放的车位。两侧用地为商业用地、生活性居住用地时，要有较好的步行环境；两侧用地为工业仓储用地时，也应对车速加以限制。城市道路作为骨架与城市用地布局的关系如图 2.1 所示。

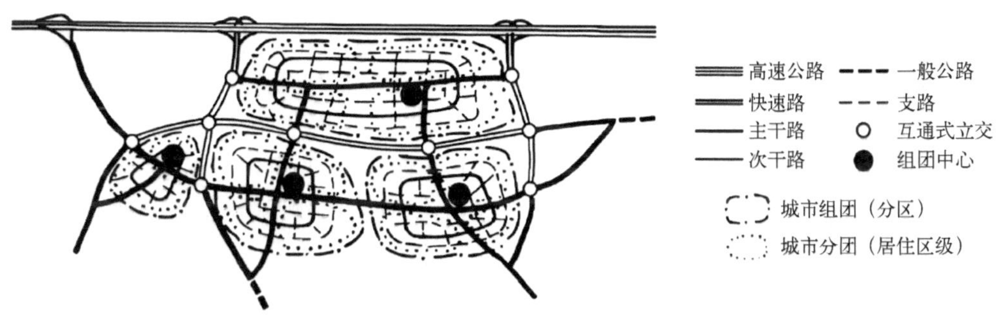

图 2.1　城市道路骨架与城市布局的关系图

二、城市道路系统的结构形式

城市道路系统由城市辖区范围内各种不同功能的道路组成，包括附属设施。城市道路系统不仅把城市中各个组成部分有机地连接起来，使城市各部分之间具有便捷、安全、经济的交通联系，而且是城市总平面布局的骨架，对城市的建设发展起着重要作用。城市内的道路纵横交织、组成网络，因此城市道路系统又被称为“城市道路网”。

城市道路网一般包括城市各组成部分之间相互联系、贯通的汽车交通干道系统和各分区内部的生活服务性道路系统。可以把常用的干道系统平面几何图形归纳为五种图式：放射环式、方格网式、自由式、混合式、组团式。前三种为基本类型；混合式是由两种或三种基本图式综合而成的系统;组团式是由多中心的路网系统组合而成,每个中心的路网图式可以是前四种中的某一种。

(一) 放射环式道路系统

放射环式道路系统是国内、外大城市和特大城市采用较多的一种形式。由放射干道和环道组成,通常均由旧城中心区逐渐向外发展、向四周引出放射道,内环干道则沿着拆除的城墙要塞旧址形成。随着城市的发展,逐渐形成中环、外环干道等连接中心区、新发展区以及与对外公路相贯通的干道系统。环形干道可以是全环、半环或多边折线形;放射干道可以由内环干道放射,也可以从二环或三环干道放射,大多顺应地形发展建设而成。

放射环式便于市中心与外围市区的快速联系,道路分工明确,路线曲直均有,较易适应地形变化,常用于特大城市的快速道路系统。但这种路网形式容易把车流导向市中心,造成市中心交通压力过重。为避免市中心地区交通负荷集中,放射干道不宜均通至内环,应严禁过境的交通进入市区。对于特大城市,宜设置 2 个甚至 2 个以上的辅助中心区。如上海浦西、浦东各有中心区,浦西除中心区外,还有徐家汇和五角场等辅助中心区。

放射环式道路系统,实际由放射式与环层式(又称圈层式)组合而成。单放射式又称星状,是由城市中心向四周引出放射形道路,通常是城郊道路或对外公路的形式。单纯放射式道路系统不如放射环式方便,市内道路呈现圈状,不便于各层之间的联系。大城市的外围地区以环形辐射为宜。

采用典型环形放射式布局,可与外地及邻近城市主要干道连接起来,车辆按各自需要分别与城市各环道连接,使各类交通车辆各行其道。

莫斯科为解决好外地及邻近卫星城汇入的多条高等级公路与城市的连接,采用环形放射形式道路系统,使莫斯科作为俄罗斯首都同全国各地保持直接方便的联系,又不让所有高等级公路直接进入市中心而影响市内道路的通畅,并运用多层环形干道,使外地进入的高等级公路有的终止于四环,有的通到三环,少数可直达二环。各级公路的过境车辆根据其各自需求分别从外环或三环驶出,保证了城市各区之间联系。这种多层次环形放射式布置方式克服了单纯放射式的缺点,使环向、径向各区间均可就近联系。莫斯科从市中心辐射出 17 条主干路,由五条环城路相贯通。第五环城路是市界,周长 109 km。其中,最繁忙的第二环城路车道为 6～8 条。图 2.2 为莫斯科放射多环式干道示意图。

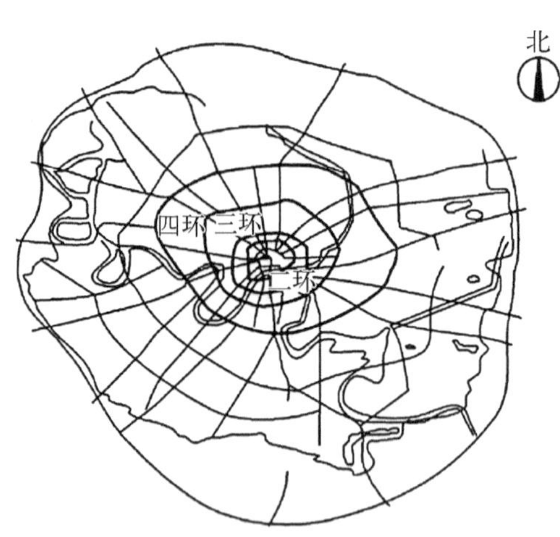

图 2.2 莫斯科放射多环式干道示意图

(二) 方格网式道路系统

方格网式道路系统又称棋盘式道路系统,是最常见的道路系统类型。其主要形式是各主干路相互平行,即同向平行和异向垂直的交通干道,适用于地形平坦的城市。在主干线之间再布置次要干道,从而形成整齐的方格形街坊。

方格式干道系统的优点:布局整齐,有利于建筑物布置和识别方向;道路定线方便,交通组织简单便利,系统明确;由于相平行的道路有多条,使交通分散、灵活,当某条道路受阻或翻建施工时，车辆可绕道行驶，路程不会增加过多；交通组织简单，整个系统的通行能力大。

方格式干道系统的缺点是对角线方向交通不便。在流量大的方向增加对角线道路，可保证重要吸引点之间有便捷的联系，但因此形成三角形街坊和复杂的多路交叉口，这又将不利于交叉口的交通组织。故一般城市中不宜多设对角线道路。方格式主干路间距宜为800～1 200 m，由此划分成"分区"，分区内再布置生活性道路或次要交通干道。

一些大城市的旧城区历史遗留的路幅狭窄、密度较大的方格网，不能适应现代汽车交通的要求，可以组织单向交通，以提高道路通行能力。如美国纽约中心区单向交通街道占80%。

（三）自由式道路系统

自由式道路系统的形式以结合地形为主，路线弯曲，无一定几何图形。适用于自然地形条件复杂的城市。它可充分结合自然地形，节省道路工程造价，线形流畅，形式自然活泼。但城市中不规则街坊多，建筑用地分散。由于地形起伏变化较大，道路网结合自然地形呈不规则形状。

我国重庆（见图2.3）、青岛、南平和攀枝花等城市的干道系统均属于自由式，其道路沿山麓或河岸布置。如青岛市，是依山临海的港口城市，城市布局沿胶州湾沿岸延伸成带状；干道顺地形自由延伸，内部街道呈不规则的方格或三角形、五角形（见图2.4）。

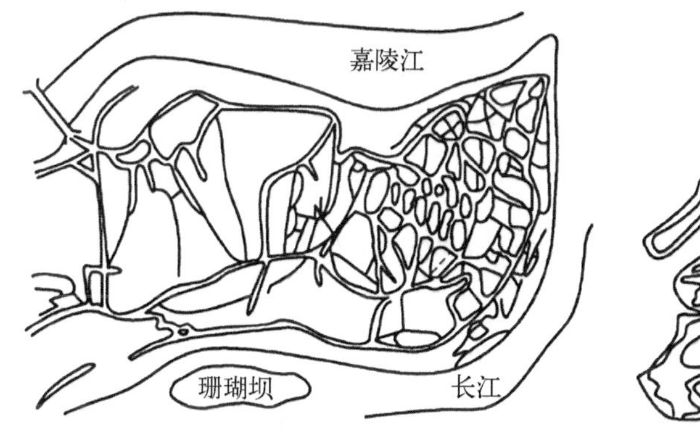

图2.3　重庆市道路网布置示意图

图2.4　自由式路网示意图

自由式道路系统的优、缺点和适用条件如下。

（1）优点：能充分结合自然地形，节约工程造价，形成丰富、活泼的景观效果。

（2）缺点：非直线性系数大，不规则街坊多，建筑用地较分散。

（3）适用条件：自然地形条件复杂的地区和城市。

（四）混合式道路系统

混合式道路系统是由上述三种基本图式组成的道路系统，是一种扬长避短，较合理的道路网形式，主要是结合城市条件设置的路网系统。这种类型大多是受历史原因逐段发展形成的，有的在旧市区方格网式的基础上再分期修建放射干道和环形干道（由折线组成）；有的是原有中心区呈放射环式，在新建各区或环内加方格网式道路，如俄罗斯圣彼得堡。我国大中城市，如北京、上海、南京、合肥均属这种类型。北京市中心是典型的方格式街道系统。

上海市的三环25条辐射线是由东西延安路和南北成都路两条高架组成的十字形框架，

贯穿中心区，内环线沿中山路经过两座浦江大桥与浦东相接；外环全长 97 km，路幅宽 100 m，外环之外为郊区环，联系外围的郊区县。25 条辐射线中有 4 条辐射线是通往同江、成都、畹町、拉萨等地的初始段。

以北京为例，北京道路系统在原有城区棋盘状道路和郊区放射状道路基础上，在城区布置了 6 条贯穿东西和 3 条贯穿南北的干线，在城区以外布置了 9 条放射形道路和 5 条环路，已构成新的棋盘、环形、放射相结合的道路系统。内环路在商业中心区，二环路在中心区周围，三环路位于规划区中部，四环路则在城市外围，以联系城外几个工业区。通往外省、市并和全国公路网相衔接的国道公路起讫点均位于城市道路的二环和三环之间，既深入市区，又避开了对城市中心的干扰。三环路位于市区和近郊区边缘，是市区各边缘部分和近郊区之间相联系的干道以及过境车辆绕行的主要道路。在北京近郊区外围设有公路内环和公路二环，承担与郊区及距城区较近的县镇之间联系的职能。公路三环则是联系远郊县镇和工业区的干道。目前，北京已是六条方框形环路和十几条放射路所组成的混合式干道系统。

（五）组团式道路系统

河流或其他天然障碍的存在，使城市的用地分成若干个系统。组团式道路系统为多中心系统。我国城市大多为集中式布局，单中心团状城市占 62%，带状城市占 10%，卫星式城市占 18%，多中心组团式城市占 10%。由于我国人口众多，土地紧张，所以大多数城市的布局形式是单中心。大、中城市规划的模式是由市中心、区中心、居住区中心、小区中心的分级结构所组成；对于大城市，宜从单一中心向多中心发展，以适应限制中心区交通的战略，减少不必要的穿越中心的交通量。交通网络形式基本为方格式，大城市和特大城市可加环形放射式道路系统，以使交通网络体系有利于市中心与周围各综合单元的便捷联系及对外交通的便利性。

第四节　城市道路断面的规划设计

一、道路红线宽度

市政道路总宽度即为规划道路用地控制范围，一般称之为红线宽度，是道路横断面各组成部分用地的总称。它是道路用地范围，包括城市道路组成部分：车行道、人行道绿化带、分车带及预留地等所需宽度的总和。红线即是道路横断面范围内各种工程设施与街区的沿街建筑的分界线。确定车行道宽度最基本的要求是保证道路在设计年限，近期建设 15～20 年、远景规划 50～100 年内来往车辆安全顺利通过，车辆最多的时候也不致发生交通阻塞。

（一）机动车道宽度的确定

一般机动车每条车道宽度以 3.75～4.0 m 为宜；路面车道数主要取决于道路等级和该路设计年限。一般从路面结构使用年限考虑，预测 15～20 年日平均和高峰小时机动车交通量。从目前城市交通量发展情况看，大、中城市新建的主干路宜采用双向八车道，次干路则采用双向六车道；小城市的主干路可采用双向六车道，次干路宜采用四车道，可为交通发展留些余地。一般四车道为 15～16 m，六车道为 23～24 m，八车道为 30～32 m。

（二）非机动车道宽度的确定

一般根据各种非机动车辆行驶要求和实际观测的数据，直接进行横向的排列组合来确定非机动车道宽度。单一非机动车道的宽度主要考虑各类非机动车的总宽度和超车、并行的横向安全距离。一般非机动车道每条车道宽度为 1.0～2.5 m，自行车道为 1.0 m，三轮车、板车道为 2～2.5 m。非机动车道的基本宽度可采用 3.5 m(或 4.0 m)；5.5 m(或 6.0 m)；7.5 m(或 8.0 m)。

(三) 人行道宽度的确定

人行道的主要功能是满足行人步行交通的需要，且供植树、地上杆柱、埋设地下管线之用。因此，确定人行道总宽度时，既要考虑地上步行交通、种行道树、立电线杆的需用宽度，又要考虑地下埋设工程管线所需用的宽度。一般大、中城市不小于 6 m，小城市宜不小于 4 m。

二、道路横断面的设计要求与基本形式

(一) 城市道路横断面设计要求

应在城市规划的红线宽度范围内进行道路横断面设计。横断面形式、布置、各组成部分尺寸及比例应根据道路类别、道路级别、计算行车速度、设计年限内机动车道与非机动车道交通量和人流量、交通特性、交通组织、交通设施、地面杆线、地下管线、绿化和地形等因素统一安排。其具体要求如下。

(1) 保证车辆和行人交通的安全与通畅。

(2) 横断面布置应与道路功能、沿街建筑物性质、沿线地形相协调。

(3) 减少由于交通运输所产生的噪声，减少灰尘和废气等对大气的污染。

(4) 满足路面排水及绿化、地面杆线、地下管线等公用设施布置的工程技术要求。

(5) 节约城市用地、节省工程费用、兼顾城防要求。

(6) 考虑近远期规划与建设的结合及过渡。

(二) 城市道路横断面的基本形式

《城市道路工程设计规范(2016 年版)》(CJJ 37—2012)规定，城市道路的横断面形式有单幅路、两幅路、三幅路、四幅路及特殊形式五种。

1. 单幅路

单幅路由机非混行车道和路侧带组成，适用于机动车交通量不大、非机动车辆较少的次干路、支路以及用地不足、拆迁困难的旧城市道路，如图 2.5 所示。

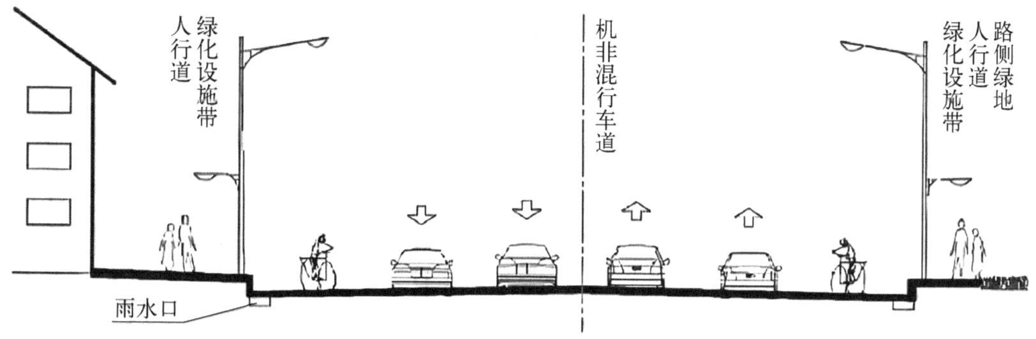

图 2.5　传统单幅路横断面布置形式

单幅路所对应的道路景观布置形式为一板二带式，即中间一条车行道、两侧为两条绿带，如图 2.6 所示。一板二带式是最常用的道路绿化形式，在车行道与人行道分割线上种

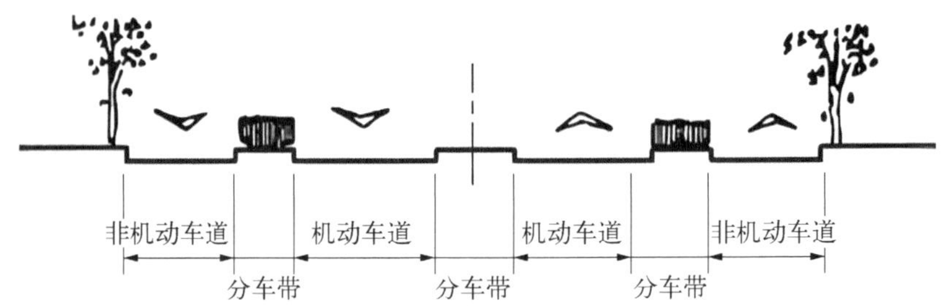

图 2.12　四板五带式

5. 特殊形式

（1）上下行有高差的两块板路。这种两块板路由中间分车绿带、机非混行道、绿化设施带和人行道组成。传统两块板路横断面的布置形式如图 2.13 所示。

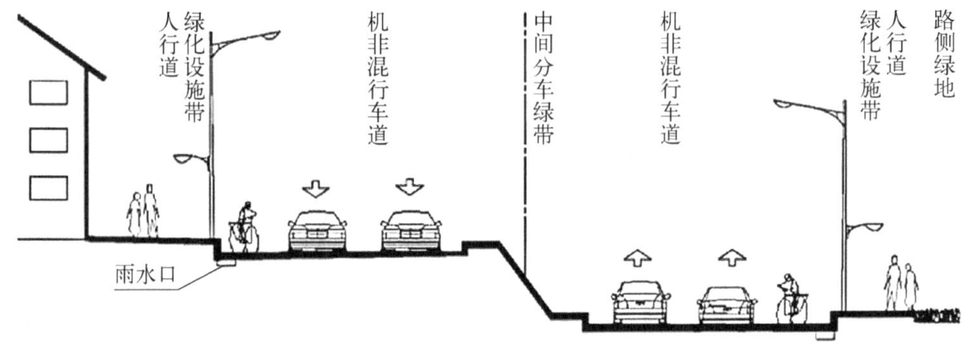

图 2.13　传统两块板路横断面布置形式 1

（2）道路中间有保护性路肩的两块板路。这种两块板路由中间保护性路肩、机非混行道和外侧路肩组成。传统两块板路路面设有将雨水径流排向两侧的雨水口，如图 2.14 所示。

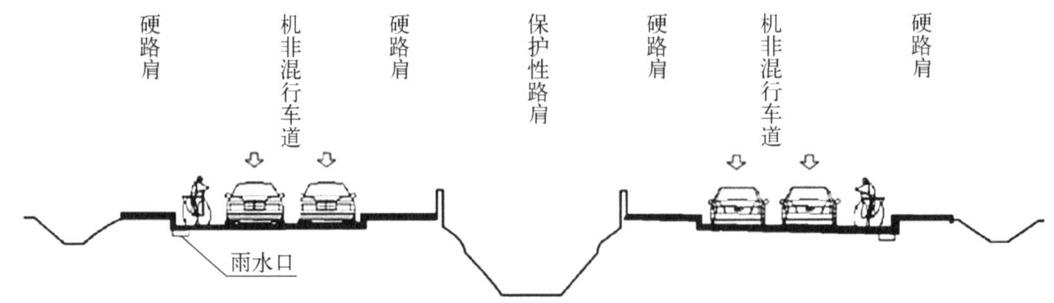

图 2.14　传统两块路横断面布置形式 2

三、城市道路宽度的计算及各部分尺寸的确定

（一）机动车道宽度计算

通常城市干道上每个方向不止一条车道。当几条同向车道上的车流成分一样，彼此之间又无分隔带时，由于驾驶员惯于选择干扰较少的车道行驶，故靠近中线的车道通行能力最

高。估算机动车道一个方向的通行能力，以各条车道的通行能力相加即得。根据设计年限的设计小时交通量 N_h 及一条机动车道的设计通行能力 N_m，即可按式(2.1)求得机动车道宽度。

$$\text{机动车道宽度}=\frac{N_h}{N_m}\times\text{一条机动车道宽度} \tag{2.1}$$

表 2.2 给出了一条机动车道宽度值。

表 2.2　一条机动车道宽度

车型及行驶状态	计算行车速度/(km·h^{-1})	车道宽度/m
大型汽车或大、小型汽车混行	≥40	3.75
	<40	3.50
小型汽车专用线	—	3.50
公共汽车停靠站	—	3.00

注：1. 大型汽车包括普通汽车及铰接车。
2. 小型车包括 2 t 以下载货车、小型旅行车、吉普车、小客车及摩托车等。
3. 交叉进口道宽适当加宽。

（二）非机动车道宽度计算

非机动车道宽度见表 2.3。现以自行车为例，求其道路总宽度。由表 2.3 可见，一条自行车道宽度为 1.0 m。不受平面交叉口影响时，一条自行车道的路段可能的通行能力按式(2.2)计算。

$$N_{pb}=3\,600N_{bt}/\lfloor t_f(W_{pb}-0.5)\rfloor \tag{2.2}$$

式中：N_{pb} 为一条自行车道的路段可能的通行能力，辆/(时·米)[辆/(h·m)]；t_f 为连续车流通过观测断面的时间段，s；N_{bt} 为在 t_f 秒时段内通过观测断面的自行车辆数，辆；W_{pb} 为自行车车道路面宽度，m。

表 2.3　非机动车道宽度

车 辆 种 类	非机动车道宽度/m
自行车	1.0
三轮车	2.0
畜力车	2.5
板车	1.5～2.0

当不受平面交叉口影响，一条自行车道的路段设计通行能力公式见式(2.3)。

$$N_b = a_b N_{pb} \tag{2.3}$$

式中：N_b 为一条自行车道的路段设计通行能力，辆/(h·m)；a_b 为自行车道的道路分类系数。对快速路、主干路，$a_b=0.80$；次干路、支路，$a_b=0.90$；其他符号意义同上。

受平面交叉口影响，有分隔设施时，一条自行车道的路段设计通行能力推荐值为1 000～1 200 辆/(h·m)；以路面标线划分机动车与非机动车道时，推荐值为800～1 000 辆/(h·m)。自行车交通量大的城市采用大值，小的采用小值。

同理，已知设计年限的设计小时自行车交通量 N_{bh}，除以 N_b 后，即得自行车道宽度。

（三）人行道宽度的计算

人行道宽度必须满足行人通行的安全和顺畅要求，用式(2.4)计算，但不得小于表 2.6 中的最小宽度。

$$W_p = N_w / N_{w1} \tag{2.4}$$

式中：W_p 为人行道宽度，m；N_w 为人行道高峰小时行人流量，p/h；N_{w1} 为 1 m 宽人行道的设计行人通行能力，p/(h·m)。

人行道应分为人行道、人行横道、人行天桥和人行地道。它们的可能通行能力见表 2.4。设计通行能力还要根据不同地点乘以相应的折减系数，见表 2.5。最小宽度见表 2.6。

表 2.4　人行道、人行横道、人行天桥、人行地道的可能通行能力

类　别	可能通行能力
人行道/[p/(h·m)]	2 400
人行横道/[p/(t_{gh}·m)]	2 700
人行天桥、人行地道/[p/(h·m)]	2 400
车站、码头的人行天桥、人行地道/[p/(h·m)]	1 850

注：t_{gh} 为绿灯小时，h。

表 2.5　人行道、人行横道、人行天桥、人行地道的设计通行能力

类　别	折减系数			
	0.75	0.80	0.85	0.90
人行道/[p/(h·m)]	1 800	1 900	2 000	2 100
人行横道/[p/(t_{gh}·m)]	2 000	2 100	2 300	2 400
人行天桥、人行地道/[p/(h·m)]	1 800	1 900	2 000	—
车站、码头的人行天桥、人行地道/[p/(h·m)]	1 400	—	—	—

表 2.6　人行道最小宽度

项　目	人行道最小宽度/m	
	大城市	中、小城市
各级道路	3	2
商业或文化中心区以及大型商店或大型公共文化机构集中路段	5	3
火车站、码头附近路段	5	4
长途汽车站	4	4

（四）分车带宽度尺寸

前述分车带按其在横断面中的不同位置与功能，分为中间分车带（简称中间带）和两侧分车带（简称两侧带）。分车带由分隔带和两侧路缘带组成。分隔带缘石围砌高出路面 10～20 cm。分车带最小宽度及侧向净宽度等尺寸一般规定见表 2.7。

表 2.7　分车带最小宽度

项　目		分车带类别					
		中间带			两侧带		
计算行车速度/(km/h)		80	60,50	40	80	60,50	40
分隔带最小宽度/m		2.00	1.50	1.50	1.50	1.50	1.50
路缘带宽度/m	机动车道	0.50	0.50	0.25	0.50	0.50	0.25
	非机动车道	—	—	—	0.25	0.25	0.25
侧向净宽/m	机动车道	1.00	0.75	0.50	0.75	0.75	0.50
	非机动车道	—	—	—	0.50	0.50	0.50
安全带宽度/m	机动车道	0.5	0.25	0.25	0.25	0.25	0.25
	非机动车道	—	—	—	0.25	0.25	0.25
分车带最小宽度/m		3.00	2.50	2.00	2.25	2.25	2.00

注：1. 快速路、小于 40 km/h 的次干路分别按表中 80 km/h、40 km/h 规定算。
2. 支路可不设路缘带，但应保证 25 cm 侧向净宽。
3. 表中分隔带最小宽度系按设施带宽度 1 m 考虑的。如设施带宽度大于 1 m，应增加分隔带宽度。

2004 年 2 月 12 日颁布的《关于清理和控制城市建设中脱离实际的宽马路、大广场建设的通知》（建规〔2004〕29 号）中，要求一律停止批准红线宽度超过 80 m 的城市道路项目和超过 2 hm^2 的游憩集合广场项目，并对今后城市规划设计给出了范围，见表 2.8。

表 2.8　有关城市宽马路、大广场的规定

城 市 大 小	城市干道宽度(包括绿化带)/m	广场面积/hm^2
小城市、镇	不超过 40	1
中等城市	不超过 55	2
大城市	不超过 70	3
人口超过 200 万的特大城市	超过 70 要专门论证	5

四、城市道路纵断面设计基本原则

道路纵断面以及平面布置的选择与设计属于道路桥梁工程技术专业的内容，限于篇幅所限，这里只概括介绍纵断面设计的五条基本原则。

(1) 道路纵断面设计应根据城市规划控制标高进行，并适应临街建筑立面布置和地面排水。

(2) 为保证行车安全、舒适，纵坡宜缓顺，起伏不宜频繁。

(3) 山城道路及新辟道路的纵断面应综合考虑土石方挖填的平衡、汽车运行的经济效益，合理确定标高及坡度。

(4) 机动车与非机动车混合行驶的车行道，应按非机动车爬坡能力设计纵坡。

(5) 纵断面设计应综合考虑沿线地形、地质、水文、气候、排水和地下管线等要求。机动车行道最大纵坡应按表 2.9 中规定的数值选用。

表 2.9　机动车行道最大纵坡度表

<table>
<tr><th>计算行车速度/($km \cdot h^{-1}$)</th><th>最大纵坡度推荐值/%</th><th>最大纵坡度限制值/%</th></tr>
<tr><td>80</td><td>4</td><td>6</td></tr>
<tr><td>60</td><td>5</td><td rowspan="2">7</td></tr>
<tr><td>50</td><td>5.5</td></tr>
<tr><td>40</td><td>6</td><td>8</td></tr>
<tr><td>30</td><td>7</td><td rowspan="2">9</td></tr>
<tr><td>20</td><td>8</td></tr>
</table>

注：1. 海拔 3 000～4 000 m 高原城市道路最大纵坡推荐值均减小 1%。
2. 积雪寒冷地区最大纵坡推荐值不得超过 6%。

第五节　城市道路交叉布置

一、交叉口的特征

交叉口是不同方向的多条道路相交或连接的地点，有的道路要通过交叉形成相交点，有的道路到交叉口终止，形成连接点。每条道路各个方向来车到交叉口后，有的要直行通过，有的则要改变方向(左转或右转)，车辆相互之间干扰很大，使行车速度减少，通行能力降低。

现对交叉口的交通特征和构造特征分析如下。

（一）交通特征

1. 交通流线在交叉口要产生交错点

把汽车作为一个质点，行驶时所走的轨迹叫交通流线(又叫行车路线)。在十字交叉口入口处每一交通流线分成直行、左转、右转三个方向的交通流线，这一分一合形成了交通流线间十分复杂的关系。

交错点是指交通流线相互发生交错的连接点。由于行车路线在交错点发生交错，给行车安全带来影响。按交通流线交错的不同形式，又分为分流点(又叫分岔)、合流点(又叫汇合点)、冲突点(又叫交叉点)以及交织段四种情况，如图 2.15 所示。

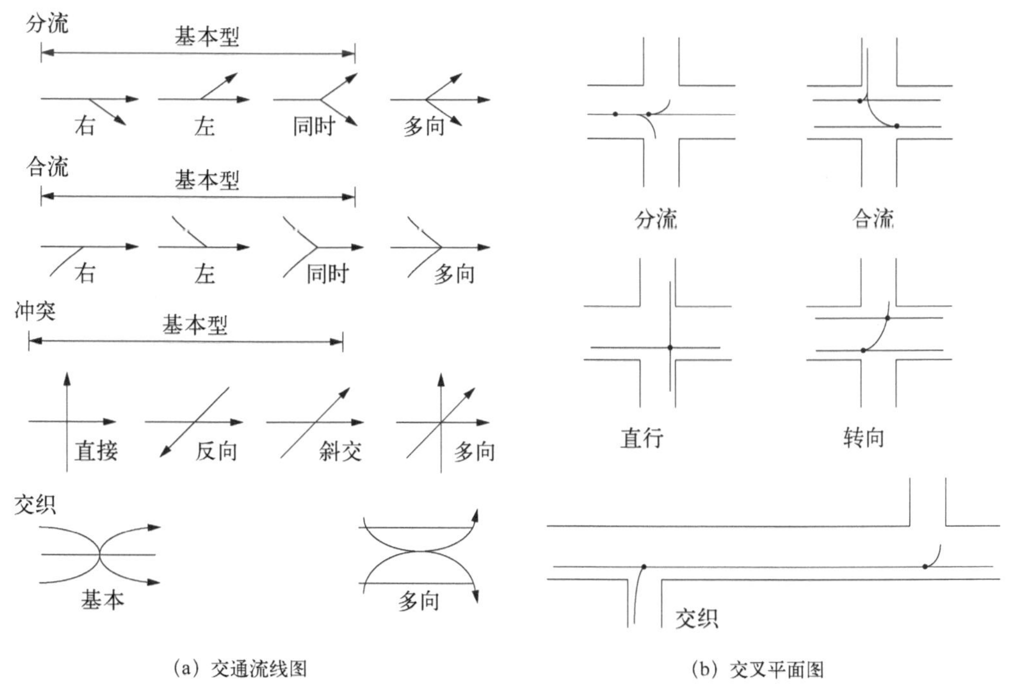

图 2.15　交叉口交通流线的基本情况

分流点是指一条交通流线分为两条交通流线的地点。在分流点处，由于有的车辆要驶出原交通流线，改变行车方向，因而要减速，使通行能力降低，有可能造成尾随撞车。分流点主要产生在交叉口入口处，直行、右转、左转交通流线之间。

合流点主要是指来自不同方向的交通流线以较小的角度向同一方向汇合行驶的地点。由于几列不同方向的车队合成一列车队，车辆之间可能发生同向挤撞或尾随撞车，通行能力也会降低。合流点主要产生在交叉口出口处，直行、右转和左转交通流线之间。

冲突点是指来自不同方向的交通流线以较大角度或接近 90°相互交叉的地点。冲突点处，由于交通流线角度很大，发生撞车的可能性最大，对交通干扰影响很大。冲突点主要产生在交叉口相交的公共区内，左转、直线交通流线之间。三路、四路、五路交叉口三种危险点分布如图 2.16、图 2.17 所示。

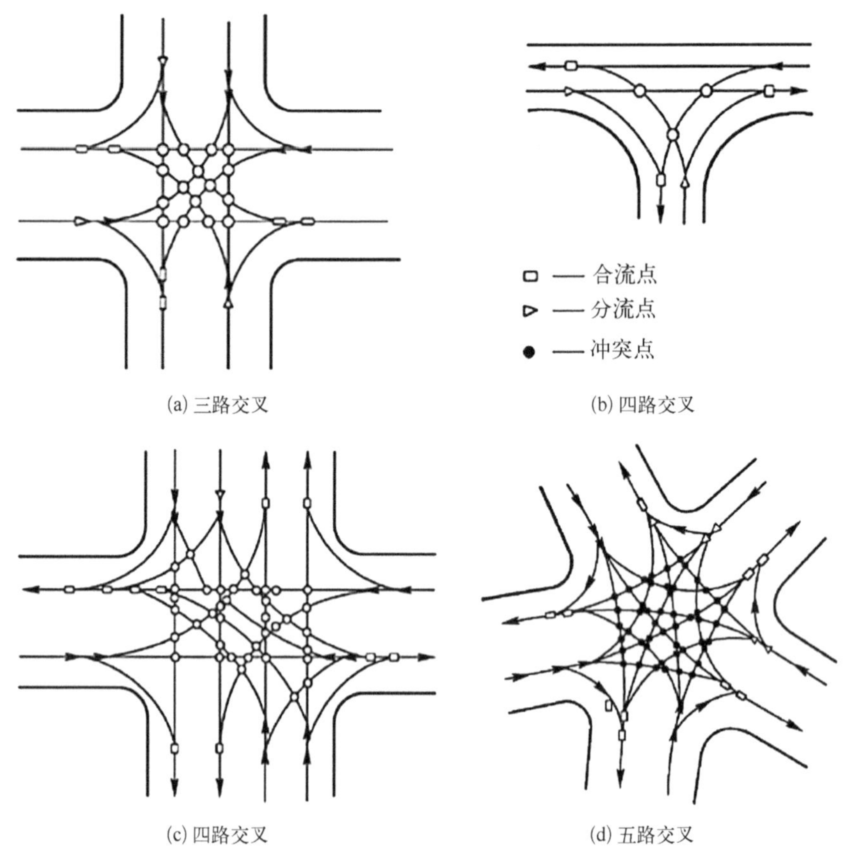

图 2.16　无信号控制的交错点分布图

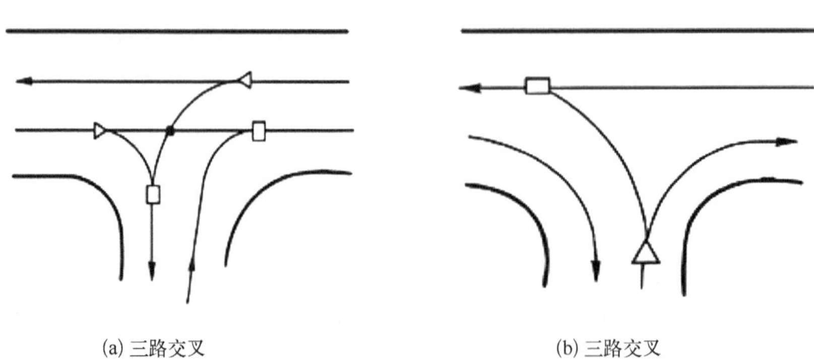

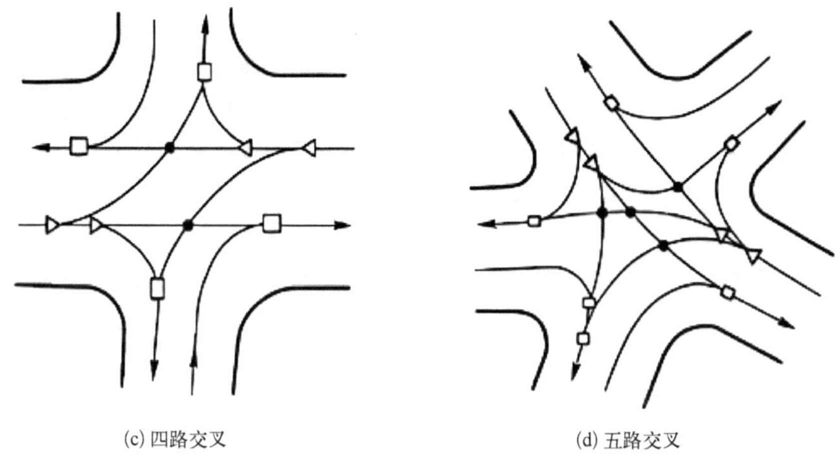

(c) 四路交叉　　(d) 五路交叉

图 2.17　有信号控制的交错点分布图

交织段是分流和合流的组合情况，当两方向的交通流线合流后，交换车道又分流，则形成了交织段。交织段长度是交织的基本参数。当交织段长度为零时，即形成了冲突。

交叉口的交错点数量与交叉口相交道路数、车道数以及有无信号控制有关，见表 2.10。

表 2.10　交叉口的交错点

交错点类型	无信号控制			有信号控制		
	相交道路条数			相交道路条数		
	3 条	4 条	5 条	3 条	4 条	5 条
分流点	3	8	15	2 或 1	4	4
合流点	3	8	15	2 或 1	4	6
左转车流冲突点	3	12	45	1 或 0	2	4
直行车流冲突点	0	4	5	0	0	0
交错点总数	9	32	80	5 或 2	10	14

从以上图表可得到下列三点结论：

(1) 在无信号控制的交叉口上，都存在着冲突点、合流点和分流点，并随相交道路条数的增加而显著增加。交错点数量按式(2.5)计算。

$$\left.\begin{aligned}&\text{分流点}=\text{合流点}=n(n-2)\\&\text{冲突点}=\frac{n^2(n-1)(n-2)}{6}\end{aligned}\right\}\tag{2.5}$$

式中：n 为各相交道路进入交叉口车道数总和。

例如：无信号控制时，三路交叉的冲突点只有 3 个；四路交叉的冲突点增加到 16 个，合流点8个;五路交叉的冲突点猛增到50个。因此,在规划和设计交叉口时,应力求减少相交道路的条数,避免五条以上的道路相交,以减少危险点,使交通简化。

(2) 产生冲突点最多的是左转弯车辆。如在十字交叉口上无左转弯车辆,则冲突点可从16个减少到只有4个;五路交叉时,其冲突点数可从50个减少到只有5个。因此,在交叉口设计中,如何正确处理和组织左转弯车辆,以保证交叉口的顺畅和安全,是设计交叉口的关键之一。

(3) 为了控制和减少交叉口上的冲突点,以保证行车安全,必须设置信号灯,按顺序开放各条道路的交通。因此,增加了交叉口的延误时间,影响了交叉口的通行能力。在设有信号灯的交叉口,其通行能力比路段上的通行能力降低。三条道路交叉的通行能力降低约为30%,四条道路交叉的约为50%,五条道路交叉的约为70%。

所以,在交叉口的设计中,必须力求减少或消除冲突点,保障交通安全,同时努力提高交叉口的通行能力,保证行车畅通。

2. 交叉口交通复杂

交叉口处除交通流线相互干扰,形成危险点外,就每辆车而言,在交叉口处的行车状态也比一般路段复杂。车辆进入交叉口时,一般要减速、制动,出交叉口时,又要起步、加速。因此,汽车在交叉口为变速行驶,从而使行车的惯性阻力增加,车损及轮耗增大,噪声、空气污染对环境影响较为严重。

另外,一般交叉口多处于人口集中的繁华地区,行人交通、非机动车特别是自行车交通在交叉口转换方向使交通流线相互干扰更为复杂,这给交通的组织也带来了很大的困难。

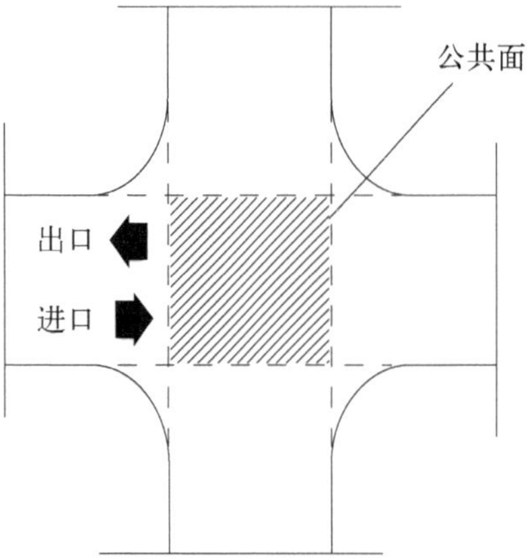

公共面

出口

进口

图2.18 平面交叉口的公共面

(二) 构造特征

具有公共面是交叉口的主要构造特征。

由于是在平面上相交,各条道路在交叉口处形成了共有的公共平面,如图2.18所示。一个十字路口的公共面上,有4个出口,集中到公共面上,形成了十分复杂的交通状况。另外,公共面为各向交通道路的组成部分之一,在几何上应满足各条道路的平、纵面线形和排水的要求。因此,如何设计好交叉口的公共面,确保交叉口排水畅通和路容美观是平面交叉口的设计任务之一。

二、改善交叉口交通的基本途径

1. 使交通流线在时间上分离

通常在时间上分离的措施有以下几种:在交叉口装置自动交通信号灯;由交警指挥;设置让路交叉路口;定时不准左转车通行等。

2. 使交通流线在平面上分离

在交叉口采用各种交通设施或进行交通组织,使交通流线在平面上分离,这也是减少交叉口危险点的重要途径。通常采用的措施和方法如下。

(1) 在交叉口进口处设置专用车道,将不同方向车辆在过交叉口前分离在各专用车道上，减少行车干扰。

（2）合理组织交通路线，变左转车为右转车。如设置中央岛组织环行交通，规定交通路线，绕街坊组织大环行交通，设置远引交叉，都属于这一类型。

（3）组织渠化交通。在交叉口用画线、绿带、交通岛和各种交通标志等方法，限制交通路线，使交通流线在平面上分离。

3. 使交通流线在空间上分离

设置立体交叉，从根本上分离交通流线，解决交叉口交通问题。

三、道路交叉的分类与设计原则

根据相交路及相交构筑物的性质、等级，道路交叉可分为公路与公路交叉、公路与铁路交叉、公路与乡村道路交叉和公路与管线交叉等，如图 2.19 所示。

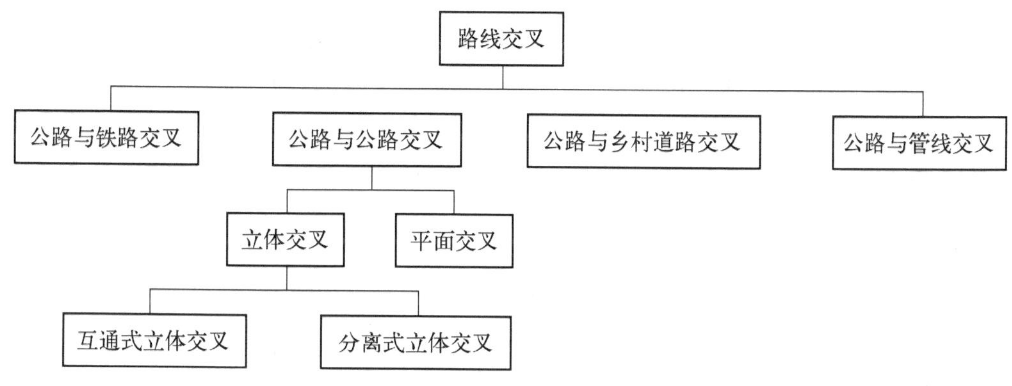

图 2.19　路线交叉的分类

道路交叉的设计要遵循以下三个原则：

（1）应按城市规划道路网设置城市道路交叉口。道路相交时，宜采用正交，必须斜交时交叉角应大于或等于 45°。不宜采用错位交叉、多路交叉和畸形交叉。

（2）交叉口设计应根据相交道路的功能、性质、等级、计算行车速度、设计小时交通量、流向及自然条件等进行。前期工程应为后期扩建预留用地。

（3）交叉口设计应结合交通组织设计、交通标志、标线等因素考虑。

四、交叉口设计主要内容

（一）平面交叉设计

道路与道路（或铁路）在同一平面上相交的地方称为“平面交叉”，又称为“交叉口”。交叉口设计的主要内容如下。

（1）正确选择交叉口的形式，进行渠化设计。

（2）合理布设交叉口各种交通设施（包括交通信号灯、标志、标线、导流岛、方向岛等），进行交通组织设计（包括车辆交通和行人交通）。

（3）计算交叉口的通行能力。

（4）交叉口几何设计，验算交叉口行车视距，确定交叉口各部分的几何尺寸。

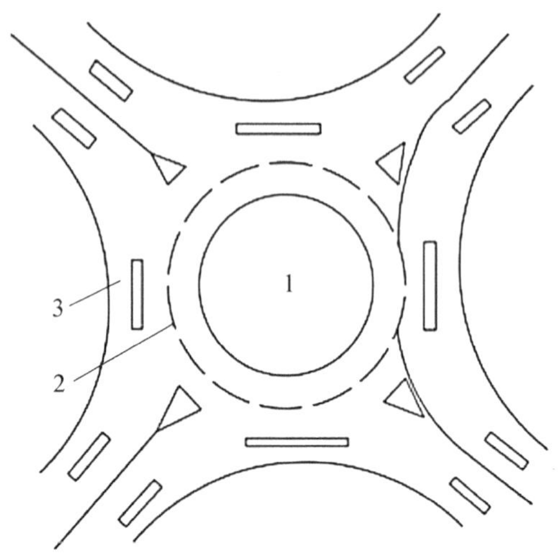

1—中心岛；2—机动车车行道中心；3—非机动车车行道。

图 2.20　环形平面交叉口示意图

(5) 交叉口立面设计及排水设计。

平面交叉口的形式决定于道路系统规划、交通量、交通性质和交通组织形式，以及交叉口用地及其周围建筑的情况。常见的平面交叉口形式有十字形、X 形、T 形、Y 形、错位交叉形、复合交叉口形、环形交叉形等。

环形交叉口适用于多条道路交汇或转弯交通量较大的交叉口，如图 2.20 所示。快速路或交通量大的主干路上均不应采用环形平面交叉。坡向交叉口的道路纵坡度大于或等于 3%时，也不宜采用环形平面交叉口。

(二) 立体交叉设计

1. 立体交叉设计的主要内容

立体交叉(简称立交)是利用跨线构造物使道路与道路(或铁路)在不同标高相互交叉的连接方式。立交是由跨线构造物，正线、匝道、出入口和变速车道组成。立体交叉设计的主要内容如下。

(1) 立体交叉类型选择及立交方案设计。

(2) 立体交叉线形设计，包括主线和匝道的线形设计。

(3) 立体交叉桥跨构造物设计。

(4) 立体交叉变速车道设计。

(5) 立体交叉附属设施设计。

2. 立交交叉的分类

立交交叉按结构物形式分为上跨式、下穿式、半上跨半下穿式。

(1) 上跨式。用跨线桥从相交道路上方跨过的交叉方式。这种立交施工方便，造价较低，排水易处理，但占地大，引道较长，高架桥影响视线和市容，宜用于市区以外或周围有高大建筑物等处。

(2) 下穿式。用地道(或隧道)从相交道路下方穿过的交叉方式。这种立交占地较少，立面易处理，对视线和市容的影响小，但施工期较长，造价较高，排水困难，多用于市区。

(3) 半上跨半下穿式。适用于城市道路三层式立交，下层下穿，上层上跨，中层与原街道齐平，有利于非机动车的行驶及人行交通，如北京市建国门立交。

立交交叉按交通功能又可划分为分离式立交和互通式立交两类。

(1) 分离式立交。仅指设一座跨线构造物，使相交道路空间分离，上、下道路无匝道连接的交叉方式。这类立交结构简单、占地少、造价低，但相交道路的车辆不能转弯行驶，适用于高速道路与铁路或次要道路之间的交叉连接。

(2) 互通式立交。是指不仅设跨线桥构造物使相交道路空间分离，而且上、下道路有匝道连接，以供转弯车辆行驶的交叉方式。这种立交可使车辆转弯行驶，全部或部分消灭冲突点，令各方向行车干扰较小，但立交结构复杂，占地多、造价高。根据交叉处车流轨迹线的交错方式和几何形状的不同，互通式立交的基本形式包括苜蓿叶形、部分苜蓿叶形、喇叭形、Y

形、环形和菱形等。

立体交叉类型应根据交叉口设计小时交通量、流向、地形、地质等具体情况综合分析，进行技术经济和环境效益比较后确定。

第六节　城市道路地下管线与地上杆线

在城市规划中涉及很多工程规划问题，如给、排水工程，通信系统工程等，一般它们的地下管网与地上杆线沿城市道路网布置。

一、城市道路地下管线

城市地下管线设计应根据城市地下管网规划，综合设计、合理确定其位置与标高。建筑红线较宽时，给水、燃气、热力、通信、电力的地下分配管线与排水管可沿道路两侧双排敷设。管线应与道路中线平行，分配管线应敷设在支管线较多的同侧，同一管线不应从道路的一侧转到另一侧，以免增加管线的交叉。

一般地下管线应布置在路侧带下面。用地不够时，可布置在非机动车车行道下面。快速路机动车车行道下面不宜布置管线。

在主干路、次干路路侧带及非机动车车行道下面埋设雨水管、污水管。在支路下面可埋设各种管线。

各种管线与建筑物、树木、杆柱、缘石、其他管线间的水平距离和管线交叉时的垂直净距，应符合各专业有关规定。地下管线的埋设深度与结构强度应满足道路施工荷载与路面行车荷载的要求，否则应采取加固措施。图 2.21 为地下管线铺设剖面示意图。

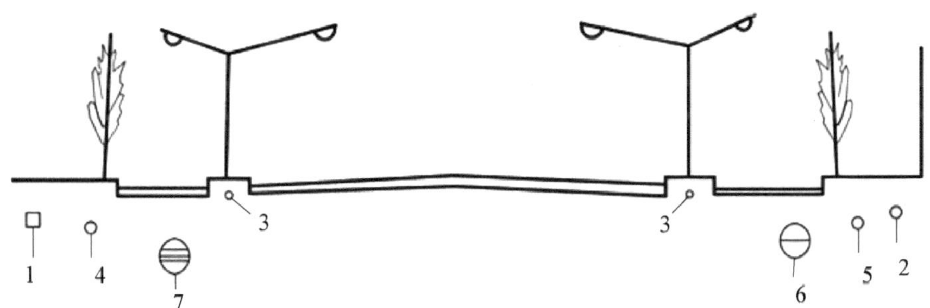

1—通信电缆；2—电力电缆；3—路灯电缆；4—煤气管；5—给水管；6—污水管；7—雨水管。

图 2.21　地下管线铺设剖面示意图

工程管线之间及其与建(构)筑物之间的最小水平净距应符合《城市工程管线综合规划规范》(GB 50289—2016)中“表 5.0.8 架空管线之间及其与建(构)筑物之间的最小水平净距”所示的要求。

二、城市道路地上杆线

地上杆线按规划横断面布置平行于道路中线设置，并满足道路、建筑限界要求。

市内通信线与路面(或地面)垂直空距：当与道路平行时，线至路面(或地面)的最小垂直空距为 5.5 m；与道路交叉时，线至路面(或地面)的最小垂直空距为 5.5 m。

架空电力线距地面的最小垂直距离见表 2.11。

表 2.11　架空电力线距地面的最小垂直距离

地　区	距地面最小垂直距离/m					
	配　电　线			送　电　线		
	<1 kV	1～10 kV	35 kV	60～110 kV	154～220 kV	330 kV
居民区	6.0	6.5	7.0	7.0	7.5	8.5
非居民区	5.0	5.5	6.0	6.0	6.5	7.5

地下管线不宜横穿公路绿地和庭院绿地：与绿化树种间的最小水平净距宜符合表 2.12 的规定。

表 2.12　管线、其他设施与绿化树种间的最小水平净距

管 线 名 称	最小水平净距/m	
	至乔木中心	至灌木中心
给水管、闸井	1.5	1.5
污水管、雨水管、探井	1.5	1.5
煤气管、探井	1.2	1.2
电力电缆、通信电缆	1.0	1.0
通信管道	1.5	1.0
热力管	1.5	1.5
地上杆柱(中心)	2.0	2.0
消防龙头	1.5	1.2
道路侧石边缘	0.5	0.5

三、基于智慧城市建设的城市综合杆设计

基于当前智慧城市建设的大背景下，国内很多大、中城市在积极推动城市综合杆工程建设。

城市综合杆工程，狭义上是指道路上的外场设施杆件进行多杆合一措施；广义上是指道路上的外场设施进行多杆合一、多箱合一、多线合一等措施。美国等发达国家的城市综合杆

工程已经实施完毕。

国内一些城市，在2015年前后陆续开展了城市道路交叉口的整治方案研究，初步测算一个交叉口整治费用为100万元～800万元。由于财力、政策保障等因素，当时没有实质性的推动。国内的主流照明厂家在同期选择了国内大城市的典型路段进行试点，由于实施过程中牵涉的部门诸多、协调难度过大，没有得到大面积的推广和应用。2018年，上海在中心城区开始了100 km综合杆工程，至此全国范围开始了城市综合杆工程较大规模的推广。

（一）设计思路

1. 设计目标

首先，通过多杆合一、多箱合一、多线合一等措施，确保城市的市容市貌得到改观和提升；其次，尽量满足原有各类外场设施的功能和要求，包括点位、设施高度、管道容量等要求；最后，通过优化设计，合理控制总投资，尽量便于后期的现场实施、管理、运维等。

2. 设计依据

设计依据主要从道路照明、智能交通、交通安全多个专业角度，以及点位、杆件、基础、管线等方面的要求的角度，梳理对应的主要国家标准、行业标准及地方技术要求等，如表2.13所示。

表2.13　对应的主要专业及其标准和规范引用表

<table>
<tr><th rowspan="2">专业</th><th colspan="4">对应主要标准</th></tr>
<tr><th>点　　位</th><th>杆　件</th><th>基　础</th><th>管　线</th></tr>
<tr><td>道路照明</td><td>《道路照明工程建设技术标准》(DG/TJ 08-2214—2024)、《城市道路照明设计标准》(CJJ 45—2015)</td><td>《道路照明灯杆技术条件》(CJ/T 527—2018)</td><td>《建筑地基基础设计规范》(GB 5007—2011)</td><td>《电力工程电缆设计标准》(GB 50217—2018)</td></tr>
<tr><td>智能交通</td><td>《城市道路交通设施设计规范(2019年版)》(GB 50688—2011)、《闯红灯自动记录系统通用技术条件》(GA/T 496—2014)、《道路车辆智能监测记录系统通用技术条件(GA/T 497—2016)》</td><td rowspan="2">《建筑结构荷载规范》(GB 50009—2012)、《钢结构设计标准》(GB 50017—2017)</td><td rowspan="2">《建筑地基基础设计规范》(GB 5007—2011)、《公安交通管理外场设备基础设施施工通用要求》(GA/T 652—2017)</td><td>《通信管道与通道工程设计标准》(GB 50373—2019)</td></tr>
<tr><td>交通安全</td><td>《道路交通信号灯设置与安装规范》(GB 14886—2016)、《道路交通标志和标线 第1部分：总则》(GB 5768.1—2009)</td><td>无</td></tr>
</table>

此外，上海市发布的技术要求涵盖了综合杆的杆件、基础以及综合电源箱等方面的要求，可以作为辅助参考使用。如根据2018年3月发布的《上海市道路合杆整治技术导则(试行)》，杆件共分为A、B、C、D、E、F六大类：① A类杆：主要搭载机动车信号灯；杆体和挑臂预留接口，其他设施可按需搭载，如人行信号灯、电子信息牌、监控设备、路名牌、各类指示标志；② B类杆：主要搭载视频监控；杆体和挑臂预留接口，其他设施可按需搭载，如各类小型指示标志；③ C类杆：主要搭载分道指示牌；杆件和挑臂预留接口，其他设施可按需搭载，如

站，大部分的货物和产品由此运往内陆地区，并且大量的原材料经此运来组团内部集散。

2. 水运

水运方面，只有少量的专用货运码头，大宗货物和集装箱主要通过平洲三山港中转，到盐田港或香港港，客运也是通过平洲客运港去澳门和香港。正在运行的港口码头主要有南海面粉厂码头、广东省石油企业集团佛山公司北村油码头和泌冲水泥厂码头，均位于黄岐街道。还有一些单位自用的小码头，包括大沥沥北大冲桥沙场、大沥沥西南湾代销店、黄岐辰通运输有限公司等十几座。

3. 航空

目前，组团内没有航空设施，主要使用广州白云国际机场进行航空运输。因此，必须组织好本地区联系广州白云国际机场的交通。

4. 组团公共交通

日前，组团内唯一的公共交通方式是覆盖佛山的公交网络，2003 年，这一公交网络覆盖组团内全部村镇。公交系统的主要方向是桂城和禅城，另有少量开往广州。

5. 长途客运站

组团现状长途客运站有南海客运站大沥客运分站，位于大沥综合市场旁，占地面积 5 000 多平方米，是临时客运站，日发车量 200 多班次，实际日发送旅客量 2 500 人/日。

（三）组团现状道路交通存在的问题

(1) 对外交通联系道路需要加强，组团与广州的联系现状主要依靠广佛公路，而广佛公路还承担着大量的通过性交通，交通量已接近极限。未来需要增加与广州直接联系的道路。

(2) 交通设施的建设不适应城市发展和交通需求，随着社会和经济的迅速发展，城区面积、机动车的年均增长率远高于道路里程、道路面积年均增长率，造成交通设施的建设与社会发展和经济的高速增长失衡，城市道路的建设明显滞后于城市的发展。组团内大部分已建设的道路等级不高，难于满足目前区内的交通需求。

(3) 过境交通与组团内部交通严重混杂，组团内部道路缺乏，造成过境交通与组团内部交通严重混杂。如组团沿东西方向的过境交通、出入交通以及地域内交通都集中在广佛公路上，交通状况非常混杂，严重影响了组团的内部交通。

(4) 路网系统不完善，结构不合理，城市道路的建设各自为政，比较分散。组团内现状的道路很明显分为大沥、黄岐、盐步三大块，并均沿着主干路呈枝状分布，尤其以广佛公路为中线向两边辐射。

(5) 城市道路密度小。组团内现状道路的密度非常小，难于满足城市建设的要求；现状道路密度大沥块最大、黄岐块内较大，盐步块相对最小。

(6) 城市道路的建设不符合规范要求。现状组团内普遍存在“断头路”，且在道路尽端没有设置回车场，行车条件差。

(7) 城市道路横断面形式不利于城市的发展。现状广佛公路的横断面形式出现多次变化，特别在大沥段内，人行道布置在机非分隔带之间，在一定程度上形成了人车混行的现象，无法体现以人为本的理念。

(8) 城市道路普遍比较窄。组团内现状道路的建设路面宽度较窄，大部分为 7～10 m，而且为机动车、非机动车、行人混行路段，难于满足行车要求。

(9) 跨河流、铁路的桥梁数量不够，组团与南海区中心桂城地区之间有河流和铁路横贯，由于桥梁数量不够，造成南北方向的交通集束，周边道路的交通状况极度混杂。

(10) 公共交通缺乏，能进行大量输送的公共交通方式(铁路、地铁等)尚不发达，目前依靠输送能力较低的公共汽车线路。

二、路网规划概述与交通分析

(一) 规划目标

打造"高效、便捷、舒适、环保、和谐"的道路网络系统。

1. 总体规划目标

路网结构与城市空间布局、土地利用相适应，与生态保护相协调；适应珠三角城市群分布发展格局，快速疏解南海区对外和过境交通，加强珠三角地区、广佛都市圈、佛山市与南海区的便捷联系，巩固南海区作为佛山市重要的交通枢纽和广州市西面门户的战略地位，增强南海区对外的吸引力和辐射力；优化完善南海区各等级路网结构体系，强化南海区内各组团区域空间、重要设施间的交通联系，适应、促进和合理引导南海区的空间拓展；完善南海区各组团内部道路网络系统，保证佛山市城市总体发展战略目标的实现；适应农村高度城镇化的发展趋势；满足交通需求增长。

2. 具体规划目标

路网密度达到 3 km/km^2，其中骨架路网密度达到 1 km/km^2；基本消除拥挤路段，路网整体服务水平达到 C 级，保证内部交通畅顺；实现村村通等级公路，道路铺装率达到 100%。

(二) 路网布局方案

1. 骨架路网布局方案

骨架路网包括区内的城市快速路、主干路：结合南海区自身情况，研究和借鉴周边城市地区特别是珠江三角洲、广州市和佛山市已有的路网规划，最终确定南海区骨架路网布局方案。

南海区的快速路系统可以归纳为"三纵五横"。"三纵"是指佛山一环、桂和路北段、虹岭路；"五横"是指建设大道、广佛新干线、桂丹路、桃源西路、兴业大道。

主干路包括区域性主干路(未来条件成熟时，可将这些道路改造为快速路)及组团内主干路，区内的主干路总体呈方格网状分布。

2. 辅助路网布局方案

辅助路网包括区内的城市次干路、支路。次干路是主要的工作、生活、出行的道路，采用方格网加自由式的布局方案，提高交通集散、交通服务功能；支路以服务功能为主，作为次干路与街坊路的连接线，直接服务于不同土地利用上的交通集散，采用自由式的布局方案。

(三) 规划目标

以大沥组团的总体规划中的综合交通规划(已确定组团的道路系统规划、交通量预测、道路红线宽度)为基础，满足城市规划主管部门对道路的平面(道路规划红线)、竖向(道路标高)的控制要求，密切配合城市土地开发需要，满足土地使用对交通运输的要求，提供安全、高效、经济、舒适和低公害的交通条件；保证组团内的客、货车流和人流的安全与畅通，提高城市的运转效能，处理好过境交通和组团内交通的衔接；为地上、地下工程管线和其他市政公用设施提供空间;满足救灾避难和日照通风的要求。

（四）规划原则

总体规划确定了道路的性质、功能以及近期和远期的建设目标。在此基础上,根据道路所处的地域范围、地形地貌、用地条件等自然因素及建筑等人文因素进行综合,确定相应的设计原则。

(1) 在道路工程规划中,处理好近期与远期、新建与改建、局部与整体的关系,并应符合环境保护的要求,使经济效益、社会效益与环境效益高度统一。

(2) 在道路工程规划中,妥善处理地下管线和地上设施的矛盾,贯彻先地下后地上的原则,避免造成反复开挖修复的浪费。

(3) 以大沥组团的总体规划为基础,在不影响主干路完整性和确保道路通行能力的前提下,进行局部调整,以减少拆迁量。

（五）规划主要对策

加强道路建设,完善道路系统;明确道路使用功能;适当提高道路的规划标准;完善对外交通出入口规划;加强道路交通系统的管理;大力发展轨道交通与公共交通。

（六）交通分析

1. 交通流向分析

大沥组团属于佛山市"2+5"城市组团结构中的东部组团,东与广州接壤,西南与佛山市禅桂中心组团相连,北与南海区的里水镇毗邻,西接狮山镇,处于广佛都市圈的核心地区,地理位置优越。经多年的发展,已成为南海区乃至佛山市最主要、最富有发展潜力的城市组团之一。

由于东部组团处在广佛都市圈的核心地区,大量的过境交通由此穿越,交通流向极其复杂。

1) 区域交通流向分析

本组团与周边区域的主要流出/入交通的流向如下所示。

东西方向：大沥—广州;大沥—狮山。

南北方向：大沥—桂城;大沥—禅城;大沥—里水;大沥—松岗。

与广州方向联系的主要道路：广佛高速公路、广佛路、穗盐路及广州环城高速等。

与桂城方向联系的主要道路：桂和路、盐步大道等。

与禅城方向联系的主要道路：广佛高速公路、广佛路等。

与里水方向联系的主要道路：里盐路等。

与松岗方向联系的主要道路：虹岭路、桃园西路等。

与狮山方向联系的主要道路：广云路等。

广佛高速公路只是一条主要负责过境交通的道路,而现状广佛路、桂和路及穗盐路的交通已非常拥挤。可以看出,大沥组团与广州、禅城及桂城方向的交通联系较弱。因此,从区域联系的角度看,规划务必加强以上主要交通流方向的道路建设,特别是与广州方向和桂城方向联系的道路。

2) 组团内部交通流向分析

行政功能的联系：大沥镇与南海区、佛山市的联系,大沥镇与狮山镇、里水镇的联系,大沥组团各功能区与大沥镇的联系。

商业功能的联系：大沥组团各功能区之间以及与桂城、禅城商业中心之间的联系。

工业原料运输的联系：大沥组团各工业区之间以及与禅城、桂城、狮山、港口、火车站之间的联系。

2. 交通流量分析

因大沥组团位于广佛都市圈的核心地区，大量的过境交通由此穿越。所以，单独对大沥组团进行交通量预测在技术上是不可行的，得出的结果也不准确。本次规划采用了《广东省佛山市南海区公路网规划(2005—2020)》中对南海区的各条内部主要道路的交通流量分配结果。

城市道路的饱和度过高(大于 0.8)，则车辆行驶的通畅性受到影响，高峰期内将产生较大的阻塞；饱和度过低(小于 0.5)，则道路网的使用效率低，经济效益不高，造成资源浪费。饱和度处于 0.5～0.7 间比较合适，通过对 2005—2020 规划特征年大沥组团各主要内部道路的交通状况分析可得，其主要规划道路的饱和度比较合理。

三、道路平面规划

(一) 规划思路

道路平面规划以《佛山市南海区大沥组团总体规划(2004—2020)》为基础，以交通流向流量分析为依据，结合业主对土地使用的意见和建议，综合考虑现状地形和道路的特点、未来城市用地性质和城市景观方面的要求而定。

在规划的过程中，吸收已有规划的合理部分，并整合现状道路资源，严格控制道路的平面线形，减少拆迁和避开不良地质工程地段。

(二) 规划指标

综合考虑大沥组团的地理区位与地形地貌等实际情况，将道路分为四级，即快速路、主干路、次干路和支路，确定各级道路的红线宽度和计算行车速度。各级道路红线宽度和计算行车速度见表 2.14。

表 2.14　道路等级表

道路等级	道路红线/m	计算行车速度/(km·h^{-1})
快速路	114、80、60	80
主干路	60、55、50、46、40、36	50
次干路	40、30、26、25、24	40
支路	20、16.5、12、7	30,20

(三) 路网规划

规划以方格网状形态为主，以自由式路网为补充。主要目的是保证路网总体上布局合理，更好地发挥使用效率。同时，对于部分旧城区，普遍存在拆迁困难的问题，因而采用自由式的路网布局，以保证规划的可实施性。

路网密度见表 2.15，规划道路密度反映了规划意图。从统计数据看，主干路规划密度高于国家标准，快速路及次干路与国家标准一致，而支路低于国家标准。

表 2.15　道路密度统计表

道路等级	规划道路长度/km	规划区面积/km²	规划密度/(km/km²)	国家标准密度/(km/km²)
快速路	45.50	127.30	0.35	0.3～0.4
主干路	187.36		1.47	0.8～1.2
次干路	164.92		1.29	1.2～1.4
支路	61.80		0.49	3～4

快速路满足国家标准要求，主干路密度高于国家标准(主干路中包括以承担过境交通为主的区域性主干路，未来条件成熟时，可将这些道路改造为快速路)，主要是因为区内存在大量的过境交通，而且过境交通呈逐年增长的趋势。因此，适当提高主干路的密度有利于满足交通需求。

次干路密度满足国家标准要求，主要是因为次干路主要承担组团内部日常工作、生活交通出行的需求。随着组团的城市化不断推进，按照国家标准规划可以满足逐步增长的交通需求。

支路密度远低于国家标准，主要是因为很多支路难以确定，如大量的小区道路，建议在进一步的规划中将支路的密度控制在 3.0 左右。

1. 快速路规划

快速路总体呈方格网状分布。快速路主要包括建设大道、佛山一环、广佛新干线、桂和路北段、虹岭路、桃源西路兴业大道及桂丹路。

2. 主干路规划

主干路包括区域性主干路(未来条件成熟时，可将这些道路改造为快速路)及组团内主干路，主干路总体也呈方格网状分布。

区域性主干路主要包括广云路、穗盐路、禅炭路、桂和路南段、富强路及广虹路等。

组团内主干路主要包括水库西路、长峰大道、长岗南路、颜峰大道—贤谭路、富康路、桂澜路、东约大道—联平路、沥西路—竹基南路—宏基路、联江路—工业大道—水头大道—奇兴大道、北村公路、海北大道—黄海路、兴联路—东甫路、沿江路、金虹大道、金虹三路、兴虹大道、广虹路、高尔夫路、窖心路—沥东路—钟边路—康平路、沥雅路—北环路、广云路、永隆路—联窖路—平横路、广佛路、盐秀路及海景大道。

3. 次干路规划

次干路是主要的工作、生活、出行的道路，采用方格网加自由式的线形，以减少拆迁工程量，保证方案的可行性。主要的规划思路是保证道路的通达性，但不提倡快速，在线形上采用了较多曲线组合。

旧城区的次干路平面规划主要是从交通结构的角度去考虑，强调规划的控制作用，建议具体实施应逐步进行。新批用地或进行旧城改造时，可按规划道路红线进行控制，争取在未来形成良好的道路系统。

4. 支路规划

对于大沥组团近期开发的地块，如佛山一环沿线地区，本次规划结合此地块的控制性详细规划，进行了支路网的加密，支路(10 m 宽以上道路)的密度大约在 3～4 km/km^2。

其他地块实际开发时允许增加支路和小区道路，增加的各支路宜与次干路或其他支路相接。必须在主干路开口时，应采用“右进右出”的交通方式，以减少对主干路的影响。原则上，主干路不应增加出入口。必须增加时，应满足最近的两个交叉口 300～500 m 的间距要求。

(四) 道路平面线形规划

原则上，规划路网格局以《大沥组团总体规划》为基础，通过现场踏勘、调研，进行道路线形多方案经济比较，充分考虑道路线形要素合理、拆迁工程经济等因素，对组团规划道路进行深化和落实。道路平面线形规划要遵循以下两个原则：① 局部调整总体规划路网，减少拆迁量；② 局部调整总体规划路网，使用现状道路，降低道路网投资。

四、道路横断面规划

(一) 规划思路

以大沥组团已经规划控制的道路横断面为基础，结合现状道路的横断面形式，在满足道路交通技术要求和符合当前交通发展趋势的前提下，进行道路横断面规划。

(二) 规划原则

满足交通需求；适应地形，体现特色；具有经济性与适用性；道路绿化布局，在满足《城市道路绿化设计标准》(CJJ 75—2023)要求基础上，充分考虑绿化与环保的要求，尽可能扩大道路绿化的面积，创造良好的道路景观；在次干路的断面设计中，考虑一个机动车与非机动车混合行驶的车道；满足管线的敷设要求。

(三) 规划指标

道路横断面由机动车道、辅道、中间分车带、两侧分车带、非机动车道、人行车道和两侧绿化带中的一部分或几部分组成。

规划道路宽度指标如表 2.16 所示。

表 2.16　规划道路宽度指标表

车　道	宽度/m
小型汽车道	3.5
大型汽车道	3.75
停车带	2.5～3.5
非机动车道	≥1.5
人行道	≥2

(四) 规划要点

规划 A、B、C、D、E、F、G、H、I、J、K、L、M、N 共 14 种标准横断面。

A 断面为 80 m 城市快速路断面，双向八个主车道及双向四个辅车道，中间分车带为 6 m，机动车快车道与辅道之间各 2 m 分车带，机动车辅道与非机动车道之间各 1 m 绿化带，人行道 5.5 m，非机动车道 4.5 m。适用于虹岭大道、兴业大道及桃源西路。

B断面为60 m城市快速路断面，双向八车道及两侧各3 m停车带，中间分车带为4 m，两侧各2 m分车带，人行道4.25 m，非机动车道3 m。适用于广佛路东西段、广佛新干线、广云路、禅炭路北段、建设大道。

C断面为60 m(含8 m宽明渠)城市服务型主干路断面，此断面为现状广佛路的断面，双向六车道，中间分车带为2 m，两侧各2 m分车带，人行道6 m，非机动车道5 m。适用于禅炭路南段。

D断面为55 m区域性主干路断面，此断面为现状桂和路南段的断面，双向八车道，无中间分车带，两侧各5 m分车带，人行道4 m，非机动车道3.5 m。适用于桂和路南段。

E断面为50 m城市道路断面，包括E1、E2、E3及E4四种横断面。E1横断面为城市服务性主干路，双向六车道，中间分车带为2 m，两侧各1.5 m分车带，人行道6 m，非机动车道4.5 m，适用于黄海路南段；E2横断面为城市交通性主干路，双向六车道及两侧各3.5 m停车带，中间分车带为2 m，两侧各1 m分车带，人行道4.5 m，非机动车道3.5 m，适用于桂澜路北延线、富强路、同庆大道、奇槎路、穗盐路、广虹路东段；E3横断面为城市景观性主干路，为临江道路而规划，双向六车道，无中间分车带，两侧各1 m分车带，人行道5 m，非机动车道3.5 m，临江一面规划7 m绿化带，适用于北环路东段；E4横断面为城市快速路，为迁就现状建筑而规划，双向八车道，中间分车带为2 m，两侧各1 m分车带，人行道4 m，非机动车道3.5 m，适用于建设大道中段。

F断面为46 m城市道路断面，包括F1及F2两种横断面。F1横断面为交通性主干路，双向六车道，无中间分车带，两侧各1 m分车带，人行道5.5 m，非机动车道4.5 m，适用于兴虹大道；F2横断面为现状新城大道断面，双向六车道，中间分车带中有架空220 kV高压线，宽度为7.5 m，两侧各1 m分车带，人行道3.5 m，非机动车道3 m，适用于新城大道及金城大道。

G断面为40 m城市道路断面，包括G1、G2及G3三种横断面。G1横断面为城市交通性主干路，双向六车道，无中间分车带，人行道5 m，非机动车道3 m，适用于北村公路、东甫路、兴联路、东约大道、联平路、沥东路、钟边路、康平路、窖心路、水头大道、宏基路、奇兴大道、金虹三路、水库西路、长岗北路、海景大道西段、长峰大道、富康路、联景大道东段、沥西路、竹基南路、黄海路、永隆路、联窖路、平横路、高尔夫路、工业大道及盐秀路；G2横断面为城市次干路，双向四车道及两侧各2.5 m停车带，无中间分车带，两侧各1 m分车带，人行道5 m，非机动车道3.5 m，适用于颜溪路、平地大道、城约路及渤海路；G3横断面为城市景观性主干路，为临江道路而规划，双向四车道，无中间分车带，两侧各1 m分车带，人行道4 m，非机动车道3.5 m，临江一面规划6 m的绿化带，适用于海景大道东段及沿江路。

H断面为36 m城市交通性主干路断面，双向六车道，无中间分车带，人行道4 m，非机动车道2.5 m，适用于长岗南路、金虹大道、颜峰大道及贤谭路。

I断面为30 m城市次干路断面，包括I1及I2两种横断面。I1横断面为双向六车道，人行道4 m；I2横断面为双向四车道，无中间分车带，人行道4 m，非机动车道4 m。

J断面为26 m城市次干路断面，双向四车道，中间分车带2 m，人行道4 m。

K断面为25 m城市次干路断面，双向四车道，无中间分车带，人行道4.5 m。

L断面为24 m城市次干路断面，双向四车道，无中间分车带，人行道4 m。

M断面为20 m城市支路断面，双向两车道，人行道4 m。

N断面为16.5 m城市支路断面，双向两车道，人行道3 m。

第三章

城市竖向工程规划与设计

第一节　竖向规划的阶段及其主要内容

一、总体规划阶段的竖向规划

城市总体规划阶段应就全市用地进行竖向规划，编制竖向规划示意图。图纸比例尺寸与总体规划图的相同。

总体规划中的竖向规划应包括下列主要内容。

(1) 配合城市用地选择与用地布局方案，做好用地地形、地貌和地质分析，充分利用与适当改造地形，确定主要控制点标高。

(2) 分析规划用地的分水线、汇水线、地面坡向，确定雨水排除及防洪排涝方式。

(3) 防洪(潮、浪)堤顶及堤内地面最低的控制标高。

(4) 无洪涝危害的江河湖岸最低的控制标高。

(5) 根据排洪、通航的需要，确定大桥、港口、码头等的控制标高。

(6) 城市快速路、主干路与高速公路、铁路主干线交叉点的控制标高。

(7) 城市雨水主管沟排入江、河的可行性及控制标高。

(8) 城市主要景观点的控制标高。

此外，在编制竖向规划示意图的同时应编写说明书，以分析和说明城市用地的自然地形情况和竖向规划的示意图以及竖向示意图中未能充分说明，但必须用文字说明的内容。

二、详细规划阶段的竖向规划

(一) 详细规划阶段的主要内容

(1) 控制性详细规划阶段的竖向规划主要内容。① 确定主、次、支三级道路所围合的范围内的全部地块排水方向；② 确定主、次、支三级道路交叉点、变坡点的标高以及道路的坡度、坡长、坡向等技术数据；③ 确定用地地块或街坊用地的规划控制标高；④ 补充与调整其他用地的控制标高。

(2) 修建性详细规划阶段的竖向规划主要内容。① 落实防洪、排涝工程设施的位置、规模及标高；② 确定建(构)筑物室外地坪标高；③ 落实各级道路标高及坡度等技术数据；落实街区内、外联系道路(宽 7 m 以上)的标高，保证街区内其他通车道路及步行道的可行性；④ 结合建(构)筑物布置、道路交通、市政工程管线敷设，进行街区用地竖向规划，确定用地标高；⑤ 确定挡土墙、护坡等用地防护工程的类型、位置及规模；进行用地土石方工程量的估算。

（二）详细规划的竖向规划方法

详细规划阶段的竖向规划方法，一般采用高程箭头法、纵横断面法、设计等高线法等。

1. 高程箭头法

根据竖向规划设计原则，确定出区内各种建筑物、构筑物的地面标高，道路交叉点、边坡点的标高以及区内地形控制点的标高，将这些点的标高标注在居住区竖向规划图上，并以箭头表示各类用地的排水方向。

高程箭头法的规划设计工作量较小，图纸制作较快，且易于变动与修改，为居住区竖向设计常用的设计方法。缺点是比较粗略，确定标高要有丰富经验，有些部位的标高不明确，且确定性差。为弥补上述不足，在实际工作中可采用高程箭头法和局部剖面相结合的方法。

2. 纵横断面法

此法是先在规划的居住区平面图上根据需要的精度绘出方格网，然后在方格网的每一交点上注明原地面标高与设计标高。沿方格网长轴方向者称为纵断面，沿短轴方向者称为横断面。此法的优点是对规划设计地区的原地形有立体的形象概念，易于考虑地形改造。缺点是工作量大，花费时间多。此法多用于地形比较复杂地区的规划。

3. 设计等高线法

设计等高线法多用于地形变化不太复杂的丘陵地区的规划设计。其优点是能较完善地将任何一块设计用地或一条道路与原来的自然地貌做比较，随时一目了然地看出设计的地面或路（包含路口的中心点）的挖填情况，以便于调整。设计等高线低于自然等高线为挖方，高于自然等高线为填方，所填、挖的范围也能清楚地显示出来。

这种方法在判断设计地段四周路网的路口标高、道路的坡向坡度以及路与两旁用地的高差关系时更为有用。路口标高调整将影响到道路的坡度，也影响到路的两旁用地的高差，所以采用这种方法调整设计地段的标高能起到整体的设计效果。

第二节　用地标高的确定

一、确定场地总体标高及坡度

（1）场地防洪标准的确定，应保证场地雨水能顺利排除且场地不被洪水所淹没，否则应有有效的措施。在山区要特别注意防洪、排洪问题。在江河附近的用地，其设计标高应高出洪水水位 0.5 m 以上，而设计洪水水位应视建设项目的性质、规模、使用年限及防洪标准等确定。

场地排水方式和组织方案（使地面雨水顺利地排除，避免积水）是竖向布置中应考虑的重要内容，这对于保障建设项目正常使用有重要意义。在山区、丘陵地形条件下，防洪、排洪系统的组织也会直接影响场地的安全和使用，必须做出妥善安排。

建筑场地排除雨水的方式主要有自然排水、明沟排水、暗沟排水、混合排水四种。为使建筑物、构筑物周围的积水能顺利排除，又不至于冲刷地面，建筑物周围的场地应具有合适的整平坡度，一般情况下坡度应不小于 0.5%；困难情况下坡度也应不小于 0.3%；最大整平坡度可按场地的土质和其他条件决定，但宜不超过6%。城市主要建设用地的适宜规划坡度见表3.1。

表3.1　城市主要建设用地适宜规划坡度

用地名称	最小坡度/%	最大坡度/%
工业用地	0.2	10
仓储用地	0.2	10
铁路用地	0	2
港口用地	0.2	5
城市道路用地	0.2	8
居住用地	0.2	25
公共设施用地	0.2	20

(2) 场地竖向设计应尽可能避免深挖高填，减少土方量，减少挡土墙、护坡等工程量。在一般情况下，地形起伏变化不大的地方，应使设计标高尽量接近地形标高。在丘陵山区等地形起伏变化较大的地区，应充分利用地形，尽量避免大填大挖。

(3) 场地竖向设计应能使建筑物、构筑物基础及工程管线有适宜的埋深，以防机械损伤、防冰冻。

二、确定道路的标高及坡度

场地道路标高的确定，要考虑与场外道路的连接，同时要考虑道路与建筑的关系。道路交叉点和纵坡转折点标高的确定，必须根据道路的功能、允许最大纵坡值和坡长极限值三方面因素考虑。机动车车行道的最大纵坡坡度见表3.2。

表3.2　机动车车行道规划纵坡

道路类别	最小纵坡/%	最大纵坡/%	最小坡长/m
快速路	0.2	4	290
主干路		5	170
次干路		6	110
支(街坊)路		8	60

道路竖向规划应符合下列规定。

(1) 与道路的平面规划同时进行。

（2）结合城市用地中的控制高程、沿线地形地物、地下管线、地质和水文条件等作综合考虑。

（3）与道路两侧用地的竖向规划相结合，并满足塑造城市街景的要求。

（4）步行系统应考虑无障碍交通的要求。

三、城市用地的地面排水

城市用地应结合地形、地质、水文条件及年均降雨量等因素合理选择地面排水方式，并与用地防洪、排涝规划相协调。

（1）地面排水坡度宜不小于0.2%，坡度小于0.2%时，宜采用多坡向或特殊措施排水。

（2）地面的规划高程应比周边道路的最低路段高程高出0.2 m以上。

（3）用地的规划高程应高于多年平均地下水位。

第三节　城市用地和建筑竖向布置

一、城市与道路的竖向关系

城市用地被道路和自然条件分割成块。有时存在自然界限，如谷地和山峦以及冲沟和河流等。由道路和自然条件所围成的大小不同的用地，一般出现以下情况时，将影响建筑布置和地面排水。

（1）斜坡面用地。这类用地最为普遍。用地与道路之间出现高于道路的正坡面和低于道路的负坡面，两者皆有不同坡度。斜坡用地将使道路出现不同纵坡向和坡度，正坡面的地表排水将排至路上。这类用地与道路之间出现一个夹角。

（2）分水面用地。分水线把用地分割成两个大小不同、纵向各异的用地，四周道路中的两条出现纵坡的转折点，两个斜坡面的地表水排泄各成体系，各排至分水线两侧的道路上。在详细规划中往往可以利用分水线设计成步行道。

（3）汇水面用地。汇水面用地与道路的关系同分水面用地有共同处，即将用地分成两块坡向不同的斜坡面，所不同的是其中两条道路的纵坡转折点在低处。此种用地有时须设置涵洞或桥，以便四周道路所围区域地表水的排泄。详细规划设计中利用汇水线作为步行道时，其两旁须设置排水沟。

（4）山丘形用地。这种类型的用地常见于道路环绕山丘。山丘四周道路将出现多处转折点。山丘形用地的地表水将排泄至四周的环山道路上。

（5）盆地形用地。被四周道路所围的低洼盆地，除非有较大的汇水面能形成自然水塘增添生活环境美；否则，低洼处的积水对环境不利，只得采用回填的竖向规划措施提高用地标高或疏导地表水的排泄。

二、建筑与地形的竖向关系

根据建筑的使用功能及地区的气候因素不同，建筑与地形将出现三种不同的竖向布置。

(1) 建筑半垂直等高线布置。一般这类建筑的竖向布置出现在东南坡、西南坡、西北坡、东北坡面的用地上。即当建筑需要最佳南朝向时,会出现建筑与等高线成不同程度的半垂直状况。

(2) 建筑平行等高线布置。当建筑置于南坡、北坡面时,会出现建筑与地形等高线平行的情况。

(3) 建筑垂直等高线布置。建筑垂直于东坡面、西坡面时,建筑与地形等高线垂直或相交。

三、建筑竖向布置方式

由于建筑布置与地形之间有半垂直等高线、平行等高线和垂直等高线三种关系,因此产生出以下四种建筑竖向布置方式。

(1) 平坡式建筑布置竖向法。当丘陵地的坡面为纵坡小于 2%的大片缓坡地时,常出现建筑的平坡式竖向布置。这时坐落于地表上的建筑物常抬高建筑四周的勒脚,来适应地面的变化。它是对自然地貌改变最少的一种竖向布置方法。

(2) 台阶式建筑布置竖向法。台阶式用地的建筑布置适用于纵坡面坡度介于 2%～4%之间的用地。即当 100 m 长的用地中地面升高 2～4 m 时,须结合挖取部分土方与填入部分土方形成台阶用地,每个台阶用地之间用自然放坡或挡土墙分隔,各台阶用地仍有最小的排水纵坡。台阶用地有单向坡面用地和双向坡面用地。

(3) 混合式建筑布置竖向法。用地经改造成平坡和台阶相结合的规划地面形式。根据地形和使用要求,将基地划分为数个地块,每个地块以平坡式平整场地,而地块间连接成台阶。

(4) 台阶用地宽度和台阶高度。台阶用地宽度和自然地面与设计地面的填方、挖方的高度存在如式(3.1)所示关系。

$$\sum H = H_{+} + H_{-} = \frac{B(i_{自} - i_{设})}{100} \tag{3.1}$$

式中:$\sum H$ 为填挖方总高,m;H_{+} 为填方高度,m;H_{-} 为挖方高度,m;B 为台阶用地宽度,m;$i_{自}$ 为自然地面坡度,%;$i_{设}$ 为设计地面坡度,%,一般采用 0%～2%。

由于自然地面土壤结构十分密实,挖掘来的土方土壤疏松,挖出 1 m^3 土只能填回 0.7～0.8 m^3。因此公式还须考虑可松性系数,即 $H_{-} = 0.75 \sim 0.8H_{+}$,代入式(3.1)可得式(3.2)。

$$H_{+} = \frac{B(i_{自} - i_{设})}{175 - 180} \tag{3.2}$$

当 H_{+} 小于基础埋置深度时,采用一个用地台阶即可;当 H_{+} 大于基础埋置深度时,将增加建筑埋置深度的工程量,土方量也多,工程投资增大,此时必须考虑分成两个台阶用作建筑的竖向布置。

当确定台阶用地数量和它们的宽度时,还必须同时考虑总平面中建筑群体组合的合理性以及总平面中的道路走向和道路两侧正、负坡面的情况。

台阶用地的宽度除与填方高度和建筑基础埋置深度有关外，还与建筑体量有关。一般在生产用地上，当厂房体量大时，所需台阶用地宽些；一般居住建筑体量小，所需台阶用地可窄些。此时，台阶用地宽度与自然地面宽度有关，当大面积修建如工厂总平面或居住小区时，自然地面坡度为1%时，台阶用地宽度不大于200 m；自然地面坡度为2%时，台阶用地宽度不大于100 m；自然地面坡度为3%时，台阶用地宽度不大于50 m。

当地形陡时，台阶高度大于3.0～3.5 m。如自然地面坡度 $i=20\%\sim30\%$，采用半填半挖竖向设计时，则台阶用地宽度在20～30 m。一般可以满足中、小型城镇工厂的厂区总平面布置和城镇小区及公共建筑的布置要求。

根据式(3.2)且假定用地平整后的坡度为0.5%，取 $H_{-}=0.8H_{+}$，可绘制成 H_{+}、台阶用地宽 B 与 $i_{自}$ 三者的关系图(见图3.1)。

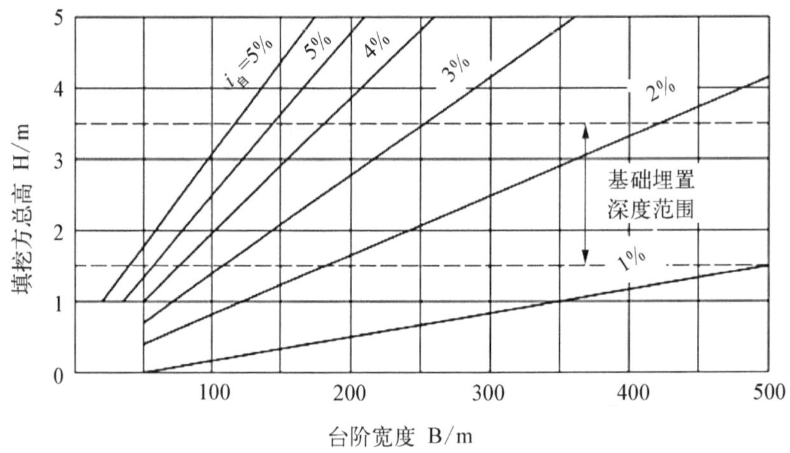

图3.1　H_{+}、B 与 $i_{自}$ 关系

应用 H_{+}-B-$i_{自}$ 关系图时，应注意3点：① 当靠近填方地段无建筑物基础时，查出的 B 可适当放宽；② 如 $i_{自}=3\%$，基础埋置深度为1.5 m，B 在105 m以下时，宜用一个台阶用地；③ 如 $i_{自}=3\%$，基础埋置深度为3.5 m，B 在255 m以上时，可采用平坡式布置。

四、台阶式(阶梯式)竖向设计

(一) 台阶划分要求

在《工业企业总平面设计规范》(GB 50187—2012)中规定，台阶的划分应符合下列要求。

(1) 应与地形及总平面布置相适应。

(2) 生产联系密切的建筑、构筑物，应布置在同一台阶或相邻台阶上。

(3) 台阶的长边宜平行等高线布置。

(4) 台阶的宽度应满足建筑物和构筑物、运输线路、管线和绿化等布置要求以及操作、检修、消防和施工等需求。

(5) 台阶的高度应按生产要求及地形和地质条件，结合台阶间运输关系等因素综合确定，并宜取 1～4 m。

（二）台阶式竖向设计规定

有关台阶式竖向设计的一些规定如下所述。

(1) 相邻的台阶之间应采用自然放坡、护坡或挡土墙等连接方式，并根据场地条件、地质条件、台阶高度、景观、荷载和卫生要求等因素，进行综合技术经济比较，合理确定。

(2) 台阶距建筑物、构筑物的距离除满足台阶的划分要求外，台阶坡脚至建筑物、构筑物的距离应考虑采光、通风、排水及开挖基槽对边坡或挡土墙的稳定性要求，且应不小于 2.0 m；台阶坡顶至建筑物、构筑物的距离应考虑建筑物、构筑物基础侧压力对边坡或挡土墙的影响。位于稳定土坡坡顶上的建筑物、构筑物，当垂直于坡顶边缘线的基础底面边长小于或等于 3 m 时，其基础底面外边缘线至坡顶的水平距离 a（见图 3.2），应按式(3.3)和式(3.4)计算，且不得小于 2.5 m。

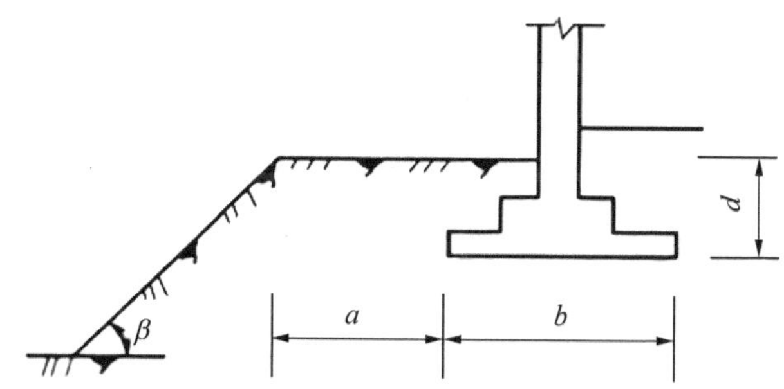

图 3.2 基础底面外边缘线至坡顶的水平距离示意

条形基础：

$$a \geqslant 3.5b - \frac{d}{\tan\beta} \tag{3.3}$$

矩形基础：

$$a \geqslant 2.5b - \frac{d}{\tan\beta} \tag{3.4}$$

式中：a 为基础底面外边缘线至坡顶的水平距离，m；b 为垂直于坡顶边缘线的基础底面边长，m；d 为基础埋置深度，m；β 为边坡坡角，°。

当基础底面边缘线至坡顶水平距离不能满足上述要求时，可根据基底平均压力，按现行国家标准《建筑地基基础设计规范》(GB 50007—2011)的有关规定确定基础至坡顶边缘的距离和基础埋深。

当坡角大于 45°、坡高大于 8 m 时，应按现行国家标准《建筑地基基础设计规范》(GB 50007—2011)第 5.4.1 条的规定进行坡体稳定性验算。

(3) 场地挖、填方边坡的坡度允许值，应根据地质条件、边坡高度和拟采用的施工方法，结合当地的实际经验确定。

当山坡稳定、地质条件良好、土(岩)质比较均匀时，挖方边坡坡度可按表 3.3 和表 3.4 确定。

表 3.3　挖方岩石边坡坡度允许值

岩石类别	风化程度	坡度允许值(高宽比)	
		坡高<8 m	坡高 8～15 m
硬质岩石	微风化	1∶0.10～1∶0.20	1∶0.20～1∶0.35
	中等风化	1∶1.20～1∶0.35	1∶0.35～1∶0.50
	强风化	1∶0.35～1∶0.50	1∶0.50～1∶0.75
软质岩石	微风化	1∶0.35～1∶0.50	1∶0.50～1∶0.75
	中等风化	1∶0.50～1∶0.75	1∶0.75～1∶1.00
	强风化	1∶0.75～1∶1.00	1∶1.00～1∶1.25

表 3.4　挖方土质边坡坡度允许值

土的类别	密实度或状态	坡度允许值	
		坡高<5 m	坡高 5～10
碎石土	密实	1∶0.35～1∶0.50	1∶0.50～1∶0.75
	中密	1∶0.50～1∶0.75	1∶0.75～1∶1.00
	稍密	1∶0.75～1∶1.00	1∶1.00～1∶1.25
粉土	$S_r \leqslant 0.5$	1∶1.00～1∶1.25	1∶1.25～1∶1.50
黏性土	坚硬	1∶0.75～1∶1.00	1∶1.00～1∶1.25
	硬塑	1∶1.00～1∶1.25	1∶1.25～1∶1.50

注：1. 表中碎石土的充填物为坚硬或硬塑状态的黏性土。
2. 对砂土或充填物为砂土的碎石土，其边坡坡度允许值均按自然休止角确定。
3. S_r 为饱和度，%。

(4) 铁路、道路的路堤和路堑边坡，应分别符合现行国家标准《Ⅲ、Ⅳ级铁路设计规范》(GB 50012—2012)和《厂矿道路设计规范》(GBJ 22—87)的规定；建筑地段的挖方和填方边坡的坡度允许值，应符合现行国家标准《建筑地基基础设计规范》(GB 50007—2011)的规定。

遇有下列情况之一，挖方边坡坡度的允许值另行计算：① 边坡的高度大于表 3.3 和表 3.4 的规定；② 地下水比较发育或具有软弱结构面的倾斜结构层；③ 岩层层面或主要节理面的倾斜方向与边坡的开挖面的倾斜方向一致，且两者走向的夹角小于 45°时；④ 填方边坡，如基底地质良好，其边坡坡度可按表 3.5 确定。

表 3.5 填方边坡坡度允许值

填料类别	边坡最大坡度/m			边 坡 坡 度		
	全部高度	上部高度	下部高度	全部坡度	上部坡度	下部坡度
黏性土	20	8	12	—	1∶1.5	1∶1.75
碎石土、粗砂、中砂	12	—	—	1∶1.5	—	—
碎石土、卵石土	20	12	8	—	1∶1.5	1∶1.75
不易风化的石块	8	—	—	1∶1.3	—	—
	20	—	—	1∶1.5	—	—

注：1. 用大于 250 mm 的石块填筑路堤，且边坡采用干砌者，其边坡坡度应根据具体情况确定。
2. 在地面坡度陡于 1∶5 的山坡上填方时，应将原地面挖成台阶，台阶宽度宜不小于 1 m。

五、工业企业场地排水

(1) 场地应有完整、有效的雨水排水系统。场地雨水的排水方式，应结合工业企业所在地区的雨水排水方式、建筑密度、环境卫生要求、地质条件等因素，合理选择暗管、明沟或地面自然排渗等方式。厂区宜采用暗管排水。

(2) 场地雨水排水设计流量计算应符合现行国家标准《室外排水设计标准》(GB 50014—2021)的规定。

(3) 当采用明沟排水时，排水沟宜沿铁路、道路布置，避免与其交叉。排出场外的雨水，应避免对其他工程设施或农田造成危害。

(4) 排水明沟的铺砌方式，应根据所处地段的土质和流速等情况确定。厂区明沟宜加铺砌；对厂容、卫生和安全要求较高的地段，尚应铺设盖板。矿山及厂区的边缘地段可采用土明沟。

(5) 场地的排水明沟，宜采用矩形或梯形断面。明沟起点的深度宜不小于 0.2 m，矩形明沟的沟底宽度应不小于 0.4 m，梯形明沟的沟底宽度应不小于 0.3 m。明沟的纵坡应不小于 0.3%，在地形平坦且排水条件较为困难的地区，这一标准可以适当放宽，纵坡不应小于 0.2%。按流量计算的明沟，沟顶应高于计算水位 0.2 m 以上。

(6) 雨水口应位于集水方便、与雨水管道有良好连接条件的地段。雨水口的间距宜为 25～50 m。当道路纵坡大于 2%时，雨水口的间距可大于 50 m。其形式、数量和布置应根据具体情况和计算确定。当道路的坡段较短时，可在最低点处集中收水，并适当增加雨水口的数量。

(7) 在山坡地带建厂时，应在厂区上方设置山坡截水沟。截水沟至厂区挖方坡顶的距离宜不小于 5 m。当挖方边坡不高或截水沟衬砌加固时，此距离应不小于 2.5 m。截水沟不应穿过厂区。当确有困难，必须穿过时，应从建筑密度较小地段穿过。穿过地段的截水沟应加铺砌，并确保厂区不受水害。

六、建筑用地竖向设计处理技术

山区丘陵地建筑用地竖向处理方法很多，有提高勒脚(将建筑勒脚提高到相同标高)、筑台(挖填基地形成平整的台地)、错层(将建筑相同层设计成不同标高)、跌落(将建筑垂直等高线布置,以单元或开间为单位,顺坡势处理成台阶状)、掉层(错层或跌落的高差等于建筑层高时)、错叠(垂直等高线布置,逐层或隔层沿水平方向错动或重叠形成台阶状)等方式。

综合使用这些竖向布置手法,能使建筑与地形有机结合,节省土石方量,保持原来自然地貌,争取建筑空间并较完善地解决建筑与地形的矛盾。

第四节　道路和广场竖向规划

根据城市规划图进行道路和广场的竖向设计,所应用的图纸比例一般城市建设总平面图采用1∶1 000或1∶500。

一、道路规划纵坡与横坡的确定

(1) 城市道路机动车车行道规划纵坡应符合表3.6的规定。

表3.6　机动车车行道规划纵坡

道路类型	最小纵坡/%	最大纵坡/%	最小坡长/m
快速路	0.2	4	290
主干路		5	170
次干路		6	110
支(街坊)路		8	60

(2) 非机动车车行道规划纵坡宜小于2.5%,大于或等于2.5%时,按表3.7的规定限制坡长,机动车与非机动车混行道路,其纵坡按非机动车车行道的纵坡取值。

表3.7　非机动车车行道规划纵坡与限制坡长

纵坡/%	自行车限制坡长/m	三轮车、板车限制坡长/m
3.5	150	—
3.0	200	100
2.5	300	150

(3) 道路的横坡应为1%~2%。

(4) 广场竖向规划除满足自身功能要求外,尚应与相邻道路和建筑物相衔接。广场的最小坡度应为0.3%;最大坡度平原地区应为1%,丘陵和山区应为3%。

（5）当城市道路路段连续纵坡大于5%时，应设置缓和地段。缓和地段的坡度宜不大于3%，长度宜不小于300 m。当地形受到限制时，缓和地段长度可减为80 m。

（6）城市道路的定线设计必须充分结合自然地貌，只有在不得已时才动土方。

（7）在竖向设计时，道路经过之处应尽可能不损坏表土层，以使植物能正常成长。

（8）城市中的特殊用地，如工业、铁路专用线、水运码头设施等用地，在不影响它们的生产工艺流程及运输条件下，也应当充分注意完善道路与运输线路的竖向设计。

二、城市道路竖向设计步骤与方法

（1）必须根据规划地段中的总平面图进行分析，以判断各条道路的功能、允许的纵坡度和限制坡长，初步确定各个交叉口和纵坡转折点的标高。标高值要使用地形平面图上原地貌等高距 H 值，如 $H=1.0$ m，标高值宜用1、2、3、4……或 $H=0.5$ m，标高值宜用1.0、1.5、2.0、2.5……，以此类推。

（2）根据交叉口至纵坡转折点的标高的高程差除以该地形图的等高距（如1∶1 000用 $H=1.0$ m，1∶500用 $H=0.5$ m，1∶200用 $H=0.1$ m），即得所需平距的长度（为了快速作图，用分规在路的中心线上进行分段），沿路中心线上标出各平距长度的点。

（3）应用平距比例尺（1∶500，1∶1 000，……），即可判断交叉口至纵坡转折点或交叉口至交叉口之间的纵坡度 $i_{纵}$。

（4）在路中心线已标出的各平距长度的点上注明高程，且用红色数字和点指出设计等高线的位置和标高。

（5）判断所设计道路的纵坡度和纵坡长是否符合要求。如不符合设计要求，重新确定平面图上的交叉口标高和另选纵坡转折点并定出标高，以提高或降低纵坡度，增大或缩小纵长度。

（6）分析道路的设计纵坡与原来地貌的挖填状况和设计的道路对两旁用地的影响情况，判断是否影响两旁用地的发展和次要道路的进入。

三、城市道路横断面竖向设计

城市规划中修建地区的道路系统，除需进行选择交叉口、纵坡转折点和确定标高等工作外，尚需分析、确定和绘制道路的横断面竖向设计图。

道路横断面坡度取决于不同路面做法，见表3.8。

表3.8　城市道路面层做法与横坡

序　号	路面面层类型	横坡/%
1	水泥混凝土路面	1.0～2.0
2	沥青混凝土路面	1.0～2.0
3	其他黑色路面	1.5～2.5
4	整齐石块路面	1.5～2.5

续 表

序 号	路面面层类型	横坡/%
5	半整齐和不整齐石块路面	2.0～3.0
6	碎石和碎石材料路面	2.5～3.5
7	加固和改善土路面	3.0～4.0

（一）道路横断面的做法

这类道路横断面的等高线设计可以应用设计等高线法。

（1）抛物线形横断面的设计等高线。这类道路横断面属于低级路面，横坡大。

（2）双斜面形横断面的设计等高线。此法多用于城市高级路面的横断面，横坡小。一般水泥混凝土路面、沥青混凝土路面、其他黑色路面都采用此法。

（二）路边有挡土墙和台地的设计等高线

路边为垂直的挡土墙，在平面图上以两条平行线表示，两线之间距离为按比例绘出的挡土墙宽度。挡土墙上首和下脚的两条设计等高线的高程差，即为挡土墙的高度。图 3.3 中两条平行线宽度为 0.8 m，表述了挡土墙的平面投影，图中所示等高线 5.80、5.90、6.00、6.10，表示挡土墙下部台地的设计高程，从东往西向挡土墙内侧倾斜的坡面，墙角有等高线所示的排水沟。等高线 7.10、7.20、7.30、7.40、7.50、7.60 表示挡土墙上部台地的高程，其排水由东往西向里倾斜，坡度大于挡土墙的下部台地。图中的分式分子标明挡土墙顶部投影的标高，分母则说明了挡土墙底部的标高。分子与分母所指出的标高差值即为挡土墙的高度。

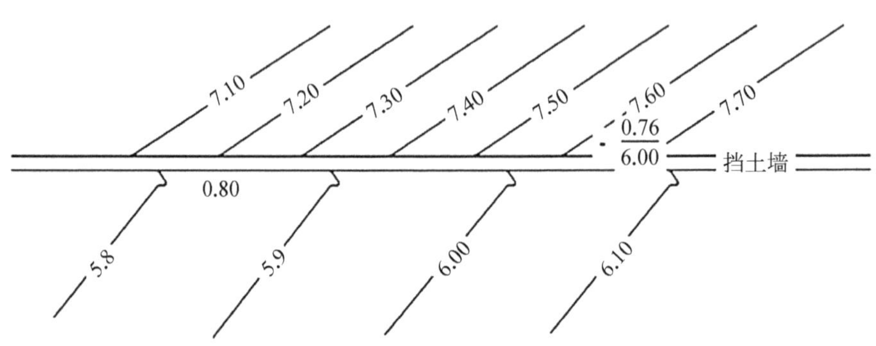

图 3.3 挡土墙和台地设计等高线(单位：m)

（三）自然斜坡连接台地并设有石级的设计等高线

城镇道路两侧有正、负坡面，它们相应高于路面或低于路面，除采取挡土墙分开路与台地、台地与台地的竖向做法外，一般为保持自然地貌不致破坏太多，常采用自然斜坡的竖向做法。

遇有道路与水路交叉（有桥梁跨越）或铁路与道路交叉时，均应在竖向规划设计中标明控制点标高，如图 3.4 及图 3.5 所示。

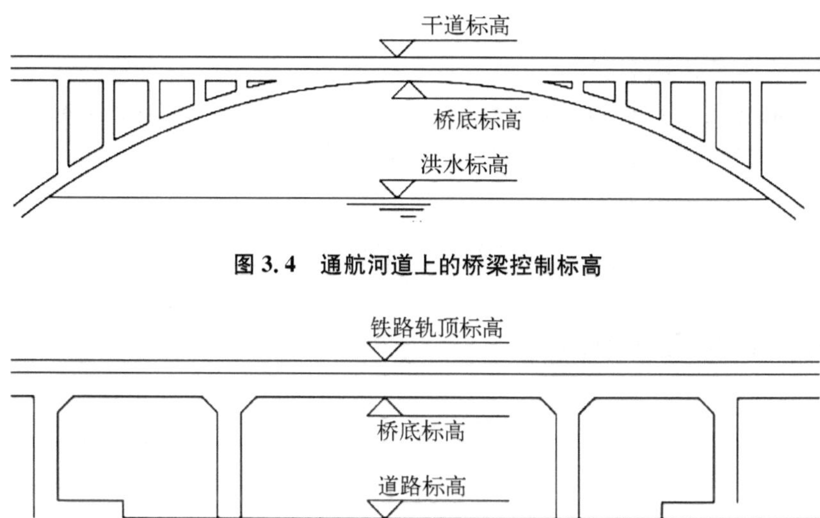

图 3.4 通航河道上的桥梁控制标高

图 3.5 铁路与干道立交控制标高

四、城镇道路交叉口竖向设计

一般城镇道路为十字相交或丁字相交，也有多条道路相交的路口。影响交叉口等高线设计的因素有道路纵坡的坡向、纵坡的大小及自然地貌情况等。

道路交叉口的设计等高线一般有四种基本类型。

(1) 凸和凹的地形交叉口竖向设计。

城镇道路的交叉口坐落于地貌的最高处，它的四条道路从路口的中心向外倾斜，称作“凸形交叉口”；相反，四条道路共同向交叉口倾斜，则称“凹形交叉口”，这个交叉口处在地貌的最低处。

交叉口中心路面的设计等高线成凸形分水点，让雨水向四个方向的道路街沟排除。交叉口的转角不设置集水口。

凹形地形交叉口情况正好与凸形地形交叉口相反，四条道路的纵坡均向交叉口中心倾斜。凹形交叉口竖向设计最易积地面水，因此在交叉口中增设一道标高略高的等高线，把凹形交叉口的最低处积水排至交叉口 4 个转角的集水口。

(2) 单坡地形的交叉口竖向设计。

这类交叉口位于斜坡的地形上，两条道路纵坡均向交叉口中心倾斜，另外两条道路纵坡由交叉口往外倾斜时，它们的纵坡轴分水线则应从下首道路的街沟逐步引向道路的中心纵轴。

两条向交叉口倾斜道路的纵坡轴共同往路的一侧街沟靠拢，转角处设置集水口。交叉口的竖向设计则成单面的倾斜面。另外两条道路纵坡由交叉口往外倾斜时，它们的纵坡轴分水线，则应从下首道路的街沟逐步引向道路的中心纵轴。

(3) 分水线地形交叉口竖向设计。

这种交叉口位于地貌的分水线上，等高线竖向设计时，在纵坡倾斜而进入交叉口后的等高线，将原来路中心分水线分成 3 个方向，逐步离开交叉口的中心。在倾向交叉口道路的拐角处设置集水口。

(4) 汇水线地形交叉口设计。

这类地形的交叉口竖向特征与分水线地形交叉口竖向特征正好相反，有三条道路纵坡朝交叉口倾斜，另外一条道路则由交叉口中心向外倾斜。

第五节　广州市竖向规划编制体系

一、编制目的和基本原则

（一）编制目的

用以统筹广州市竖向专项规划的编制，建立全市竖向规划框架体系，形成“安全、生态、经济、多元”的城市竖向管控体系，助力解决城市快速开发建设带来的地面硬化、防洪安全、内涝积水、土石方不平衡等一系列问题，促进城市高质量发展。

（二）基本原则

(1) 安全为本。以保护人民生命财产安全和社会经济安全为出发点，落实防洪排涝要求，科学建立高程控制体系，构建区域防洪排涝安全格局，打造韧性城市。

(2) 生态优先。通过竖向管控，保护绿地、生态湿地等自然雨水调蓄空间，结合海绵城市建设模式，优先利用自然排水系统，保护和改善城市生态环境。

(3) 合理适用。结合城市用地分类，通过合理利用地形、地质条件，满足城市各项建设用地的使用要求。

(4) 科学经济。通过精细化竖向设计，节省土石方工程，结合建设时序，填挖就近平衡，减少建设项目投资。

(5) 系统协调。因地制宜，分区分类管控，多情景方案比选，建立多专业综合协调、多目标最优化求解的多元竖向管控体系。

二、基本规定

(1) 建立广州市竖向规划纵向实施传导机制，实现“竖向总体规划—竖向详细规划—实施性规划”三级规划的竖向专项规划体系搭建。

① 竖向总体规划层次从全市层面出发，侧重于底线控制，注重制定系统主要的技术标准和管控要求。竖向总体规划宜由广州市自然资源和规划局组织编制，并由规划主管部门协调生态环境局、住房和城乡建设局、交通运输局、水务局、林园局等相关职能部门配合具体编制工作。

② 竖向详细规划，是从分区层面出发，侧重于节点控制，注重道路、河道等竖向控制网络重要控制节点的分析研究。控规竖向规划宜由区自然资源和规划局组织编制，并由规划主管部门协调建设、交通、水务等相关管理部门配合具体编制工作。

③ 重点平台详细规划层面的竖向实施性规划则侧重于可实施性，指引下阶段的工程实施。实施性竖向规划应结合国土空间管理单位的控规编制或调整，进行同步编制。在区规划和自然资源局指导下，可由建设管理单位或开发建设单位组织编制，并由建设管理部门协调规划、交通、水务等相关管理部门配合具体编制工作。

(2)《广州市竖向规划编制工作指引(试行)》中提出的刚性控制标高在今后的规划管理中应严格控制,不得随意改动。

(3)《广州市竖向规划编制工作指引(试行)》中提出的弹性控制标高由刚性控制标高及实际地形推算得出,有一定的弹性变化空间,可作为下阶段工作开展的依据。

(4) 竖向各层级规划统一采用广州 2000 坐标系和广州市高程系统。

(5) 竖向规划需建立规划动态评估更新机制,在建设条件或规划条件发生调整和变化时,及时进行动态更新。

(6) 经政府部门审批通过后,竖向规划相关高程控制成果应纳入广州市规划和自然资源局空间资源系统。

三、基础工作

(一) 现状分析要求

(1) 基础工作界面的规定。使用 GIS(Geographic Information System,地理信息系统)数据库创建竖向数据库,搭建竖向规划平台。

(2) 竖向规划对现状进行分析的要素主要包括:地形地理、气候降雨情况、土地利用、现状建设情况、河流水系、轨道及道路、自然景观、文保单位分布、内涝情况、机场净空高度管控等,分析要素需包含但不仅限于以上内容。总体规划及详细规划层面对分析精度有不同要求。

(3) 对自然因素的识别。针对不同的地形地貌识别不同的重要因素,作为竖向规划的基础条件。

① 平原地区。重点识别现状高程、自然水系、湖泊、湿地等因素,分析梳理防洪排涝体系和自然生态体系。

② 低洼地区。重点识别现状高程、水系、易涝区域等因素,分析梳理防洪排涝体系、内涝风险区分级分布情况。

③ 山地丘陵区。重点识别现状高程、坡度、整体走势、自然山体水系等因素,分析梳理防洪排涝通道和山水风貌,确定适宜的用地类型。

(4) 对现状建设因素的识别。重点识别建成区的场地开发程度和规模、重大基础设施、历史文化保护类别和等级等因素,确定不可变因素,作为竖向规划的边界条件。

(二) 规划协同要求

(1) 竖向规划与相关规划的协同。

主要包括:土地利用规划、防洪排涝专项规划、排水工程专项规划、道路交通规划、生态景观规划、地下空间专项规划、海绵城市规划、分期建设计划及重点项目建设计划等,分析要素需包含但不仅限于以上内容。总体规划及详细规划层面对协同分析精度有不同要求。

(2) 竖向规划应与土地利用相协调。

满足城市用地分类使用要求,竖向规划策略需充分体现"新、旧城区"城市发展时序管控理念。

① 城市建成区。细分为四类:第一类为基本满足治涝标准的成熟区域,竖向规划主要维持现状高程,局部改建时,应与周边地形相协调;第二类为不满足治涝标准的低洼地区,需

因地制宜完善竖向控制体系，助力解决低洼地区积水问题；第三类为整体更新改造区域，需结合地区的更新改造规划对地形进行适度优化，在满足地区安全、排水、交通等基本要求上，塑造城市特色风貌，引导城市更新；第四类为历史文化保护区，以维护历史风貌为原则，尽量维持现状高程，周边道路路面标高与之衔接，改善排水条件，必要时，可采取措施保证防洪安全。

② 新区开发区。结合现状地形条件和新区开发要求，协同防洪排涝、排水及道路交通等规划，通过地形的合理改造和综合利用，建立完善的高程控制体系。

③ 生态保护区。按照生态保护红线要求进行严格管控，保持和延续生态保护区的自然地貌。当必须进行无法避让、符合县级以上国土空间规划的线性基础设施建设、防洪和供水设施建设时，应以最大限度保护现状景观生态要素为优先，合理确定道路标高，形成生态的高程控制系统。

④ 永久基本农田区。维护现状为原则，不做调整。

⑤ 地下空间密集区。提出高标准建设要求，明确出入口高程控制要求等。

(3) 竖向规划应与防洪排涝紧密衔接协调。

① 竖向规划需结合地下空间开发适当进行抬高和地形优化，利用蓝绿空间，蓄排结合，降低城区内涝风险，减轻下游排洪压力。

② 城镇用地高程规划需满足防洪排涝标准安全要求，维护自然生态河道，保证行泄通道顺畅。

③ 竖向规划需严格保护流域防洪设施，维持现状边界和高程，确保规划区域防洪安全。

④ 竖向规划以防洪排涝分区边界作为大分区分界线。

⑤ 竖向规划最低控制标高应高于雨水受纳水体防洪(潮)标准对应的洪水位与安全超高之和。当雨水受纳水体采用水闸、泵站等设施控制水位时，竖向规划最低控制标高应高于设计排涝水位与安全超高之和。

(4) 竖向规划应与排水规划紧密衔接协调。

① 竖向分区应与雨水分区充分衔接。

② 结合排水规划确定的排水模式合理确定竖向规划策略。

③ 在其划定的汇水范围内，竖向总体坡向应朝向雨水出水口方向。

④ 道路的设计标高应高于内河相应的设计排涝水位。

⑤ 道路的最低点控制标高宜按照高于雨水出水口管顶标高＋雨水管道水力坡降＋管道覆土进行校核。

(5) 竖向规划应与道路交通规划紧密衔接。

① 以河道水系规划水位为基础，考虑结构厚度、通航要求等，确定大桥、河道沿线道路的控制标高，确定城市快速路、主干路与高速公路、轨道交叉点的控制标高。

② 明确火车站、汽车客运站等重大交通设施用地高程。

③ 道路纵坡需满足交通、排水、排涝要求，主要技术指标应满足现行规范要求。

(6) 竖向规划应与海绵城市规划衔接。

协调建设用地、道路、绿地与水体之间的竖向衔接，便于雨水径流汇入海绵设施或者自然水体，满足海绵城市建设要求。

(7) 竖向规划应与生态景观衔接。

分区域、分类型制定保护策略，延续规划区生态格局，塑造丰富的城市景观。

四、主要编制内容

（一）竖向总体规划

明确广州市竖向管理的安全底线、生态保护与利用要求，以及区域空间特色的塑造，依山就势、因势利导，提出各区竖向控制导则。

(1) 通过现状分析、规划协同，结合防洪排涝标准、河道规划水位、排水模式等控制因素，明确竖向规划最低标高。竖向规划最低标高应根据骨干河道的洪水位进行控制。

(2) 严守生态保护红线，识别生态格局，将生态保护红线作为竖向规划的基础底图。

(3) 规划应优先维持生态，不开山填谷，尊重既有的生态脉络，保留主要水系和山体等蓝绿基底。道路等线性工程应依山就势，避免大挖填、破坏现状地形地貌，避让生态保护区域，如必须穿越，应进行多方案比选，尽可能减少对生态环境的影响。

(4) 以国土空间规划愿景为导向，尊重原始自然风貌，在满足安全、排水、交通等要求的基础上，引导城市特色空间景观的塑造。

(5) 结合城镇社会经济发展状况和城市空间布局，将城镇开发边界细分为建成区、新开发区、生态保护区和永久基本农田区，分区施策，提出不同区域的竖向控制要求。

（二）竖向详细规划

1. 确定竖向规划策略和分区

(1) 分析现状自然地势和竖向统筹布局，在满足防洪排涝及排水要求的基础上，确定竖向规划策略。

(2) 结合规划用地布局、汇水分区划分竖向分区。

(3) 当新开发区域地坪标高与现状待开发地块相差较大时，以周边主要现状道路为竖向设计基础，结合现状地形、现状道路等对场地形式和道路网布局进行调整，通过室外坡度过渡使地块与现状道路保持顺畅衔接，同时应坚持高水高排、高截、高蓄，尽量避免雨水排往现状保留地块。

(4) 依据填挖方分布和城市开发建设计划，提出分区土方调控、平衡策略。

2. 竖向规划控制标高

竖向规划控制标高依据道路等级、重大基础设施布局及排水控制要求，确定刚性控制标高和弹性控制标高。

(1) 明确刚性控制标高。

① 防洪排涝控制高程：根据防洪排涝规划确定的河道规划水位线。

② 满足防洪排涝要求的现状次干路(二级公路)以上道路和现状重大基础设施标高：干路道路交叉口控制点、重大基础设施(自来水厂、变电站、交通枢纽站场、医疗设施及教育设施等)控制点、现状建成区等。

③ 规划重要道路交叉口标高：高速公路、快速路、主干路与次干路之间的标高。

④ 城市重要景观风貌及生态保护区标高：城市重要景观风貌、历史文化及生态保护区等。

(2) 规划弹性控制标高。

① 道路最低规划标高应满足洪(涝)水位＋安全超高要求，同时按照高于雨水出水口管

顶标高＋雨水管道水力坡降＋管道覆土＋道路横坡进行校核。其中，安全超高参照《堤防工程设计规范》(GB 50286—2013)第 3.2.1 条的规定取值，雨水管道坡降按《室外排水设计标准》(GB 50014—2021)第 5.2.10 条的规定取值。

② 结合排水控制要求，道路总体坡向宜与规划雨水管坡向一致。

③ 道路规划纵坡和横坡应符合《城市道路工程设计规范(2016 年版)》(CJJ 37—2012)第 5.4 条和 6.3 条的规定。

④ 跨一般河涌的箱涵控制高程：不低于洪(涝)水位＋道路横坡＋涵洞结构层厚度。

⑤ 跨一般河涌的桥梁控制高程：不低于洪(涝)水位＋道路横坡＋桥梁结构层高度＋壅水高度。

⑥ 跨通航河涌的桥梁控制高程：不低于通航水位＋道路横坡＋桥梁结构层高度＋安全通航高度。

⑦ 跨沿河亲水碧道的桥梁控制高程：不低于常水位＋道路横坡＋桥梁结构层高度＋自行车通行净高＋安全高度(不小于 0.3 m)。自行车通行净高应符合《城市道路工程设计规范(2016 年版)》(CJJ 37—2012)第 3.4.3 条的规定。

⑧ 本阶段只控制立体交叉处地面道路高程，同时提出道路的净空要求作为刚性控制条件。

3. 制定地下空间出入口高程控制要求

地下空间出入口高程分为两种进行控制，分别为基本挡水高程和安全设防高程。基本挡水高程需在大多数情况下满足防汛要求；安全设防高程应在遭遇历史最大暴雨强度时地坪积水高程的基础上，考虑城市发展因素及一定的安全加高值进行确定。

4. 明确地块地面形式及场地最低控制高程

(1) 地块地面形式应符合《城乡建设用地竖向规划规范》(CJJ 83—2016)第 4.0.1、4.0.3 条的规定。

(2) 地块地面坡度宜以平坡式为主、混合式为辅，尽量避免单纯的台阶式的规划地面形式。

(3) 场地最低控制高程宜比周边道路最低路段的地面高程或地面雨水收集点高出 0.2 m 以上；小于 0.2 m 时，应有排水安全保障措施或雨水滞蓄利用方案。

(4) 场地用于雨水调蓄的下凹式绿地或滞水区时，按海绵城市规划要求确定场地标高。

(5) 场地最低控制高程应高于多年最高地下水位。

(6) 考虑到场地的多样性，场地现状高程与道路高程相差 0.5 m 以内的区域，场地与道路的高差应控制在 0.2～0.5 m；在场地现状高程与道路高程相差较大的区域，通过对地形、场地布局及地面形式等多方面的调整，降低场地与道路的高差。

5. 其他规划内容

(1) 根据实际情况，按地形、用地性质等进行分类，分别提出有针对性的弹性管控措施，保证竖向规划的系统性和可实施性。

(2) 开展内涝点调研及原因分析，提出竖向规划方案、排水要求以及竖向管控方案，确保排水安全。

(3) 结合重点建设项目，深化该范围竖向设计，规划道路、过河桥涵以及地块的控制标高。

五、审查要求

在成果报批之前，规划管理部门应组织专家参与论证和进行审查。审查要件包括规划文本、规划图件、规划附件、专题研究报告和数据库等相关成果。审查要点可依据《广州市竖向规划编制工作指引（试行）》的内容参照执行。竖向规划经规划管理部门审查通过后，竖向总体规划需报市政府审批后印发实施；竖向详细规划需报区政府审批后印发实施；竖向实施性规划需经区规划管理部门审查通过后实施。

第六节　广州增城竖向工程规划设计案例

一、规划区竖向分析

广州增城中心城区地处南方丘陵地带，四周环山，增江、西福河呈倒“八”字形流经中心城区，在沿河岸地区形成两片较大面积的平原区。由于荔城与朱村中间有低矮山丘分隔，沿河岸平原区相对独立，整体地形呈现出“双盆状”。

增江自北向南从荔城街与增江街之间穿过，荔城街及增江街地势总体为两边高、中间低，整体地势呈北高南低的走向；西福河位于朱村街的西南侧，自西北向东南方向沿朱村街边流过，朱村街整体地势为北高南低，西高东低。

规划区建设用地主要集中在“双盆”中部的平地内，地形、地势变化与整体地形基本一致。但其地势高差变化较小，整体地形平坦，地势偏低。由于现状标高偏低，容易造成建成区内有内涝的现象，雨污水管线埋深较大，大部分的地坪标高不满足50年一遇的城市防洪设防标高，需结合城区的分期改造，有效地调整道路以及建设地块的标高，使其满足城市防洪的要求。

二、竖向规划总体布局

根据对规划区的现场踏勘情况，及对现状地形、地貌、现有排水情况的仔细分析，规划区的竖向总体布局可按街道分成3个独立片区，即荔城、增江及朱村片区。荔城及增江均为北高南低、两边略高、沿江部分略低的地势梯度，同时考虑到增江防洪堤的设置，堤内规划标高将低于防洪标高；朱村片区竖向总体布局呈东北高西南低，沿朱村运河及南江河两侧高、中间低的地势坡向。

考虑到三个片区的面积较大，规划将结合排涝规划中的排涝分区进行细分。

城市道路竖向的空间布局结合以下四点进行布置。

（1）满足城市防洪排涝的总体要求。增城中心城区区内排渠水系的总体按片区划分，竖向总体布局应满足排洪渠道的需要。

（2）满足城市道路纵坡要求。增城中心城区道路类型多样，路网密集，规划结合各种道路类型，按照机动车车行道规划纵坡要求，对道路控制点进行设计。

（3）满足城市排水管网布设的需要。结合增城中心城区的防洪排涝规划，对城市排水管网布置所需要的城市高程进行优化，按照该区排涝标准进行城市竖向设计。

（4）尽量结合城市景观要求进行。增城中心城区为多丘陵、多渠系、平地集中的城市，其竖向以城市景观为视点，对各河渠及其两边地块的竖向进行合理的规划，力求城市建设发展能够有良好的城市景观相呼应，使其成为高标准的生态城区。

三、道路竖向规划

1. 道路竖向规划原则

(1) 依据规划外围道路及规划内已修建、在修建及已设计的道路作为高程控制点，使规划道路与其衔接。

(2) 参照原地形地貌，考虑防洪排涝、雨水、污水等排水工程的要求，确定道路竖向高程。

(3) 满足各项道路技术指标要求。

2. 道路竖向规划

依据规划区的道路系统规划，规划区内的道路由主干路、次干路和支路组成。其中，主干路主要有增城大道、荔城大道、爱民路、府前路、广大路、广汕公路等。在本次道路竖向设计中，结合规划区地形"双盆状"、建设用地相对平坦低洼的特点，尽量满足防洪排涝水位的要求。竖向规划设计的控制点主要是区内主干路、次干路及支路上道路交叉口的标高。

防洪排涝规划中明确了增城中心城区的排涝——竖向综合方案为"抽排方式"。因此，在道路竖向规划时，结合本次竖向规划总体布局，以满足防洪标准、排水纵坡、道路交通纵坡及综合管线敷设等要求为前提，规划尽量利用原有地形及原地面标高，对桥梁及道路交叉口的标高进行由现状到规划、由低至高、由里及外逐点推算。同时，结合规划地块的设计标高进行优化和调整，做到道路与地块的高程衔接合理，尽量避免大量填挖土方。

3. 主要道路竖向控制设计

1) 主干路

增城大道、荔城大道、广汕公路等：结合近期道路的改造或拓宽完善工程，本规划考虑保持原有标高，提出对与其相交的新建道路交叉口控制点标高。

规划区其他主干路：主干路作为衔接线连接规划区与外部道路网，是规划区主要对外交通道路。为满足防洪、道路排水及管线综合规划的要求，主干路的最低标高应不低于附近河流的防洪标高+安全超高。

本次规划设计中，新增的二环路主干路最低设计标高为 8.0 m，最高设计标高为 37.00 m，最大设计纵坡为 4.45%，局部路段最小设计纵坡为 0.01%。

2) 次干路

次干路作为联络线，是规划区内部连接各服务区和功能区的通道。为满足防洪、道路排水及管线综合规划的要求，次干路的最低标高应不低于附近河流的防洪标高，依据主干路与其交叉口的控制点标高推算其他交叉口的设计标高。

3) 支路

支路是各功能区内部的集散道路。其控制点标高依据主、次干路的相关控制点标高进行推算。道路的纵坡设计除参考道路的有关规范外，还应按照排水纵坡及尽量利用原有地形的要求进行确定，为更好体现对原有地形的保护，结合道路断面小的特点，可在参考规范的前提下，适当降低最小纵坡和最大纵坡的标准。

增江堤路(防洪堤)：本次规划只考虑在堤围保护范围外的规划路竖向规划。在竖向规划图中，路网与增江堤路相交处的高程应以相关防洪要求的高程为准，本次规划设计的路网平均坡度，在下一阶段的方案、施工图设计中应结合地形进行优化设计。

4. 道路控制纵坡要求

本次设计主要反映主干路、次干路及支路上的道路交叉口的标高，这些标高受自然地形、防洪排涝水位的制约，可能会导致局部路段交叉口间的纵坡偏小。如二环路北环路段，自然地形平坦，规划设计的交叉口控制标高需进行填土，故部分交叉口控制点的高差不大，纵坡只有0.01%。这样的道路纵坡明显不符合规范的要求，因此，道路控制纵坡要求各路段在进行道路设计深化时，必须以道路交叉口点标高为控制，在交叉口间增设变坡点，使路段的纵坡与规范要求相符。

5. 沿排渠道路竖向规划设计

本规划区内排渠较多，排渠两侧的道路控制高程不得低于排渠设计最高洪水位＋安全超高(50 cm)；对于跨排渠的桥梁，其控制点高程应结合最高洪水位＋安全超高(50 cm)＋桥涵结构层厚度(80 cm)。需注意的是本规划按结构层厚度 80 cm 设定。桥涵设计时，应根据实际情况适当调整。

四、城市用地竖向规划设计

通过对防洪排涝规划的设计成果及规划区现状地形地势的分析，可以得知，在规划范围内，为满足规划用地的要求，地块的改造存在多种可能性。有些地块可以直接利用原来的地形进行建设开发，有些地块未能满足排涝水位要求，需要填土抬高地坪标高，有些地块则完全从区域景观考虑，需要保留现状。

本次城市用地竖向规划首先确定各种用地的规划改造类型及地面形式，再结合竖向分区的特点明确分区的改造方案及控制地面形式，最后与道路确定的控制点标高及控制纵坡衔接，确定各地块的地坪标高及排水坡向。

(一) 竖向规划改造类型

现状地面的改造存在多种形式，结合本规划区的特点，竖向规划将全区大致分为三种改造类型：利用原有地形、改造地形、山体湿地保护地形。其中，改造地形大部分为填土区。

1. 利用原有地形

地块现状地坪标高均高于排涝标准的设计排渠水位，在不改变现状地坪标高的前提下，区内涝水不对该地块造成影响。在总体规划中，该地块属于竖向控制较为灵活的居住、商业、景观绿化等用地。因此，在本次规划中，可以充分利用原有地形进行建设。

对于利用原有地形区域，在满足规范要求的基础上，道路纵坡、建设用地控制标高设计时，尽量依照原有地形，减少土方工程造价，避免因工程作业导致自然生态巨大变化。各建设地块应根据地形特点，在下一阶段修建详细性规划中针对开发建设项目进行相应的竖向规划深化设计。

规划区内主要的利用原有地形区域为一些绿地、现状标高在排涝水位以上的建成区及地形平坦规划拟建区。如庆丰、金竹、三联工业区、增江街及何屋村等为规划利用原有地形区。

2. 改造地形

现状用地地形平坦，大部分地坪标高低于排涝标准的设计排渠水位，属低洼地区，而且在总体规划中，该地块属于工业、居住、商业等用地，必须满足建设用地排涝要求。因此，在本次规划中，应根据用地规划，对建筑、市政用地范围进行填土，抬高地坪标高，即改变原有地形，以满足用地要求。另外，虽然部分低矮山丘地满足规划排涝要求，但是由于开发建设以及考虑规划区内土源的问题，同样需要改变原有地形，以满足用地及用土的需求。

规划区内的改造地形区包括罗岗片、西山河两岸用地、景观调蓄湖、曹村、廖村及朱村工业园等。

3. 山体湿地保护地形

作为山体湿地保护地形区域，首先是保持现状的地貌完善、植被茂盛、具有良好的自然生态性；其次是在各层次规划中，对于该区域的描述为林地、生态湿地及生态休憩等用地。在本次竖向规划中，对于这部分区域采取适当措施保护，尽可能减少对其的破坏。特别是在本规划区建设土源比较紧缺的情况下，更应落实山体保护工作。

山体保护地形区如在顶山、村岭、对田山、坳吓岭以及建设区周围的山体等，湿地保护地形区主要有增加沿河的滩涂地、保留的农耕用地等。

（二）规划地面形式

1. 一般地面形式确定方法

平原微丘地区或河滩用地规划为平坡式，山区规划为台地式，丘陵地区则随其地形规划成平坡与台地相间的混合式。有时为了客货运输和美化环境的需要，往往将河岸用地规划为台地式或低矮台阶与植被绿化相结合的平坡式。

当原始地面坡度超过8%时，地表水冲刷加剧，人们步行感觉不便，且普通的单排建筑用地的顺坡方向高差达1.5 m，建设用地规划以台阶为宜。原始地面坡度为5%以下时，人行、车辆交通组织皆容易，稍加挖、填整理即能达到一般建(构)筑物及其室外场地的平整要求，故宜规划为平坡式；坡度为5%～8%时，可规划为混合式。

台地划分及台阶的高度、宽度、长度与用地的使用性质、建筑物使用要求、地形等有着密不可分的关系，高度、宽度又是相互影响的，合理分台和确定台地的高度、宽度与长度是山区、丘陵乃至部分平原地区竖向规划的关键。

台地适宜高度范围为1.5～3.0 m，这是为了与挡土墙的适宜经济高度、建筑物内外交通联系、立面或横向景观线及垂直绿化等的要求相适应。

2. 规划区地面形式确定

根据对规划区现状地形的分析，区内地面形式的划分没有明显的界线，平坡式、台地式及混合式多种地面形式混杂。如河岸地区现状地形平坦，规划主要采用平坡式，但其用地中部分现状地形为低矮丘陵山体，需要采用混合式或台地式。

（三）地坪标高确定

城市竖向规划与防洪排涝规划相互联系，城市防洪排涝的设计方案会影响竖向标高的确定，先确定下来的竖向标高值也会影响城市防洪排涝方案的选定。因此，通过两者的相互协调，可以得到一个合理的、科学的综合方案，达到经济节约的目的。

竖向规划根据各河涌断面的参数确定对应地块的最小地坪标高要求，再结合地块自身特点、地面形式、地面排水及与道路衔接等要求确定平均地坪标高。

地坪标高设计思路见图3.6。

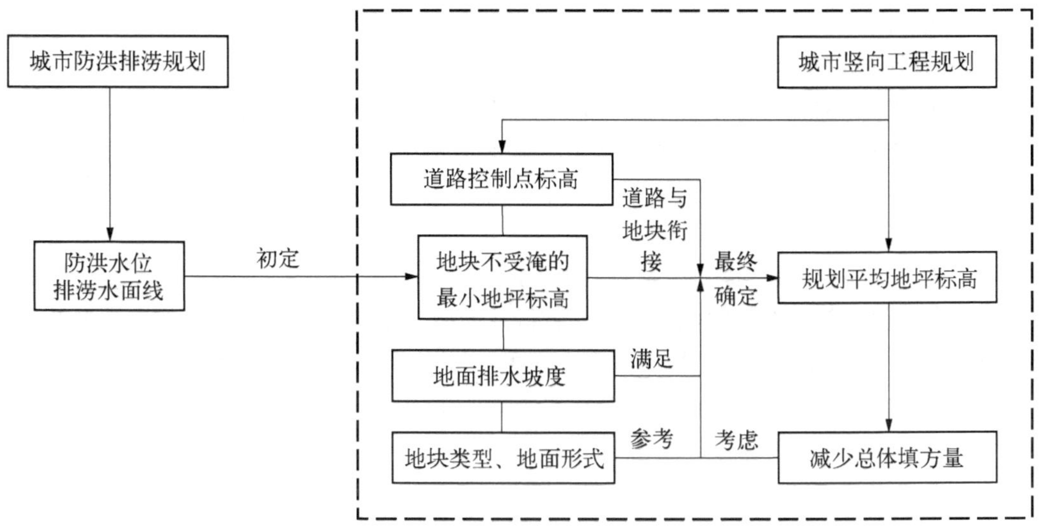

图 3.6　地坪标高设计思路图

1. 地坪标高设计要求

合理控制道路标高与地坪标高的关系，使道路与地块较好地衔接在一起。地面排水坡度宜不小于 0.2%，坡度小于 0.2%时，宜采用多坡向或特殊措施排水。地块的规划高程应比周边道路的最低路段高程高出 0.2 m。用地的规划高程应高于多年平均地下水位。对于地面形式为台地式或混合式的地块宜适当细化，通过多个地面标高进行分级控制。对于分区类型为改造地形的地块，在满足防洪排涝、地面排水等要求的前提下，宜合理确定其标高，减少不必要的填挖土方量。城市绿化用地对防洪的要求较低，其地坪设计标高略高于相应河涌断面的设计洪水位即可。

2. 地坪标高设计

在设计中，地块的地坪标高为根据设计要求及设计思路确定的地面平均标高值，可在地块开发时细化调整，但调整的最低标高值不得小于道路最低控制点标高加 0.20 m。

一般地面的最小标高控制值即为道路最低控制点标高加 0.20 m；地块内有河涌、蓄水湖作为雨水的受纳水体时，地面标高可与道路最低控制点标高相同。

对于建设范围内保留的绿地及山体，本次设计不进行平整，而是按山体、湿地保护地形的要求进行灵活控制。设计的地坪标高为“12.20＋”，其中“12.20”为最低控制点标高，保证该地块不产生内涝，“＋”表示在此标高上的自然地面不作改动要求，如水窝山体保护地形属于这种情况。

五、场地平整规划设计

（一）场地平整规划原则

（1）土方工程与土地利用规划、防洪工程规划相结合。

（2）在满足建设用地使用要求的情况下，力求节省土方工程量。

（3）少填少挖，就近合理平衡。

（4）根据规划地块建设时序，分工程或分地块充分利用周围有利的取土条件进行平衡。

（二）地块场平规划设计

1. 土石方组成

一般场地平整的土石方主要由山体开挖放坡产生的土方、房建工程的挖方、道路管线开挖产生的土方以及建筑垃圾等组成。从中心城区的情况分析，区内可用的填土也由这几部分土方组成。

2. 主要填挖范围

由于规划区主要采用“堤防＋抽排”的防洪排涝方式，因此无须进行大规模填土。规划填方区域主要为增江及西福河两岸地势比较低洼的城市建设用地。为满足城市排水及用地要求，这部分用地需要进行适量填土及表土换填。根据对规划区的地形地势分析，建设用地范围内，除规划要求保留山体外，可作为本次规划的主要土源，即挖方区域。

3. 填土要求

场平填土应选用砂土、粉土、黏性土及其他有效填料，不得使用过湿土、淤泥、腐殖土、冻土、膨胀土及有机物含量大于8%的土。在平整场地以前，应根据地面构造做法、荷载状态、填料性能、现场条件提出压实填土的质量要求，并按照要求在场平填土时分层压实，压实系数应不小于0.90。

4. 余缺方处理办法

场地填土工程所缺土方量除利用自身区域产生的土方外，需要从区外调入，不得开挖区内规划中明确需要保留、保护的山体。区内弃土，如场平中清表土，地基处理中的过湿土、淤泥、腐殖土等，可用作规划区内的绿化工程填土。

（三）减少土方工程量措施

（1）充分利用建筑垃圾和工程渣土。

（2）在下一阶段的修规竖向设计中，应尽量利用自然地形，优化用地竖向处理和排水组织方案，结合地块规划结构、用地布局、道路和绿地系统组织，建筑群体布置、形式以及公共设施的安排等统一考虑，减少土石方工程量。

（3）一般填挖方应考虑就地平衡，加强土方工程的合理调运，以缩短运距；附近有土源或余方有用处时，可不必过于强调填挖方平衡，一般情况土方宁多勿缺，石方则以少挖为宜。

第四章

城市给水工程规划与设计

第一节　城市用水量预测与计算

一般用水量计算采用用水量标准，城市用水有生活用水、生产用水、市政用水、消防用水。用水标准不仅与用水类别有关，而且与地区差异有关。

城市用水量预测是指采用一定的理论和方法，有条件地预计城市将来某一阶段的可能用水量。用水量预测以过去的资料为依据，以今后用水趋向、经济条件、人口变化、资源情况、政策导向等为条件。各种预测方法是对各种影响用水的条件作出合理的假定，从而通过一定的方法求出预期水量。城市用水量预测涉及未来发展的诸多因素，在规划期难以准确确定，所以预测结果常常欠准，一般采用多种方法互相校核。由于不同规划阶段条件不同，所以城市总体规划和详细规划的预测与计算是不同的。这里介绍城市总体规划阶段用水量的预测计算方法。

总体规划用水量预测一般分为城市综合生活用水量预测、城市工业用水量预测和城市总体用水量预测三种类型。

一、用水量标准

用水量标准有居民生活用水量标准、公共建筑用水量标准、工业企业用水量标准、市政用水量标准和消防用水量标准。

城市每个居民日常生活所用的水量称为“居民生活用水量标准”，常用 L/(人・d)计。由于生活习惯不同、气候差异、建筑设备差异等，用水量标准也不同，居民生活用水量标准参见《室外给水设计标准》(GB 50013—2018)。居民生活用水标准与当地自然气候条件、城市性质、社会经济发展水平、给水工程基础条件、居民生活习惯、水资源充沛程度、居住条件等都有较大关系。各地规划时，应根据当地生活用水量统计资料和水资源情况合理确定指标。

公共建筑的用水标准可参见《建筑给水排水设计标准》(GB 50015—2019)中公共建筑生活用水定额表。工业企业职工生活用水标准根据车间性质决定；淋浴用水标准根据车间卫生特征确定。工业企业职工生活用水标准参见《建筑给水排水设计标准》(GB 50015—2019)中工业企业职工生活用水量和淋浴用水量表。

工业企业生产用水量根据生产工艺过程的要求确定，可采用单位产品用水量、单位设备日用水量、万元产值用水量、单位建筑面积工业用水量等作为工业用水标准。由于生产性质、工艺过程、生产设备、政策导向等不同，工业生产用水的变化很大。有时即使生产同一类产品，不同工厂、不同阶段的生产用水量相差也很大。一般情况下，由企业工艺部门提供生产用水量标准。当缺乏具体资料时，可参考有关同类型工业企业的用水量指标。

市政用水指标与路面种类、绿化面积、气候和土壤条件、汽车类型、路面卫生情况等有关。其各项标准近似按以下取值：街道洒水用水量标准为 1.0～2.0 L/(m^2・次)，平均次数 2～3 次/d；绿化浇水用水量标准为 1.5～4.0 L/(m^2・次)，浇洒 1～2 次/d；汽车冲洗用水量标准为小轿车 250～400 L/(辆・d)，公共汽车、载重汽车 400～600 L/(辆・d)，汽车库地面冲洗用水定额为 2～3 L/m^2。

消防用水量按同时发生的火灾次数和一次灭火的用水量确定，其用水量与城市规模、人口数量、建筑物耐火等级、火灾危险性类别、建筑物体积等有关。消防用水量可根据《建筑设计防火规范(2018 年版)》(GB 50016—2014)确定。

二、城市综合生活用水量预测

城市综合生活用水量指城市居民生活用水和公共设施用水两部分的总量。城市综合生活用水量预测主要采用定额法，有居民用水定额、公共设施用水量定额。采用定额法预测是在确定当地居民用水定额和规划人口后，由式(4.1)计算得到。

$$Q=\frac{kNq}{1\,000} \tag{4.1}$$

式中，Q 为居民生活用水量，m^3/d；N 为规划期末人口数；q 为规划期限内的生活日用水量标准，L/(人・d)；k 为规划期用水普及率。

由于公共设施的种类和数量是按城市人口规模配置的，居民生活用水与公共设施用水之间存在一定比例关系。因此，在总体规划阶段，可由居民生活用水量来推求公共设施用水量。有时也可以直接由城市综合生活用水定额计算得到，此时公式中的 q 应为城市综合生活用水量标准。

以上介绍的定额法以过去统计的若干资料为基础，进行经验分析，确定用水量标准。它只以人口作变量，忽略了影响用水的其他相关因素，预测结果可靠性较差。数学模型方法弥补了定额法的缺陷，它是依据过去若干年的统计资料，通过建立一定的数学模型，找出影响用水量变化的因素与用水量之间的关系，来预测城市未来的用水量。在城市综合生活用水量预测中，常采用递增率、线性回归、生长曲线等方法。从大量的城市生活用水的统计资料来看，其增长过程一般符合生长曲线模型，可以用式(4.2)表示。

$$Q=L\cdot\exp(-b\mathrm{e}^{-kt}) \tag{4.2}$$

式中，Q 为预测年限的用水量，m^3/d；b、k 为待定系数，需要根据过去用水量统计资料，通过最小二乘法或线性规划法求出；L 为预测用水量的上限值，m^3/d；t 为预测年限。

确定城市生活用水量的上限值 L 是生长曲线法的关键，可采用两种方法计算：一种是以城市水资源的限量为约束条件，按现有生活用水与工业用水的比值及城市经济结构发展等来确定两类用水间的比例，再考虑其他用水情况，对水源总量进行分配，得到城市综合生活用水的上限值；另一种是参考其他发达国家相类似工业结构的城市，判别城市生活用水量是否进入饱和阶段，以此作为类比，确定上限值 L。

三、城市工业用水量预测

城市工业用水量在城市总用水量中占有较大比例，其预测的准确与否对城市用水量规划具有重要影响。因为影响城市工业用水量的因素较多，预测方法也比较多，常见有单位面积指标法、万元产值指标法、重复利用率提高法、比例相关法、线性回归法等。此处主要对最后两种方法介绍。

比例相关法是在准确算出生活用水量之后，根据生活用水和工业用水的相关比例算出工业用水量。不同城市其比例不相同，可以参照部分城市的相关比例取值。

线性回归法是根据过去相互影响、相互关联的两个或多个因素的资料，利用数学方法建立相互关系，拟合成一条确定曲线或一个多维平面，然后将其外延到适当时间，得到预测值。回归曲线有线性和非线性，回归自变量有一元和多元之分。应用到工业用水量预测中，是建立用水量与供水年份、工业产值、人口数及工业用水重复利用率等之间的相互关系。

四、城市用水总量预测

城市用水总量是整个城市在一定的时间内所耗用水的总量，除由城市给水工程统一供水的居民生活用水、公共建筑用水、工业用水、市政用水及消防用水的总和外，还包括企业独立水源供水的用水量。城市用水量的预测有分类用水预测法、单位用地面积法、人均综合指标法、年递增率法、生长曲线法、线性回归法、灰色系统理论法。此处主要对前四种方法进行介绍。

分类预测城市综合生活用水、工业企业用水、消防用水、市政用水、未预见及管网漏失用水量，然后进行叠加。单位用地面积法是制定城市单位建设用地的用水量指标，根据规划的城市用地规模推出城市用水总量。人均综合指标法是根据城市历年人均综合用水量的情况，参照同类城市人均用水指标，合理确定本市规划期内人均用水标准，再乘以规划人口数，则得到城市用水总量。年递增率法是根据历年来供水能力的年递增率，并考虑经济发展的速度，选定供水的递增函数，再由现状供水量，推求出规划期的供水量，假定每年的供水量都以一个相同的速率递增，可用公式(4.3)来计算。

$$Q=Q_0(1+\gamma)^n \tag{4.3}$$

式中，Q 为预测年份所规划的城市用水总量，m^3/d；Q_0 为起始年份实际的城市用水总量，m^3/d；γ 为城市用水总量的年平均增长率，%；n 为预测年限。

生长曲线法是把城市用水总量按 S 形曲线变化，这符合城市在数量上、人口上的变化规律，即从初始发展到加速阶段，最后发展速度减缓的规律。生长曲线有龚帕兹(B. Gompertz)的数学模型和雷蒙德·皮尔(Raymond Pearl)提出的模型，可用公式(4.4)来计算。

$$Q=\frac{L}{1+a\mathrm{e}^{-bt}} \tag{4.4}$$

式中，Q 为预测年限的用水量，m^3/d；a、b 为待定系数；L 为预测用水量的上限值，m^3/d；t 为预测年限。

五、城市详细规划用水量计算

在详细规划阶段，用地性质与面积、建筑密度、人口等指标都已确定，所以用水量预测可以细化计算，并为下一步管网计算做准备。

在计算时，先根据人口数、用水标准等，分别计算居民生活用水量、公共建筑用水量、工业企业用水量、市政绿化用水量、消防用水量以及未预见和漏失水量，然后叠加得到最高日用水量，再乘以时变化系数，可得给水管网设计用的最高日最大小时用水量，可用公式(4.5)来计算。

$$Q_{max}=K_hQ/24 \tag{4.5}$$

式中，Q_{max} 为规划年最高日最大小时用水量，m^3/h；Q 为规划年最高日用水量，m^3/d；K_h 为时变化系数。

第二节 城市水源规划及水资源平衡

一、水源与水源地的选择

（一）水源选择的一般原则

供水水源的选择是给水系统规划设计的第一步，也是给水系统建设以及城市和工业建设中的一项重要课题。因此，必须对供水对象所在地区的水源状况进行认真的勘察、研究与分析。选择水源时，应遵循如下原则。

(1) 水量充沛。水源可取水量既要满足当前的用水量需要，又要满足远期的发展要求。对地下水水源，其可取水量应小于其允许的开采水量；对于地表水水源，其可取水量应不大于枯水期的允许取水量。

(2) 水质良好。生活饮用水水源的水质应符合《生活饮用水卫生标准》(GB 5749—2022)中关于水源水质的若干规定；工业企业生产用水水源的水质在经简单经济的处理后应满足生产工艺的要求。

(3) 生活饮用水源，应优先采用地下水。

(4) 统筹安排、综合利用。

（二）地下水水源地的选择

水源地的选择，对于大中型集中供水，就是确定取水地段的位置与范围；对于小型分散供水，则是确定水井的具体位置。

(1) 首先考虑取水地段含水层的富水性与补给条件。因此，应尽可能选择在含水层层数多、厚度大、渗透性强、分布广的地段上取水。另外，该地段应有较好的汇水条件，应是可以最大限度拦截区域地下径流的地段；或接近补给水源和地下水的排泄区，应是能充分夺取各种补给量的地段。

(2) 其次，在选择水源地时，要从区域水资源综合平衡的观点出发，新建水源地应远离原有的取水或排水点，减少互相干扰。为保证地下水的水质，水源地应远离污染源；远离已被污染的地表水体或含水层的地段；避开易于使水井淤塞、涌砂或水质长期混沌的流沙层或岩溶充填带；在沿海地区，考虑海水入侵对水质的不良影响；为减少垂向污水的渗入，选择在含水层上部有稳定隔水层分布的地段。

(3) 最后，在满足水量、水质要求的前提下，还需考虑水源地的经济性和安全性。为节省建设投资，水源地应靠近供水区，少占耕地；为降低取水成本，应选择含水层浅埋或自流地段;河谷水源地要考虑水井的淹没问题。

对于基岩山区裂隙水小型水源地的选择,由于其地下水分布极不均匀,水井的布置将主要决定于强含水裂隙带的分布位置。

(三) 地表水取水位置的选择

在选择地表水取水地点时,应根据取水河段的水文、地形、地质、水质及卫生防护、河流规划及综合利用、施工管理等条件全面分析,综合考虑。

(1) 取水点应设在水质较好的地段。

① 生活用水水源应选在污水排放口上游 1 000 m 以上或下游 100 m 以外的地方,并建立卫生防护带。

② 在潮汐河道上建取水构筑物时,应通过调查、测定确定取水口与污染源的距离,同时宜将取水口设在河中心。

③ 取水口应避开河流中的回流区或“死水区”,以减少水中泥沙、漂浮物、杂草等进入或堵塞取水口。

④ 避开河流中含沙量较多的地段。在泥沙含量沿水深有变化的情况下,应根据不同深度的分布规律,选择适宜的取水口高程。

⑤ 采取必要的措施,以防止湖水及水库水的水生生物(藻类、苔藓等植物及螺蚌等软体动物)进入取水口。

(2) 取水点应设在具有稳定的河床、靠近主流和有足够水深的地段。

① 弯曲河段,应选在水深岸陡,泥沙量少的凹岸。但应避开凹岸主流的顶冲点,一般可设在顶冲点下游 15～20 m 的地段。

② 顺直河段,应选在主流靠近岸边、河床稳定、水深较大、流速较快的地段,通常是河段最窄处。

③ 在有边滩的河段,应选在边滩最短的地段,并要充分考虑河滩的发展趋势。

④ 在有沙洲的河段,要估计到沙洲的发展趋势,以免取水口被泥沙堵塞。一般将取水点设在上游距沙滩 500 m 以远的地段。

⑤ 有支流汇入的顺直河段,取水点应与汇入口“堆积锥”保持足够的距离。一般取水点多设在汇入口主流的上游河段。

⑥ 有分岔的河段,应选在主流河道中的深水地段。

⑦ 潮汐河道上,取水点应尽可能选择海水倒灌的影响范围以外。

⑧ 水库中的取水口,应选在水库淤积范围以外,靠近大坝附近,并远离汇入口。

⑨ 应选在靠近湖泊出口的地段,远离支流的汇入口。

(3) 取水点应选在具有较好的地质、地形及施工条件的地段。

① 取水构筑物应尽量设在地质构造稳定,承载力大的地基上。不宜设在断层、流沙层、滑坡、风化严重的岩层、岩溶发育地段及地震影响区的陡坡或山脚下。

② 取水口所在地段应交通方便,有足够的施工场地供施工机具、动力设备进行工作,且土石方及水下工程量小。

(4) 取水点应避开人工构筑物和天然障碍物的影响。

河道上的人工构筑物有桥梁、码头、拦河闸坝和丁坝等;天然障碍物如突出河岸的陡岸和石嘴等。在选择取水点时,应尽量避免这些构筑物或障碍物所造成的不利影响。

① 桥梁：为避开桥梁上游的淤积区及下游的冲积区与淤积区，取水点应选在桥墩上游0.5～1.0 km 或桥墩下游 1.0 km 以外的地段。

② 码头：为免受码头污染，取水口应设在距码头至少 100 m 处，并征求航运部门的意见。

③ 拦河闸坝：设在闸坝上游时，取水口宜选在距坝底防渗铺砌起点 100～200 m 处的附近地段；设在闸坝下游时，取水口离坝不宜太近，以免未开闸时，水位、水量没有保证，而开闸放时水，受到冲刷和大量的泥沙涌入。

④ 丁坝：取水口应设在本岸丁坝的上游（距淤积区 150～200 m）或对岸。

⑤ 陡崖、石嘴；对取水口的要求类似丁坝。

(5) 取水点应避免冰凌的影响。

① 取水口应设在不受冰凌直接冲击的河段，并使冰凌顺畅地在其附近顺流而下。

② 在冰冻严重地区，取水口应设在急流、冰穴、冰洞及支流入口的上游河段。

③ 有流冰的河道，取水口附近不应有易被堵塞的沙洲、浅滩、回流区和桥孔。

(6) 取水点应尽量靠近主要用水区。

取水点的位置应与城市规划相适应，应尽可能靠近主要用水区，这样可减少运输工程的基建投资和运行费用。

(7) 取水点的位置应与河流的综合利用相适应。

选择取水点位置时，应注意河流的综合利用，如航运、灌溉、排灌、发电等。同时，应了解所选位置的上下游附近拟建的各种水工构筑物和整治河道的规划对取水构筑物可能产生的影响。

二、水资源供需平衡计算方法

(1) 水资源平衡计算区域划分。

采用分流域、分地区进行平衡计算。在流域和省级行政区范围内以计算分区进行。在分区时要对城镇和农村单独划分，并对建制市城市单独进行计算。流域与行政区的方案和成果应相互协调，提出统一的供需分析结果和推荐方案。

(2) 平衡计算时段的划分。

计算时段可以采用月或者旬。一般采用长系列月调节计算方法，能够正确反映流域或区域的水资源供需的特点和规律。主要水利工程、控制节点、计算分区的月流量系列，应根据水资源调查评价和供水量预测部分的结果进行分析计算。无资料或资料缺乏的区域，可采用不同来水频率的典型年法分析计算。

(3) 平衡计算方法。

进行平衡计算时，采用公式(4.6)来进行水资源供需平衡计算。

$$\text{可供水量} - \text{需水量} - \text{损失的水量} = \text{余(缺)水量} \tag{4.6}$$

在供需平衡计算时出现余水时，即可供水量大于需水量时，如果蓄水工程尚未蓄满，余水可以在蓄水工程中滞留，把余水作为调蓄水量参加下一时段的供需平衡；如果蓄水工程已经蓄满水，则余水可以作为下游计算分区的入境水量，参加下游分区的供需平衡计算；可以通过减少供水（增加需水）来实现平衡。

在供需平衡计算出现缺水时，即可供水量小于需水量时，要根据需水方反馈信息要求的供水增加量与需水调整的可能性与合理性，进行综合分析及合理调整。在条件允许的前提下，可以通过减少用水方的用水量（通过增加节水工艺、节水器具等措施来实现）或者通过从外流域调水进行供需水的平衡。总的原则是不留供需缺口，即出现不平衡的情况可以按照以上的意见进行二次、三次水资源供需平衡，以达到平衡的目的。

① 一次平衡时。考虑需水，要考虑到人口的自然增长速度、经济的发展、城市化程度和人民生活水平的提高程度等方面；考虑供水，要考虑到流域水资源开发利用现状和格局以及要充分发挥现有供水工程潜力。

② 二次平衡时。要强化节水意识、加大治污力度与污水处理再利用程度、注意挖潜配套相结合；合理提高水价、调整产业结构来合理抑制用水方的需求，同时注重生态环境的改善。

③ 三次平衡时。加大产业结构和布局的调整力度，进一步强化群众的节水意识；在条件允许的情况下具有跨流域调水可能时，通过外流域调水来解决水资源供需平衡问题。

第三节　城市给水管网设计

一、管网的布置原则

给水管网（包括输水管和配水管网）是给水工程的重要组成部分，担负着城镇的输水和配水任务，其工程投资比例也最高，在有些城镇中，约为城镇自来水厂投资的三倍。因此，给水管网布置得是否合理直接关系到供水是否安全，也关系到工程投资和管网运行费用是否经济。给水管网在进行规划和布置时应遵循下列基本原则。

(1) 根据城市规划布置管网，给水系统可分期建设，并留有充分发展的余地。

(2) 管网布置在整个供水区内，并满足用户对水量和水压的要求。

(3) 管网供水应安全可靠，当局部管线发生故障时，应尽量减小断水范围。

(4) 严禁城镇生活饮用水管网与非生活饮用水管网连接，并严禁与自备水源供水系统直接连接。

(5) 管线布置力求简短，并尽量减少特殊工程，以降低管网工程投资和日常供水费用。

二、配水管网的布置形式

配水管网有树状（枝状）管网和环状管网两种基本布置形式。

1. 树状管网

树状管网从水厂泵站到用户的管线呈树枝状布置，干线向供水区延伸，管径沿供水方向减小。这种管网的供水可靠性差，且管线末端水流缓慢甚至停滞，水质容易变坏，但管网造价较低。当允许城镇管网间断供水时，可设计为树状管网，但应考虑将来连成环状管网的可能。

2. 环状管网

在环状管网中，管线间连接成环状，每条管至少可由三个方向来水，使断水的可能性大大减小，因此供水安全性好。环状管网还可减轻水锤作用带来的危害。但环状管网的造价明显高于树状管网。城镇配水管网宜设计成环状管网，在不允许断水的地区必须采用环状管网。一般在大城市建设初期，当资金不足时，可采用树状管网，以后逐步连成环状管网。

目前，城镇给水管网多采用环状管网与树状管网相结合的管网布置形式。

三、输水管(渠)和配水管网定线

管网定线是指在地形平面图上确定管线的走向和位置。管网定线受城镇(或工业企业)的平面布置,供水区的地形,河流、山谷、铁路等障碍物的位置,用水大户的分布情况,以及其他水源及水池、水塔等调节构筑物的位置等因素的影响。因此,应综合考虑各种影响因素,进行管网定线。

(一) 输水管(渠)定线

输水管(渠)包括从水源到水厂的原水输水管(渠)和从水厂到配水管网的清水输水管。输水管中途一般不配水。根据地形和地质条件,原水输送可以采用重力输水管(渠),也可以采用压力输水管;当长距离输水时,由于地形情况复杂,有可能采用重力输水管(渠)与压力输水管相结合的输水方式。一般清水输送采用压力输水管,以免在输送过程中水质受到污染。输水管(渠)定线遵循的主要原则如下。

(1) 管线必须与城市规划相结合,尽量沿现有道路或规划道路敷设,以便于施工和管道维修。

(2) 管线尽量简短,以减小工程量,减少工程投资。

(3) 管线应少占良田,少毁植被,保护环境,并尽量减少建筑物的拆迁量。

(4) 管线应尽量避免穿越铁路、河流、沼泽、滑坡、洪水淹没地区、腐蚀性土壤地区等。若无法避免时,必须采取有效措施,以保证管道能够安全输水。

(5) 输水管(渠)宜不少于 2 条。当输水量小、输水管(渠)长或多水源供水时,可以采用 1 条输水管(渠),同时在用水区附近设调节水池。此外,可在双线输水管(渠)间设置连通管,并装设阀门(见图 4.1),以避免输水管(渠)局部损坏时,输水量减小得过多。一般当输水管(渠)某段发生故障时,城镇输水管(渠)仍应可以提供 70%以上的设计流量。连通管的间距如表 4.1 所示。

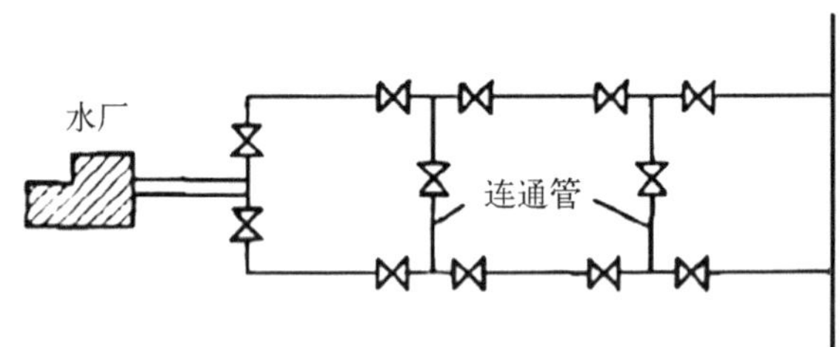

图 4.1 输水管(渠)上设连通管和阀门

表 4.1 连通管间距

输水管长度/km	连通管间距/km
<3	1.0～1.5
3～10	2.0～2.5
10～20	3.0～4.0

(6) 输水管(渠)应设置坡度,最小坡度应大于 1∶5D(D 为管径,mm)。当管线坡度小于 1‰时,应每隔 1 km 左右在管线高处装设排气阀,在低处装设泄水阀,以使输水通畅并方便检修。

(7) 管线埋置深度(简称为"埋深")应考虑地面荷载情况和当地冰冻线,防止管道被压坏或冻坏。

(8) 应保证在各种设计工况下,输水管道系统不出现负压。输水管(渠)定线时,有时难以兼顾上述原则,应进行技术经济比较,以确定最佳的输水管定线方案。

(二) 配水管网定线

配水管网包括干管、连接管、分配管和接户管。

(1) 干管。干管是敷设在各供水区的主要管线,其任务是向各分配管供水。干管定线应考虑以下三个问题。

① 干管的平面布置和竖向标高,应符合城镇或工业企业的管道综合设计要求。干管应沿规划道路敷设,尽量避免在重要的交通干道和高级路面下敷设。

② 干管应向水塔、水池和大用水户的方向延伸。在供水区内,沿水流方向以最短的距离敷设一条或数条并行的干管,并应从用水量大的街区通过。干管间的距离视供水区的大小和供水情况而定,一般为 500～800 m。并行的干管数越少,投资越节省,但供水的安全性越差。

③ 干管的布置要考虑城镇将来的发展,可分期建设,留有充分发展的余地。

(2) 连接管。将干管与干管连接起来的管段称为连接管。设置连接管,可使管网形成环状管网。连接管的作用是在干管局部损坏时关闭部分管段,通过连接管重新分配流量,以缩小断水区域,保证安全供水。一般连接管的间距为 800～1 000 m。

(3) 分配管。分配管是把干管输送来的水分送到接户管和消火栓上的管道。分配管敷设在供水区域内的每一条街道下。分配管的直径往往由消防流量决定,最小的为 100 mm,大城市的为 150～200 mm,室外消火栓的间距应不超过 120 m。

(4) 接户管。接户管是将分配管输送来的水引入用户的管道。一般的建筑物采用 1 条接户管;重要建筑物可采用 2 条接户管,并应从不同的方向接入建筑物,以提高供水的安全性。接户管的直径应经计算确定。

四、给水管网水力计算

新建和扩建城市给水管网的水力计算是按最高时用水量计算,求出所有管段的管径、水头损失、水泵扬程和水塔高度(当设置水塔时),并在此管径基础上,按其他用水情况,如消防时、发生事故时、对置水塔系统在最高转输时,对各管段的流量和水头损失进行校核。

水力计算步骤如下。

(1) 在平面图上进行干管布置,即定线。

(2) 按照输水路线最短的原则定出各管段的水流方向。

(3) 定出干管的总计算长度(或供水总面积)及各管段的计算长度(或供水面积)。

(4) 求沿线流量和节点流量。

(5) 对整个管网进行流量分配,根据节点流量平衡及供水的安全可靠性和经济合理性的要求,求管段计算流量。

（6）根据经济流速，确定各管段的管径和水头损失（压降）。

（7）若环状管网初步流量分配不当，为消除闭合差，须进行管网平差计算，逐一修正原有流量分配。

（8）根据各管段的水头损失和各点地形标高确定水塔高度和水泵扬程。

（9）考虑其他用水情况，对给水管网进行校核。如不能满足要求，可以对水泵的选择和管段的管径加以调整。

第四节 城市给水工程设施规划设计

一、取水工程设施的选择

取水构筑物的作用是从水源经过取水口取到所需要的水量。在城市给水排水工程规划中，要根据水源条件确定取水构筑物的基本位置、取水量，并考虑取水构筑物可能采用的形式等。取水构筑物位置的选择关系到整个给水系统的组成、布局、投资、运行管理、安全可靠性及使用寿命等。取水构筑物的类型对提高出水量、改善水质和降低工程造价的影响也较大。

（一）地下水取水构筑物

由于地下水类型、埋藏深度、含水层性质不同，开采和取集地下水的取水构筑物形式也不相同，主要有管井、大口井、辐射井、渗渠、复合井等构筑物，其中管井和大口井最为常见。地下水取水构筑物形式的选择，应根据水文地质条件，通过技术经济比较确定。

1. 管井

管井是指井管从地面打到含水层，抽取地下水的井。按其过滤器是否贯穿整个含水层，可分为完整井和非完整井。管井适用于含水层厚度大于 4 m，底板埋藏深度大于 8 m 的水文地质条件。从补给水源充足、透水性良好且厚度在 40 m 以上的中砂、粗砂及砾石含水层中取水，经分段或分层抽水试验并通过技术、经济比较，可采用分段取水。管井井口应加设套管，并填入优质黏土或水泥浆等不透水材料封闭。其封闭厚度视当地水文地质条件确定，一般应自地面算起向下不小于 5 m。当井上直接有建筑物时，应自基础底起算。

采用管井取水时应设备用井，备用井的数量宜按 10%～20%的设计水量所需井数确定，但不得少于 1 口井。

管井施工方便，适应性强，是应用最为广泛的一种地下取水构筑物。

2. 大口井

大口井由人工开挖或沉井法施工，设置井筒，以截取浅层地下水的构筑物，也分完整式和非完整式。

大口井适用于含水层厚度在 5 m 左右，底板埋藏深度小于 15 m 的水文地质条件。一般大口井的深度宜不大于 15 m。其直径应根据设计水量、抽水设备布置和便于施工等因素确定，但宜不超过 10 m。大口井的进水方式（井底进水、井底井壁同时进水或井壁加辐射管等）应根据当地水文地质条件确定。大口井井底反滤层宜设计成凹弧形，反滤层可设 3～4 层，每层厚度宜为 200～300 mm。

大口井井壁进水孔的反滤层可分两层填充。人孔应采用密封的盖板，盖板顶高出地面不得小于 0.5 m;井口周围应设不透水的散水坡,其宽度为 1.5 m;在渗透土壤中散水坡下面填厚度不小于 1.5 m 的黏土层,或采用其他等效的防渗措施。

大口井构造简单,取材容易,使用年限长,容积大,能兼起调节水量作用,在中小城镇、铁路、农村供水采用较多;但深度浅,对水位变化适应性差。

3. 辐射井

辐射井由集水井与若干辐射状铺设的水平或倾斜的集水管(辐射管)组合而成。辐射井的适应性较强,一般不能用大口井开采的、厚度较薄的含水层及不能用渗渠开采的厚度薄、埋深大的含水层时,可用辐射井。辐射井取水效能高,管理集中,占地省,卫生防护方便,但施工难度大。

4. 渗渠

渗渠是壁上开孔以集取浅层地下水的水平管渠。渗渠仅适用于含水层厚度小于 5 m,渠底埋藏深度小于 6 m 的水文地质条件。渗渠中管渠的断面尺寸,应满足水流速度为 0.5~0.8 m/s,充满度为 0.4~0.8,内径或短边长度不小于 600 mm,管底最小坡度大于或等于 0.2%。一般水流通过渗渠孔眼的流速应不大于 0.01 m/s。最内层滤料的粒径应略大于进水孔孔径。位于河床及河漫滩的渗渠,其反滤层上部应根据河道冲刷情况设置防护措施。

渗渠的端部、转角和断面变换处应设置检查井。直线部分检查井的间距,应视渗渠的长度和断面尺寸而定,宜采用 50 m。检查井宜采用钢筋混凝土结构,宽度宜为 1~2 m,井底宜设 0.5~1.0 m 深的沉沙坑。地面式检查井应安装封闭式井盖,井顶高出地面 0.5 m,并有防冲设施。集水井宜采用钢筋混凝土结构,其容积可按不小于渗渠 30 min 的出水量计算,并按最大一台水泵 5 min 的抽水量校核。

渗渠也有完整和非完整式之分。渗渠集取经地层渗滤的地表水,兼有地下水质的优点,但常由于泥沙淤积使出水量衰减或使之报废;另外,渗渠的造价也较高。

5. 复合井

复合井由非完整式大口井和井底下设管井过滤器组成,适用于地下水较高、厚度较大的含水层,能充分利用含水层的厚度,增加井的出水量。

(二) 地表水取水构筑物

江河取水构筑物的防洪标准应不低于城市防洪标准,其设计洪水重现期不得低于 100 年。水库取水构筑物的防洪标准应与水库大坝等主要建筑物的防洪标准相同,并采用设计和校核两级标准。设计枯水位的保证率采用 90%~99%。设计固定式取水构筑物时,应考虑未来发展的需要。

1. 固定式取水构筑物

(1) 岸边式取水构筑物。设在岸边取水的构筑物,一般由进水间、泵房两部分组成。岸边式取水泵房进口地坪的设计标高,当泵房在渠道边时,为设计最高水位加 0.5 m;当泵房在江河边时,为设计最高水位加浪高再加 0.5 m。必要时,应增设防止浪爬高的措施;泵房在湖泊、水库或海边时,为设计最高水位加浪高再加 0.5 m,并设防止浪爬高的措施。

(2) 河床式取水构筑物。河床式取水构筑物是利用进水管将取水头部伸入江河、湖泊中取水的构筑物。其一般由取水头部、进水管、进水间和泵房组成,多应用于岸边浅水区域。进水自流管和虹吸管的设计流速宜不小于 0.6 m/s。必要时,应有清除淤积物的措施。虹吸管宜采用钢管。位于江河上的取水构筑物最底层进水孔下缘距离河床的高度,应根据河流的水文和泥沙特性以及河床的稳定程度等因素确定，侧面进水孔不得小于 0.5 m。当水深较浅、水质较清、河床稳定、取水量不大时，其高度可减至 0.3 m。顶面进水孔不得小于 1.0 m。

水库取水构筑物宜分层取水。位于湖泊或水库边的取水构筑物最底层进水孔下缘距离水体底部的高度，应根据水体底部泥沙沉积和变迁情况等因素确定，一般宜不小于 1.0 m。当水深较浅、水质较清，且取水量不大时，其高度可减至 0.5 m。

2. 活动式取水构筑物

当水源水位变幅大，水位涨落速度小于 2.0 m/h，且水流不急、要求施工周期短和建造固定式取水构筑物有困难时，可考虑采用缆车或浮船等活动式取水构筑物。

(1) 缆车式。缆车式取水构筑物的设计，其位置宜选择在岸坡倾角为 10°～28°的地段；缆车轨道的坡面宜与原岸坡相接近；缆车轨道的水下部分应避免挖槽。当坡面有泥沙淤积时，应考虑冲淤设施；缆车上的出水管与输水斜管之间的连接管段，应根据具体情况采用橡胶软管或曲臂式连接管等；缆车应设安全可靠的制动装置。

(2) 浮船式。浮船式取水构筑物的位置，应选择在河岸较陡和停泊条件良好的地段。浮船应有可靠的锚固设施，浮船上的出水管与输水管之间的连接管段，应根据具体情况采用摇臂式或阶梯式等。

取水构筑物淹没进水孔上缘在设计最低水位下的深度，应根据河流的水文、冰情和漂浮物等因素通过水力计算确定。顶面进水时，不得小于 0.5 m；侧面进水时，不得小于 0.3 m；虹吸进水时，宜不小于 1.0 m，当水体封冻时，可减至 0.5 m。取水构筑物的取水头部宜分设两个或分成两格。进水间应分成数间，以利于清洗。

随着物联网、云计算、大数据、人工智能等技术的发展和应用，智能型泵站取水构筑物顺势而生。该组合成套装备的泵站采用模块化配套、智能型控制、气囊装置驱动；出水管架设于拥有万向特种活络接头组合的升降式钢结构栈桥；取水口置于水下 2 m 左右的最佳节点，能有效地排除沙滩、陡坡、河道偏离以及崇山峻岭等恶劣环境下江、河、湖泊、大型水库的大落差、高难度取水与远距离动态性输水的难题。

二、给水处理规划

(一) 水源水质

水在自然界循环过程中会混入各种各样的杂质，其中包括各种地球化学和生物过程的产物，如岩石风化而形成的沙、黏土及易溶于水的盐类，动植物残骸及微生物等有机体腐败分解而形成的腐殖质，也包括人类生活生产所形成的各种废弃物，如生活污水中所含的大量废弃有机物和微生物，工业废水中所含的各种生产废料、残渣、原料等。

水中的各种杂质按其存在状态通常为悬浮物、胶体物质和溶解物三类。它们之间的区别主要在于杂质的分散程度，即杂质颗粒的大小。

(二) 给水处理方法概述

给水处理的目的是通过必要的处理方法去除水中杂质，使之符合生活饮用或工业使用所要求的水质。水处理方法应根据水源水质和用水对象对水质的要求确定。下面对七种主要的水处理方法作简要介绍。

1. 常规给水处理工艺

这是以地表水为水源的生活饮用水的常用处理工艺，如图 4.2 所示。但工业用水常需澄清工艺。澄清工艺包括混凝、沉淀和过滤。处理对象主要是水中悬浮物和胶体杂质。原水加药后，经混凝使水中悬浮物和胶体形成大颗粒絮凝体，而后通过沉淀池进行重力分离。澄清池是絮凝和沉淀综合于一体的构筑物。过滤是利用粒状滤料截留水中杂质的构筑物，常置于混凝和沉淀构筑物之后，用以进一步降低水的浑浊度。完善而有效地混凝、沉淀和过滤，不仅能有效降低水的浊度，而且对水中某些有机物、细菌及病毒等的去除也有一定效果。根据原水水质不同，在上述澄清工艺系统中还可适当增加或减少某些处理构筑物。例如，处理高浊度原水时，往往需设置泥沙预沉池或沉沙池；原水浊度很低时，可省去沉淀构筑物而进行原水加药后的直接过滤。但在生活饮用水处理中，过滤是必不可少的。大多数工业用水也往往采用澄清工艺作为预处理过程。如果工业用水对澄清要求不高，可省去过滤，仅混凝、沉淀即可。

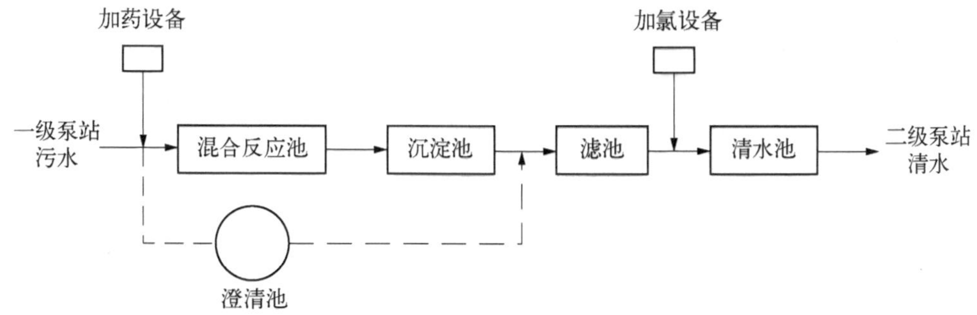

图 4.2　地表水水源处理工艺流程

消毒是灭活水中致病微生物，通常在过滤以后进行。主要消毒方法是在水中投加消毒剂。当前，我国普遍采用的消毒剂是氯，也有采用漂白粉、二氧化氯及次氯酸钠等。臭氧和紫外线也会作为消毒剂使用。

“混凝—沉淀—过滤—消毒”为生活饮用水的常规处理工艺。我国以地表水为水源的水厂主要采用这种工艺流程。根据水源水质不同，尚可增加或减少某些处理构筑物。饮用水处理除了采用上述工艺流程外，在过滤后还增加活性炭过滤，有的工艺系统还更加复杂。

2. 除臭、除味

这是饮用水净化中所需的特殊处理方法。当原水中臭味严重而采用常规处理工艺不能达到水质要求时才采用。除臭、除味的方法取决于水中臭和味的来源。例如，对于水中有机物所产生的臭和味，可用活性炭吸附或氧化剂氧化法去除；对于溶解性气体或挥发性有机物所产生的臭和味，可采用曝气法去除；因藻类繁殖而产生的臭和味，可采用微滤机或气浮法去除藻类，也可在水中投加硫酸铜除藻；因溶解盐类所产生的臭和味，可采用适当的除盐措施等。地下水由微污染而引起的臭和味，可采用活性炭吸附或向水中投加氧化剂，如高锰酸钾等。

3. 除铁、除锰和除氟

当溶解于地下水中的铁、锰的含量超过生活饮用水卫生标准时，需采用除铁、锰措施。常用的除铁、锰方法是氧化法和接触氧化法。前者通常设置曝气装置、氧化反应油和沙滤池；后者通常设置曝气装置和接触氧化滤池。工艺系统的选择应根据是否单纯除铁还是同时除铁、除锰，原水铁、锰含量及其他有关水质特点确定。还可采用药剂氧化、生物氧化法及离子交换法等。通过上述处理方法(离子交换法除外),使溶解性二价铁和锰分别转变成三价铁和四价锰并产生沉淀物而去除。

当水中含氟量超过 1.0 mg/L 时,需采用除氟措施。除氟方法基本上分成三类:一是投入硫酸铝、氯化铝或碱式氯化铝等使氟化物产生沉淀;二是利用活性氧化铝或磷酸三钙等进行吸附交换;三是采用电化学法(如电渗析和电凝聚)。

4. 软化

处理对象主要是水中钙、镁离子。软化方法主要有离子交换法和药剂软化法。前者在于使水中钙、镁离子与阳离子交换剂上的离子互相交换,以达到去除目的;后者系在水中投入药剂石灰、苏打等,以使钙、镁离子转变为沉淀物,从水中分离。

5. 淡化和除盐

这种处理的对象是水中各种溶解盐类,包括阴、阳离子。将高含盐量的水如海水及"苦咸水"处理到符合生活饮用或某些工业用水要求时的处理过程,一般称为咸水"淡化";制取纯水及高纯水的处理过程称为水的"除盐"。淡化和除盐主要方法有蒸馏法、离子交换法、电渗析法及反渗透法等。其中,离子交换法需经过阳离子交换剂和阴离子交换剂两种交换过程;电渗析法是利用阴、阳离子交换膜能够分别透过阴、阳离子的特性,在外加直流电场作用下,使水中阴、阳离子被分离出去;反渗透法系利用渗透压的压力施于含盐水,以使水通过半渗透膜而盐类被阻留下来。电渗析法和反渗透法属于膜分离法,通常用于高含盐量水的淡化或作为离子交换法除盐的前处理过程。

6. 水的冷却

冷却水占工业用水的70%以上,现在大多利用冷却塔和冷却池等敞开式循环冷却系统降低水温,循环再用。循环水水质含盐浓度较高,腐蚀性加强,易结垢。因此,应对循环冷却水进行处理,控制沉淀物和腐蚀。

7. 预处理和深度处理

对于不受污染的天然地表水源而言,饮用水的处理对象主要是去除水中悬浮物、胶体和致病微生物,对此,常规处理工艺"混凝—沉淀—过滤—消毒"是十分有效的。但对于污染水源而言,水中溶解性的有毒有害物质,特别是具有致病、致畸、致突变的有机污染物(即"三致物质")或"三致"前体物(如腐殖酸等)是常规处理方法无法解决的。由于饮用水水质标准逐步提高,另一方面水源水质受到污染日益恶化,于是在常规处理基础上发展了预处理和深度处理。前者置于常规处理前,后者置于常规处理后,即"预处理+常规处理"或"常规处理+深度处理"。预处理和深度处理的主要对象均是水中有机污染物,且主要用于饮用水处理厂。预处理的基本方法有:预沉淀、曝气、粉末活性炭吸附法、臭氧或高锰酸钾氧化法,生物滤池、生物接触氧化池及生物转盘等生物氧化法等。深度处理的基本方法有:活性炭吸附法、臭氧氧化或臭氧—活性炭联用法、合成树脂吸附法、光化学氧化法、超滤法及反渗透法,等等。

以上面七种方法的基本原理主要为:吸附,即利用吸附剂的吸附能力去除水中有机物;氧化,即利用氧化剂及光化学氧化法的强氧化能力分解有机物;生物降解,即利用生物氧化法降解有机物;膜滤,即以膜滤法滤除大分子有机物。我国有些水厂已成功地采用了臭氧与活性炭联用的深度处理工艺。

三、水厂规划

（一）水厂的用地选择

一般水厂的位置应尽可能地接近用水区，特别是最大量用水区。当取水点距离用水区较远时更应如此。有时，也可将水厂设在取水构筑物附近，在靠近用水地区另设配水厂，进行消毒、加压。当取水地点距用水区较近时，亦可设在取水构筑物的附近。

水厂应位于城市河道主流的上游，取水口尤其应设于居住区和工业区排水出口的上游。取用地下水的水厂可设在井群附近，尽量靠近最大用水区，亦可分散布置。井群应按地下水流向布置在城市的上游。根据出水量和岩层的含水情况，井管之间要保持一定的间距。

厂址选址要考虑近、远期发展的需要，为新增附加工艺和未来规模扩大发展留有余地。厂址应选择在工程地质条件较好的地方。一般选在地下水位低、承载力较大、湿陷性等级不高、岩石较少的地层，以降低工程造价和便于施工。水厂应尽可能选择在不受洪水威胁的地方；否则应考虑防洪措施，水厂的防洪标准应不低于城市防洪标准。水厂应充分考虑周围环境的卫生和安全防护条件。应尽量设置在交通方便、靠近电源的地方，以利于施工管理和降低输电线路的造价。

当取水地点距离用水区较近时，一般水厂设置在取水构筑物附近，通常与取水构筑物建在一起。这样便于集中管理，工程造价也较低。当取水地点距离用水区较近时，厂址有两种选择：一是将水厂设在取水构筑物近旁，二是将水厂设在离用水区较近的地方。第一种选择的优点是可集中管理水厂和取水构筑物，节省水厂自用水（如滤池、冲洗和沉淀池排泥）的输水费用，并便于沉淀池排泥和滤池冲洗水排除，特别对浊度较高的水源而言。但从水厂至主要用水区的输水管道口径要增大，管道承压较高，从而增加了输水管道的造价、给水系统的设施和管理工作。第二种选择的优缺点与前者正好相反。对高浊废水源，也可将预沉构筑物与取水构筑物建在一起，水厂其余部分设置在主要用水区附近。不同方案应综合考虑各种因素并结合具体情况，通过技术经济比较确定。

（二）水厂的用地指标

水厂用地应按规划期给水规模确定，用地控制指标应按表 4.2 采用。水厂厂区周围应设置宽度不小于 10 m 的绿化地带。

表 4.2　水厂用地控制指标

建设规模/(10^4 m^3 · d^{-1})	地表水水厂/(m^2 · d · m^{-3})	地下水水厂/(m^2 · d · m^{-3})
5～10	0.7～0.50	0.40～0.30
10～30	0.50～0.30	0.30～0.20
30～50	0.30～0.10	0.20～0.08

注：1. 建设规模大的取下限，建设规模小的取上限。
2. 地表水水厂建设用地按常规处理工艺进行，厂内设置预处理或深度处理构筑物以及污泥处理设施时，可根据需要增加用地。
3. 地下水水厂建设用地按消毒工艺进行，厂内设置特殊水质处理工艺时，可根据需要增加用地。
4. 本表指标未包括厂区周围绿化地带用地。

四、泵站规划

当配水系统中需设置加压泵站时，其位置宜靠近用水集中地区。泵站用地应按规划期给水规模确定，其用地控制指标应按表 4.3 采用。泵站周围应设置宽度不小于 10 m 的绿化地带并宜与城市绿化用地相结合。

表 4.3　泵站用地控制指标

建设规模/(10^4 m^3 · d^{-1})	地表水水厂/(m^2 · d · m^{-3})	地下水水厂/(m^2 · d · m^{-3})
5～10	0.7～0.50	0.40～0.30
10～30	0.50～0.30	0.30～0.20
30～50	0.30～0.10	0.20～0.08

注：1. 建设规模大的取下限，建设规模小的取上限。
2. 加压泵站设有大容量的调节水池时，可根据需要增加用地。
3. 本指标未包括站区周围绿化带用地。

第五节　城市给水专项规划与设计工程案例

一、工程概况

潇湘大道交通道临近望城区政府，是滨水新城核心区最重要的南北向主干路，连接长沙市中心城区的重要通廊。该交通道北起雷锋东路、南至二环路三汊矶大桥，全长 16.3 km。其中，雷锋东路至旺旺东路段 2.9 km 路段红线宽度为 42 m，旺旺东路至二环路段 13.4 km 路段红线宽度为 60 m。本次设计出图的雷锋东路—星月路段(K0+000—K12+110)全长 12.11 km，设计车速 60 km/h。

给水工程：主要是交通道北段范围内布设给水管及其附属检查井、管件，道路绿化用水、娱乐休闲广场用水的供应设计。

二、给水工程专项规划

(一) 规划目标

水质：出厂水质达到《生活饮用水卫生标准》(GB 5749—2022)。

水压：符合市政供水系统最不利点水压常规要求。

管网覆盖率：近期(2015 年)85%以上，远期(2030 年)95%以上。

(二) 区域水源

采用地下水源作为农村分散居民取水水源，湘江作为集中供水水源。

(三) 供水指标及供水规模

规划滨水新城主城区人均最高日用综合水指标 550 L/(cap · d)，包括 500 L/(cap · d)的城市自来水用量和 50 L/(cap · d)的中水回用量；周边乡镇人均最高日用综合水指标

400 L/(cap·d);供水系统日变化系数为 1.4。

规划滨水新城主城区供水总规模 5×10^5 m^3/d。其中,自来水供水规模 4.5×10^5 m^3/d(含向周边乡镇供水 4×10^4 m^3/d)、中水供水规模 5×10^4 m^3/d。

(四) 水厂

规划扩建望城自来水厂规模至 30×10^4 m^3/d,并新建规模 15×10^4 m^3/d 的望城二水厂(远景 30×10^4 m^3/d)。两水厂联合供应滨水新城及其周边区域生产及居民生活用水,并于远期通过金星大道 DN400 mm 供水管与老城区供水系统连通,形成滨水新城、老城区互为备用的供水格局。

规划利用岳麓、望城两个污水厂尾水为再生水水源,岳麓中水处理站建设规模达到 3×10^4 m^3/d,岳麓中水处理站建设规模 2×10^4 m^3/d 的望城中水处理站。中水处理站出水用作城市道路绿化、道路浇洒、公厕冲洗、洗车、景观补水或工业冷却用水。中水水质符合《城市污水再生利用 城市杂用水水质》(GB/T 18920—2020)。

(五) 供水分区

规划将滨水新城主城区用水范围划分为四个供水压力分区。其中,望城低压区(J01)由望城自来水厂直接供水。建设乌山加压泵站、桂芳加压泵站、金沙加压泵站分别向乌山高压区(J02)、桂芳高压区(J03)、金沙高压区(J04)供水。总供水范围 108.26 km^2。规划望城二水厂建成后,将代替桂芳加压泵站和金沙加压泵站,向两泵站分别服务的桂芳高压区和金沙高压区供水。

潇湘大道及其沿线区域位于低压区。

(六) 供水管网

规划沿区内主要规划道路布置环状供水管道,满足滨水新城主城区及其周边部分区域输、配水需求。潇湘大道作为滨水新城重要的交通干道,附设的自来水给水管、中水管除供应道路本身及其沿线地块生产、生活、绿化及道路浇洒用水外,尚承担自来水转输功能。按照业主前期会议要求,潇湘大道上自来水给水管及中水管布置要求,原则上以《长沙望城滨水新城主城区给排水专项规划设计》(湖南省建筑设计院,湖南省城市规划研究设计院,2013)为准。其中本次出图的雷锋东路—星月路段供水专项规划概况及存在的问题分析如下。

1. 给水工程

1) 给水管网规划成果

专项规划在潇湘大道交通道本设计段及其周边区域供水管网布局如图 4.3 所示,关于本次出图路段的要点如下。

(1) 水源。

远期滨水新城市政路网及其附属供水管网建成,交通道(含已完成设计的交通道南段)及其周边区域由望城水厂及望城二水厂联合供水,并经交通道沿线的宝粮东路、旺旺东路、同心路、涧湖路、吴家冲路、南湖路等市政路供水管转供。

(2) 管道布置。

交通道及其周边道路供水管道布置:星月路—南塘路段给水管规格 DN500 mm,南塘路—吴家冲路段、旺旺东路—宝粮东路路段给水管规格均为 DN600 mm,吴家冲路—旺旺东路给水管规格 DN800 mm,宝粮东路—雷锋东路段给水管规格 DN200 mm。交通道沿线各

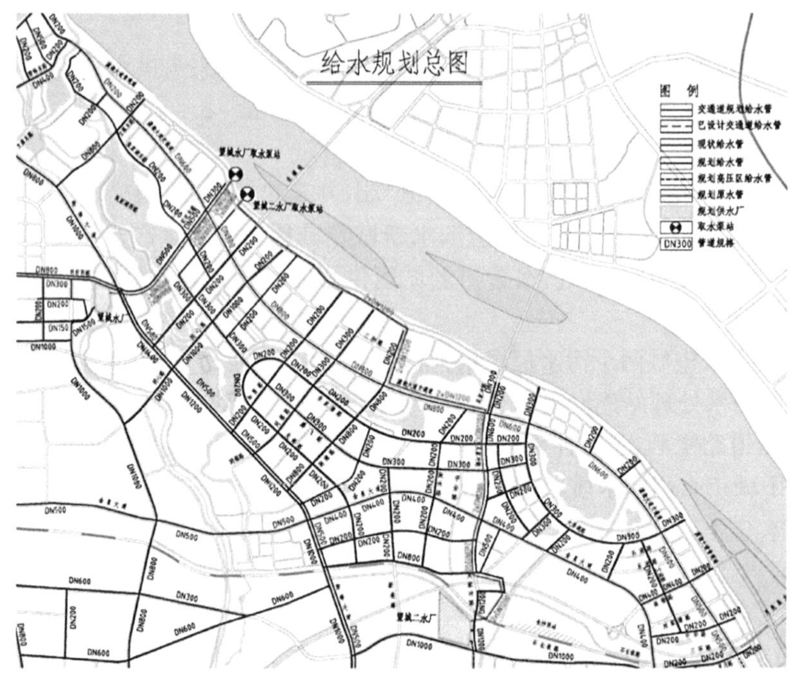

图 4.3　潇湘大道交通道本设计段沿线地区供水管网规划图

主要交叉路口的给水接口规格包括宝粮东路 DN800 mm、旺旺东路 DN500 mm、同心路 DN1 000 mm、涧湖路 DN800 mm、吴家冲路 DN600 mm、南塘路 DN400 mm 等，其余市政路供水管接口多为 DN200 mm 或 DN300 mm。

2) 存在的问题

该路段给水管道工程规划存在如下问题有待进一步优化或明确。

(1) 宝粮东路—雷锋东路段供水管规格偏小。在滨水新城开发建设前期、中期，因为路网不完善，供水网络不成体系。潇湘大道交通道作为滨水新城南北向主干路且优先建设，其道路供水管将承担较重的用水转输功能。鉴于宝粮东路—雷锋东路路段供应沿线区域(约 47 hm^2)用水且为该区域近期仅有的水源，专项规划在该路段设置的供水管规格 DN200 mm 偏小。

(2) 未考虑月亮岛用水需求。按《中国湖南省望城滨水新城核心区控制性详细规划》，未来将开发建设月亮岛，并提出沿月亮道路敷设 DN500 mm 供水管向岛上供应交通道转输的市政水源。专项规划设置的月亮道路 DN200 mm 水管不能满足月亮岛未来用水需求。前期完成的交通道南段给水工程设计已将该预留管规格升级为 DN500 mm，并同步升级月亮岛路—星月路间交通道供水管规格。本次交通道北段设计，应相应升级星月路—同心路间交通道供水管规格，以保障月亮岛用水需求。

(3) 旺旺东路—潇湘大道交通道交叉路口处，旺旺东路原水管及供水管的实际设计情况与专项规划要求可能存在差异。业主提供的《望城县水厂改扩建工程——原水管线》项目施工图(湖南省建筑设计院，2011)显示，旺旺东路西南侧实际设计的原水管为两条 DN1400 mm 管，尚有两条专项规划要求的 DN1 000 mm 原水管未考虑；业主提供的《望城区滨水新城旺旺东路勘察设计工程》项目施工图(深圳华粤城市建设工程设计有限公司，2012)中未包括给水工程设计图纸，但排水工程设计图的道路横断面管线布置显示：旺旺东路—潇湘大道交通道交叉路口处，旺旺东路西北侧实际设计市政供水管为 DN800 mm，大于专项规划要求的 DN500 mm。

3）设计调整

针对给水工程规划管线成果存在的上述问题，本次设计进行如下调整（见图 4.4）。

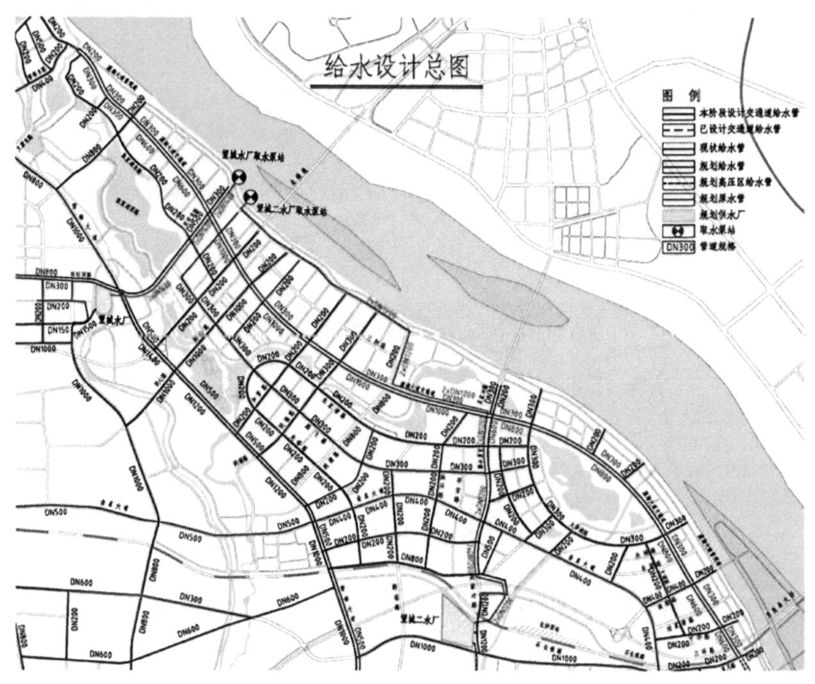

图 4.4　潇湘大道交通道本设计段供水管道调整图

（1）道路双侧供水。除原规划主干管外，沿潇湘大道全程敷设 DN300 mm 配水管，并与规划主管互通，满足向沿程地块配水的需要，也满足宽度 40 m 以上市政路双侧供水的规范要求。

（2）为适应向月亮道路供水的需要，月亮岛路—南塘路段供水管调整为 DN600 mm，南塘路—吴家冲路段供水管调整为 DN800 mm，吴家冲路—同心路段供水管调整为 DN1 000 mm。

（3）宝粮东路—枫树港路段，供水管调整为 DN300 mm，配水管部分采用 DN300 mm，部分 DN200 mm。

（4）旺旺东路—潇湘大道交通道交叉路口，暂按业主提供的施工图布置旺旺东路位于交通道南侧的供水管及原水管，并根据业主最终明确的设置参数进行调整。

2. 中水工程

1）水源

依托岳麓中水处理站和望城中水处理站，再生水回用作为城市杂用水和环境用水（居民冲厕、汽车清洗、道路浇洒、建筑施工用水、绿化及景观水景等）水源。再生水应用范围为望城水厂供水低压区以及望城经开区。

2）中水管网规划成果

专项规划在潇湘大道交通道本设计段及其周边的中水管网布局要求如图 4.5 所示，关于本次出图路段的要点如下。

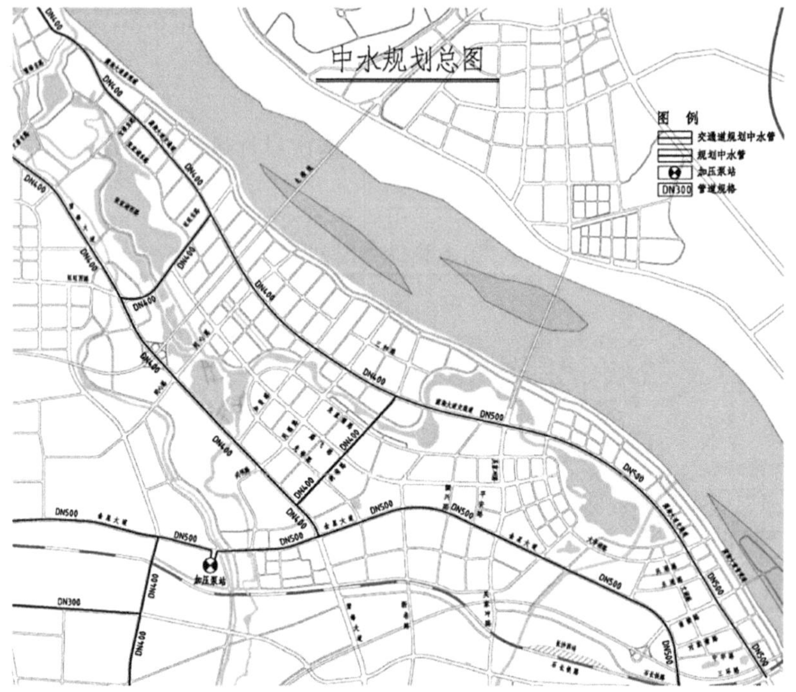

图 4.5 潇湘大道交通道本设计段及其周边中水管网规划图

(1) 水源：规划远期滨水新城中水系统建成后，交通道所在区域由岳麓中水处理站和望城中水处理站联合供应再生水，并经由交通道雷锋东路以东的 DN400 mm 管、旺旺东路和涧湖路的 DN400 mm 管，以及来自星月路以南潇湘大道交通道的 DN500 mm 管等市政中水管道转输。

(2) 管道布置：雷锋东路—涧湖路段管道规格 DN400 mm，涧湖路—星月路段管道规格 DN500 mm。

3) 道路中水工程设计

道路中水管道工程按照专项规划设计。潇湘大道交通道对沿线各交叉路口的预留管，旺旺东路、涧湖路等路口的南向接口为 DN400 mm，同心路、知贤路、吴家冲路、南塘路等路口的南向接口为 DN300 mm，其余接口均采用 DN200 mm。

三、给水工程设计

(一) 设计原则

(1) 根据城市规划的用地要求，地形条件，水资源情况，用户对水质、水量和水压的要求等确定管线的布局。

(2) 若有沿线现状给水管因交通道建设临时截断的，应恢复其给水功能。

(3) 根据实际需要设置沿线村庄近期给水接口。

(4) 给水系统设计在经济合理的前提下，满足用户对水质、水量、水压和供水可靠性的要求，考虑近远期结合，分期实施。

(5) 推广使用新材料、新技术管道。

（二）供水管道布置

道路横断面给水管道布置如图 4.6 所示。

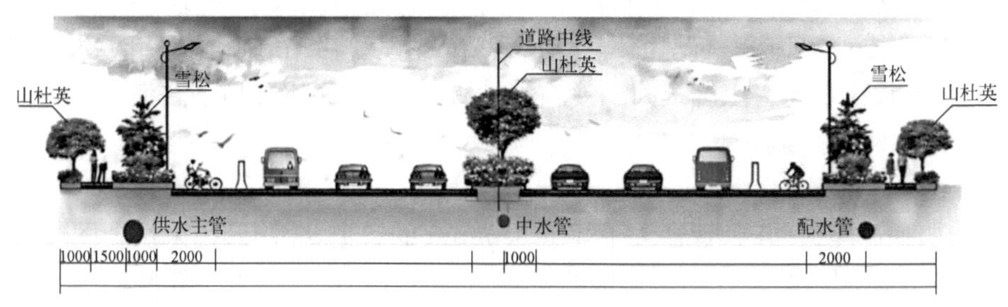

图 4.6　道路横断面供水管线布置图(单位：mm)

(1) 给水管沿道路双侧布置，分别位于道路两侧绿化带下距路缘石 2 m 处；中水管布置在中央绿化带下距南侧缘石 1 m 处。

(2) 道路西南侧人行道下布置输水主管(兼作该侧配水管)，在东北侧人行道下布置配水管。

(3) 给水管和中水管均预留沿程各交叉路及地块用水接口。

（三）管道接口

(1) 焊接钢管采用 E4303 焊条手工焊接；当与其他管材连接时，采用法兰连接。

(2) 镀锌钢管采用丝扣连接；当与其他管材连接时，采用法兰连接。

(3) 球墨铸铁管采用 T 型滑入式柔性橡胶圈连接；当与其他管材连接时，采用法兰连接。

(4) PE 管采用电热熔连接；当与其他管材连接时，采用法兰连接。

（四）管道基础

管槽开挖后，应将原土夯实 3 遍(土质地区)，夯实密度不小于 90%，管底垫厚 15 cm 石屑层。管道附件或阀门、管道支墩位置应垫碎石，夯平后设垫层。过路管管沟全填石屑到路基面。松软地基处应结合道路基础设计进行地基处理。遇地下水位较高时，应做好施工降水，保证干槽施工。

（五）管道敷设

(1) 人行道下输、配水管管顶覆土不小于 0.6 m。遇非压力管道，从其顶上越过，并保证覆土厚度。给水管道交叉时，小管从大管上越过。

(2) 车行道下供水管埋深不足 1.0 m 时，规格不大于 DN200 mm 的采用钢套管保护，规格大于 DN200 mm 的用 C20 混凝土按如图 4.7 所示包管处理保护，规格大于 DN600 mm 的进行加固保护处理。

(3) 接户管阀门井布置在道路红线外 2.0 m 处，预留接户管管径为 DN150 mm。

(4) 市政消火栓布置在人行道上距机动

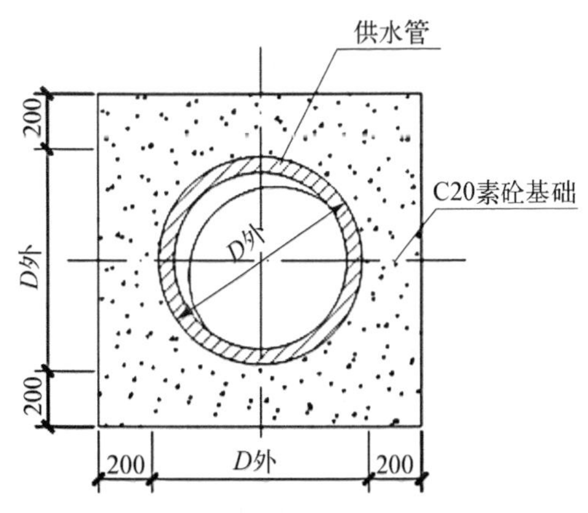

$D_{外}$—管道外径。

图 4.7　供水管混凝土包管保护大样(单位：mm)

车道边线 0.7 m 处，安装详见《市政给水管道工程及附属设施》(07MS101)。消火栓间直线间距不超过 120 m。

(5) 绿化取水栓设置在道路两侧绿化隔离带下，道路单侧取水栓直线距离不大于 1 km。取水栓结合景观专业沿道路布设的休憩场所设置，并预留移动厕所冲洗用中水接口。取水栓安装参照《市政给水管道工程及附属设施》(07MS101)支管浅装地下式消火栓的内容。

(六) 阀、井设置

(1) 管径小于 DN100 mm 的管道，控制阀采用截止阀；管径小于等于 200 mm 的管道，控制阀门采用弹性座封闸阀；管径大于等于 300 mm 的管道，控制阀门采用管网蝶阀。

(2) 各种控制阀门阀内腔与水接触的材料必须符合国家有关卫生标准。

(3) 采用地面操作立式阀门井。阀门井完成井面须与地面平齐，井盖及井座采用统一标准。

(4) 供水管网中管道的最高点设排气阀，最低点设排泥阀(泄水阀)。排泥湿井积水于管道检修时出水就近抽排往所在区域最近的雨水检查井。

(七) 管件防腐

内壁均做水泥砂浆衬里，其制作质量应符合《埋地给水钢管道水泥砂浆衬里施工及检测规程》(T/CECS 10—2019)要求。球墨管外壁做喷锌涂沥青防腐，钢管外壁除锈应达到《涂装前钢材表面处理规范》(SY/T 0407—2012)标的工业级喷砂除锈(SA3.5)级标准，然后做环氧厚浆煤沥青三油二布防腐层；焊接处采用四油三布加强防腐。搭结长度两边各不少于 100 mm。球墨管下管时，应采用软带吊装，以免破坏管道防腐层。鉴于规格不大于 DN300 mm 的钢管，现场防腐操作技术难度较大，可订购质量达防腐要求的成品钢管。

(八) 管道支墩

给水管在异径、弯头、三通、阀门井处应设置管道支墩，大样详见国家标准图集《柔性接口给水管道支墩》(10S505)。非直线管段利用管道承插接头借转角度沿弯路安装。各种管径的借转角度应在允许的范围内。

(九) 水压试验及管道消毒

管道安装完毕，在覆土前必须按规范进行水压试验。管道设计工作压力为 0.4 MPa，试验压力为 0.9 MPa。

管道试压前，除管口部位外，管道两侧及管顶上覆土应不小于 0.5 m，覆土密实度应达 95%，避免管道移动，并将沿线管件的支墩加固牢靠，符合验收标准后，方可回填土至设计标高。

管道交工前，应进行冲洗和消毒，并经有关部门取样检验合格后，方可交付使用。

(十) 其他注意事项

为避免管道热胀冷缩对结构造成的破坏，除供水预留接户管井外，供水主管、配水管，各交叉路口处预留接口等处设置的闸阀、蝶阀需配同规格法兰式伸缩节。

管道安装及验收须符合《给水排水管道工程施工及验收规范》(GB 50268—2008)的规定。

所有管附件及其他材料均应符合现行国家、行业标准，并有出厂合格证。

第五章

城市排水工程规划与设计

第一节　排水系统的体制及其选择

一、排水系统的体制

1. 合流制排水系统

当采用一个管渠系统来收集和排除生活污水、工业废水和雨水，则称为合流制排水系统，也称为合流管道系统，其排水量称为合流污水量。合流制排水系统又分为直排式和截流式。直排式合流制排水系统，是将排除的混合污水不经处理直接就近排入水体，国内、外很多城镇的老城区仍保留这种排水方式。但这种排水形式因污水未经处理就排放，使受纳水体遭受严重污染。所以，这也是目前乃至今后很长一段时间内，老城镇改造中的重要工程。

随着城市化的推进和对水域环境保护的重视，对老城区及小城镇需进行基础设施改造，除了采用分流制排水系统外，最常见的排水系统改造是采用截污工程，即称为截流式合流制排水系统。这种系统是在临河岸边建造一条截流干管，同时在合流干管与截流干管相交前或相交处设置溢流井，并在截流干管下游设置污水厂。晴天和初期降雨时，将所有污水送至污水厂，经处理后排入水体。随着降雨量的增加，雨水径流也增加，当混合污水的流量超过截流干管的输水能力后，有部分混合污水经溢流井溢出，直接排入水体。截流式合流制排水系统比直排式排水系统在污水管理水平上有了很大提高，但仍有部分混合污水未经处理就直接排放，从而使水体遭受污染，这是它的不足之处。

2. 分流制排水系统

当采用两个或两个以上各自独立的管渠来收集或排除生活污水、工业废水和雨水，则称为分流制排水系统。收集并排除生活污水、工业废水的系统称为污水排水系统，收集或排除雨水的系统称为雨水排水系统，这就是常说的雨污分流形式。

由于排除雨水方式的不同，分流制排水系统又分为完全分流制和不完全分流制两种排水系统。完全分流制排水系统是同时建设有独立的污水排水管道和雨水排水管道，而且一般建有污水处理厂(站)。不完全排水系统只建有污水排水系统，未建雨水排水系统。雨水沿天然地面、街道边沟、水渠等原有渠道系统排泄，或者采用对原有雨水排洪沟道的整治来提高排水渠道系统输水能力，待城市进一步发展再修建完整的雨水排水系统。

在工业企业中，一般采用分流制排水系统。但由于工业废水的成分和性质往往很复杂，不但与生活污水不宜混合，而且彼此之间也不宜混合，否则将加大污水厂污水和污泥处理的难度，并给废水重复利用和回收有用物质造成很大困难。所以，在多数情况下，采用分质分流、清污分流的几种管道系统来分别排除。但如生产污水的成分和性质同生活污水类似时，可将生活污水和生产污水用同一管道系统排放。

大多数城市，尤其是较早建成的城市，往往是混合制的排水系统，既有分流制，也有合流制。在大城市中，各区域的自然条件以及修建情况可能相差较大，因此，应因地制宜地采用不同的排水体制。

二、排水系统体制的选择

合理地选择排水系统的体制，是城市排水系统规划和设计的重要问题。它不仅从根本上影响排水系统的设计、施工、维护管理，而且对城市发展和环境保护影响深远，同时影响排水系统工程的总投资、初期投资以及维护管理费用。通常，排水系统体制的选择应满足环境保护的需要，根据当地条件，通过技术经济比较确定。而环境保护应是选择排水体制时所考虑的主要问题。

1. 环境保护方面

如果采用合流制将城市生活污水、工业废水和雨水全部截流送往污水厂进行处理，再排放，从控制和防止水体的污染来看，是较理想的；但按照全部截留污水量计算，则截流主干管尺寸很大，污水厂处理规模也会成倍增加，整个排水系统建设费用和运营费用相应提高。所以采用截流式合流制时，截留倍数的确定是均衡水体环境保护和处理费用两个因素的重要指标。《室外排水设计标准》(GB 50014—2021)关于截流倍数的规定：应根据旱流污水的水质、水量、排放水体的卫生要求、水文、气候、经济和排水区域大小等因素经计算确定，宜采用1～5倍。

采用截流式合流制时，在暴雨径流之初，原沉淀在合流管渠的污泥被大量冲起，经溢流井溢入水体。同时雨天时，有部分混合污水溢入水体。实践证明，采用截流式合流制的城市，水体污染日益严重。应考虑将雨天时溢流出的混合污水予以储存，待晴天时将储存的混合污水全部送至污水厂进行处理，或者将合流制改建成分流制排水系统等。

分流制通过独立设置的污水管道系统将城市污水全部送至污水厂处理，是城市排水系统较为理想的做法，但分流制雨水排水系统，由于初期雨水未加处理就直接排入水体，对城市水体也会造成污染。近年来，国内外对雨水径流水质的研究发现，雨水径流特别是初期雨水径流对水体的污染相当严重。虽然分流制具有这一缺点，但它比较灵活，比较容易适应社会发展的需要，一般又能符合城市卫生的要求，所以在国内、外获得了广泛的应用，而且也是城市排水体制的发展方向。

2. 工程造价方面

国外有的经验认为一般合流制排水管道的造价比完全分流制低20%～40%，但合流制的泵站和污水厂的造价比分流制高。从总造价来看，完全分流制比合流制高。从初期投资来看，因不完全分流制初期只建污水排水系统，因而可节省初期投资费用，又可缩短工期，发挥工程效益也快。而合流制和完全分流制的初期投资均大于不完全分流制。

3. 维护管理方面

在合流制管渠内，晴天时污水只是部分充满管道，雨天时才形成满流，因而晴天时，合流制管内流速较低，易于产生沉淀。但经验表明，管中的沉淀物易被暴雨冲走，这样合流管道的维护管理费用可以降低。但是晴天和雨天时流入污水厂的水量变化很大，增加了合流制排水系统污水厂运行管理中的复杂性。而分流制排水系统可以保持管内的流速，不致发生沉淀；同时，流入污水厂的水量和水质比合流制变化小得多，污水厂的运行易于控制。

4. 施工方面

合流制管线单一，减少与其他地下管线、构筑物的交叉，管渠施工较简单，这对于人口稠密、街道狭窄、地下设施较多的市区更为突出。但在建筑物有地下室的情况下，遇暴雨时，合流制排水管渠内的污水可能倒流入地下室内，所以安全性不及分流制。

总之，排水系统体制的选择是一项既复杂又重要的工作。应根据城镇及工业企业的规划、环境保护的要求、污水利用情况、原有排水设施、水量、水质、地形、气候和水体状况等条件，在满足环境保护的前提下，通过技术经济比较综合确定。一般新建地区采用分流制排水系统，但在特定情况下采用合流制可能更为有利。

第二节　城市污水量及雨水量估算

一、污水量估算

城市污水主要来源于城市用水。城市污水量由城市给水工程统一供水的用户和自备水源供水的用户排出的城市综合生活污水量和工业废水量组成。城市中少量的其他污水，如市政、公用设施及其他用水产生的污水等，因其数量少且排除方式的特殊性无法统计，可以忽略不计。因此，污水量定额与城市用水定额之间有一定的比例关系，该比例关系称为“排放系数”。

（一）污水排放系数

污水排放系数即表示城市污水量与用水量之间的比例关系。污水排放系数是在一定的计量时间（年）内的污水排放量与用水量（平均日）的比值。当规划城市供水量、排水量统计分析资料缺乏时，城市分类污水排放系数可根据城市居住、公共设施和工业用地的布局等因素，按以下规则确定：城市污水的污水排放系数取 0.70～0.80；城市综合生活污水的污水排放系数取 0.80～0.90；城市工业废水的污水排放系数取 0.70～0.90（工业废水排放系数不含石油、天然气开采业，煤炭与其他矿采选业以及电力、蒸汽、热、水的生产和供应业废水排放系数，其数据应按厂、矿区的气候，水文地质条件，废水利用、排放方式确定）。

选择城市综合生活污水排放系数时，还应考虑城市规划的居住水平、给水排水设施完善程度与城市排水设施规划普及率，以及第三产业产值在国内生产总值中的比重后综合确定。

城市工业废水排放系数则需考虑城市的工业结构和生产设备、工艺先进程度及城市排水设施普及率等因素。在地下水位较高的地区，在计算管道和污水处理设施的流量时，应适当考虑地下水渗入管道的水量。

在计算设计污水量时，还应明确污水管网是按最高日最高时污水排放流量进行设计，在选用污水量定额和确定变化系数时，应能计算出最高日最高时污水流量。根据我国设计规范规定，污水设计流量计算与给水用水量计算方法是有差别的，即在计算居民生活用水量或综合生活用水量时，采用最高日用水量定额和相应的时变化系数。在计算居民生活污水量或综合生活污水量时，采用平均日污水量定额和相应的总变化系数。

（二）综合生活污水量总变化系数

与给水系统用水量一样，污水的排放量也在时刻发生变化，同样有逐日变化和逐时变化的规律。在城市污水管道规划设计中，通常假定在1 h内污水流量是均匀的。这样假定与实际情况比较接近，不致影响设计和运转。污水量的变化同样可以用变化系数和变化曲线来描述。

污水量日变化系数 K_d 指设计年限内，最高日污水量与平均日污水量的比值，按式(5.1)计算。

$$K_d=\frac{\text{最高日污水量}}{\text{平均日污水量}} \tag{5.1}$$

污水量时变化系数 K_h 指设计年限内，最高日最高时污水量与该日平均时污水量的比值，按式(5.2)计算。

$$K_h=\frac{\text{最高日最高时污水量}}{\text{最高日平均时污水量}} \tag{5.2}$$

污水量总变化系数 K_z 指设计年限内，最高日最高时污水量与平均日平均时污水量的比值，按式(5.3)计算。

$$K_z=K_d \cdot K_h \tag{5.3}$$

污水管网在计算设计污水量时，应按最高日最高时污水排放流量进行设计。而根据用水量标准及污水排放系数推算出的污水量标准为平均日污水量。因此，在计算污水量时，采用的是平均日污水量标准和相应的总变化系数估算出最高日最高时污水量。

城市综合生活污水量的总变化系数按《室外排水设计标准》(GB 50014—2021)确定，见表5.1。工业废水量总变化系数应根据规划城市的具体情况，按行业工业废水排放规律分析确定，或参照条件相似城市的分析成果确定。

表5.1　城市综合生活污水量总变化系数

平均日流量/$(L \cdot s^{-1})$	总变化系数
5	2.3
15	12.0
40	1.8
70	1.7
100	1.6
200	1.5
500	1.4
≥1 000	1.3

注：当污水平均日流量为中间数值时，总变化系数可用内插法求得。

（三）城市污水量估算

1. 居民生活污水设计流量

影响居民生活污水设计流量的主要因素有生活设施条件、设计人口和污水流量变化等。在计算生活污水设计流量时，设计人口指的是排水系统在设计使用年限终期所服务的人口数量。如果排水工程系统是分期实施的，还应明确各个分期时段内的服务人口数，用于计算各个分期时段内的污水量。

同一城市中可能存在多个排水服务区域，其污水量标准不同，要对每个区分别按照其规划目标采用适当的污水量定额，按各区实际服务人口计算该区的生活污水设计流量。

居民生活污水设计流量 Q_1 用式(5.4)计算。

$$Q_1 = K_{z1} Q_d = K_{z1} \sum \frac{q_{1i} N_{1i}}{24 \times 3\,600} \tag{5.4}$$

式中：K_{z1} 为生活污水量的总变化系数，可由表 5.1 查得；Q_d 为平均日污水流量，L/s；q_{1i} 为各排水区域平均日居民生活污水量定额，L/s；N_{1i} 为各排水区域在设计使用年限终期所服务的人口数，人。

2. 工业废水设计流量

工业废水设计流量 Q_2 可用式(5.5)计算。

$$Q_2 = \sum \frac{K_{2i} q_{2i} N_{2i} (1 - f_{2i})}{3.6 T_{2i}} \tag{5.5}$$

式中：K_{2i} 为各工矿企业废水量的时变化系数；q_{2i} 为各工矿企业废水量定额，m^3/单位产值、m/单位产品或 m^3/单位生产设备；N_{2i} 为各工矿企业最高日生产产值（如万元）、产品数量（如件、台、吨等）或生产设备数量（如台、套等）；f_{2i} 为各工矿企业生产用水重复利用率，%；T_{2i} 为各工矿企业最高日生产小时数，h。

3. 工业企业生活污水量和淋浴污水设计流量

工业企业生活污水量和淋浴污水设计流量 Q_3 可用式(5.6) 计算。

$$Q_3 = \sum \left(\frac{q_{3ai} N_{3ai} K_{h3ai}}{3\,600 T_{3ai}} + \frac{q_{3bi} N_{3bi}}{3\,600} \right) \tag{5.6}$$

式中：q_{3ai} 为各工矿企业车间职工生活用水量定额，L/(人·班)；q_{3bi} 为各工矿企业车间职工淋浴用水量定额，L/(人·班)；N_{3ai} 为各工矿企业车间最高日职工生活用水总人数，人；N_{3bi} 为各工矿企业车间最高日职工淋浴用水总人数，人；K_{h3ai} 为各工矿企业车间最高日职工生活污水量班内时变化系数，人；T_{3ai} 为各工矿企业最高日每班工作小时数，h。

4. 公共建筑污水设计流量

公共建筑的污水量可与居民生活污水量合并计算，也可单独计算。合并计算时，应选用综合生活污水量定额。公共建筑排放的污水量比较集中，若有条件获得充分的调查资料，则可以分别计算这些公共建筑各自排出的生活污水量。

公共建筑污水设计流量 Q_4 可用式(5.7)计算。

$$Q_4 = \sum \frac{q_{4i} N_{4i} K_{h4i}}{3\,600 T_{4i}} \tag{5.7}$$

式中：q_{4i} 为各公共建筑最高日污水量标准，L/(用水单位·d)；N_{4i} 为各公共建筑在设计使用年限终期所服务的用水单位数，人；K_{h4i} 为各公共建筑污水量时变化系数；T_{4i} 为各公共建筑最高日排水小时数，h。

5. 城市污水设计总流量

城市污水设计总流量 Q_h 可用式(5.8)计算。

$$Q_h = Q_1 + Q_2 + Q_3 + Q_4 \tag{5.8}$$

在城市总体规划阶段，城市不同性质用地污水量可按照《城市给水工程规划规范》(GB 50282—2016)中不同性质用地用水量乘以相应的分类污水排放系数确定。城市居住用地和公共设施用地污水量可按相应的用水量乘以城市综合生活污水排放系数确定。城市工业用地工业废水量可按相应用水量乘以工业废水排放系数确定。其他用地污、废水量可根据用水性质、水量和产生污、废水的数量及其出路分别确定。

二、雨水量估算

(一) 雨水量的计算

雨水量应按式(5.9)计算确定。

$$Q = q \cdot \varphi \cdot F \tag{5.9}$$

式中：Q 为雨水量，L/s；q 为暴雨强度，L/(s·hm^2)；φ 为径流系数；F 为汇水面积，hm^2。

(二) 暴雨强度的确定

在降雨量累积曲线上取某一时间段，称为降雨历时 t。根据数理统计理论，暴雨强度 q 与降雨历时 t 和重现期 p 之间的关系可用一个经验函数表示，称为暴雨强度公式。其函数形式有多种。根据不同地区的适用情况，可采用不同的公式。

城市暴雨强度计算应采用当地的城市暴雨强度公式。若该降雨历时覆盖了降雨的雨峰时间，则单位时间内的累积降雨量为该降雨历时的暴雨强度，降雨历时区间取得越宽，计算得出的暴雨强度越小。对雨水管网规划而言，应找出降雨量最大的那个时段内的降雨量。因此，暴雨强度的数值与所取的连续时间段 t 的跨度和位置有关。在城市暴雨强度公式推求中，经常采用的降雨历时为 5 min、10 min、15 min、20 min、30 min、45 min、60 min、90 min、120 min 等 9 个历时数值，特大城市可以用到 180 min。

重现期是指在多次观测中，事件数据值大于等于某个设定值重复出现的平均间隔年数，单位为年。

重现期是从统计平均的概念引出的。某一暴雨强度的重现期等于 p，并不是说大于等于暴雨强度的降雨每隔 p 年就会发生一次。p 年重现期是指在相当长的一个时间序列(远远大于 p 年)中，大于等于该指标的数据平均出现的可能性为 $1/p$，而且这种可能性对于这个时间序列中的每一年都一样，发生大于等于该暴雨强度的事件在时间序列中的分布也并不是均匀的。对于某一个具体的 p 年时间段而言，大于等于该强度的暴雨可能出现一次，也可能出现数次或根本不出现。重现期越大，降雨强度越大。

若在雨水排水管网的设计中使用较高的设计重现期，则计算的设计排水量较大，排水管网系统设计规模相应增大，排水顺畅，但该排水系统的建设投资比较高；反之，投资较小，但安全性差。城市雨水系统规划时，确定设计重现期的影响因素主要有城市性质、排水区域的重要性、功能、淹没后果严重性、地形特点和汇水面积的大小等。在同一排水系统中可采用同一重现期或不同重现期。在一般情况下，低洼地段采用的设计重现期大于高地，干管采用的设计重现期大于支管，工业区采用的设计重现期大于居住区，市区采用的设计重现期大于郊区。重要干道、重要地区或短期积水能引起严重后果的地区，重现期宜采用 3～5 年，其他地区重现期宜采用 1～3 年。特别重要地区和次要地区或排水条件好的地区规划重现期可酌情增减。

（三）径流系数

降落在地面上的雨水在沿地面流行的过程中，一部分雨水被地面上的植物、洼地、土壤或地面缝隙截留，剩余的雨水在地面上沿地面坡度流动，称为地面径流。地面径流的流量称为雨水地面径流量。雨水管渠系统的功能是排除雨水地面径流量。地面径流量与总降雨量的比值称为径流系数 φ，径流系数小于 1。

降雨刚发生时，有部分雨水会被植物截留，而且地面比较干燥，雨水渗入地面的渗水量比较大，开始时的降雨量小于地面的渗水量，雨水被地面全部吸收。随着降雨时间的增长和雨量的加大，当降雨量大于地面渗水量后，降雨量与地面渗水量的差值称为余水，在地面开始积水并产生地面径流。单位时间内的地面渗水量和余水量分别称为入渗率和余水率。在降雨强度增至最大时，相应产生的地面径流量也最大。此后，地面径流量随着降雨强度的逐渐减小而减小，当降雨强度降至与入渗率相等时，余水率为 0。但这时由于有地面积水存在，故仍有地面径流，直到地面积水消失径流才终止。

地面径流系数的值与汇水面积上的地面材料性质、地形地貌、植被分布、建筑密度、降雨历时、暴雨强度及暴雨雨型有关。当地面材料透水率较小、植被较少、地形坡度大、雨水流动快的时候，径流系数较大；降雨历时较长会使地面渗透损失减少而增加径流系数；暴雨强度较大时，会使流入雨水管渠的相对水量增加而增加径流系数；对于最大强度发生在降雨前期的雨型，前期雨量大的径流系数值也大。

在城市总体规划阶段的雨水量估算中，宜采用城市综合径流系数，即按规划建筑密度将城市用地分为城市中心区、一般规划区和绿地等。按不同的区域，分别确定不同的径流系数。径流系数可按以下数值确定：城市建筑密集区（城市中心区）的径流系数取值范围为 0.60～0.85；城市建筑较密集区（一般规划区）的径流系数取值范围为 0.45～0.60；城市建筑稀疏区（公园、绿地等）的径流系数取值范围为 0.20～0.45。

（四）汇水面积

汇水面积 F 是指雨水管渠汇集和排除雨水的地面面积，常用单位为 hm^2 或 km^2。一般的大雷雨能覆盖 1～5 km^2 的地区，有时可高达数千平方千米。一场暴雨在其整个降雨的面积上雨量分布并不均匀。但是，对于城市雨水系统，一般汇水面积较小，可以假定是均匀分布的，其最远点的集水时间往往不超过 3～5 h，大多数情况下，集水时间不超过 60～120 min。

第三节　城市污水管网设计

一、污水管道布置

规划设计城市污水管道，首先要在城市总平面图上进行污水管道的平面布置（或称为污水管道的“定线”),是污水管道设计的重要环节。正确合理的平面布置方能使污水管道的设计经济合理。

影响污水管道平面布置的主要因素有:城市地形、水文地质条件,城市的远景规划、竖向规划和修建顺序,城市排水体制、污水处理厂、出水口的位置,排水量大的工业企业和大型公共建筑的分布情况,街道宽度及交通情况,地下管线、其他地下建筑及障碍物等。

污水管道平面布置,要充分利用有利条件,综合考虑各主要影响因素,并按下述原则进行。

(1) 根据城市地形特点和污水处理厂、出水口的位置,利用有利地形,合理布置主干管和干管。城市污水主干管和干管是污水管道系统的主体,它们布置是否恰当,将影响整个系统的合理性。一般污水主干管布置在排水区域内地势较低的地带,沿集水线或沿河岸低处敷设,以便支管、干管的污水能自流入主干管。按照城市的地形,污水管道常布置成平行式和正交式。

平行式布置的特点是污水干管与地形等高线平行,而主干管与地形等高线正交。这样在地形坡度较大的城市布置管道时,可以减少管道的埋深,改善管道的水力条件,避免采用过多的跌水井。

正交式布置形式适用于地形比较平坦,略向一边倾斜的排水区域。污水干管与地形等高线正交,而主干管布置在城市较低的一边,与地形等高线平行。

此外,污水管道的布置还有分散式、截流式、环绕式及分区式等管网布置方案。

(2) 一般污水干管沿城市道路布置。通常设置在污水量较大、地下管线较少一侧的人行道、绿化带或慢车道下。当道路宽度大于 40 m 时,可以考虑在道路两侧各设一条污水干管,这样可以减少过街管道,便于施工、检修和维护管理。

(3) 污水管道应尽可能避免穿越河道、铁路、地下建筑或其他障碍物,也要注意减少与其他地下管线交叉。

(4) 尽可能使污水管道的坡降与地面坡度一致,以减少管道的埋深。为节省工程造价及经营管理费,要尽可能不设或少设中途泵站。

(5) 管线布置应简洁,要特别注意缩减大管道的长度。要避免在平坦地段布置流量小而长度大的管道。

(6) 污水支管布置形式主要决定于城市地形和建筑规划,一般布置成低边式、围坊式和穿坊式。

低边式污水支管布置在街坊地形较低的一边。这种布置管线较短,在城市规划中采用较多。

围坊式污水支管沿街坊四周布置。这种布置形式多用于地势平坦的大型街坊。

穿坊式污水支管布置管线短、工程造价低,但管道维护管理不便,故一般较少采用。

(7) 城市污水管道与其他地下管线或建筑设施之间的相互位置,应满足:① 保证在敷设和检修管道时互不影响;② 污水管道损坏时,不致影响附近建筑物及基础,不致污染生活饮用水;③ 一般污水管道与道路中心线平行敷设,并尽量布置在慢车道下或人行道下,在城市地下管线多、地面情况复杂的区域,可以把城市污水管道和其他地下管线集中设置在隧道内。

二、污水管道水力计算

污水在管道中通常依靠重力作用,从高处流向低处。虽然污水中常含有一定数量的有机和无机物质，但其水分在99%以上，可以假定污水的流动是遵循一般流体规律的。在污水管道设计中，可以采用我国现行《室外排水设计标准》(GB 50014—2021)规定，城市污水管道水力计算按非满流考虑。

（一）设计数据

为使排水管道设计经济合理，保证排水管道正常工作，对于污水管道的设计充满度、设计流速、最小管径与最小坡度等作了规定，作为设计的控制数据。

1. 设计充满度

污水管道的设计充满度是指管道排泄设计污水量时的充满度。污水管道的设计充满度应小于或等于最大设计充满度。污水管道的最大设计充满度见表5.2。

表5.2　污水管道最大设计充满度

管径 D 或暗渠高 H/mm	最大设计充满度(h/D 或 h/H)
200～300	0.55
350～450	0.65
500～900	0.70
>1 000	0.75

注：h 为设计流量下，污水在管道中的水深。

2. 设计流速

设计流速是指管渠在设计充满度情况下，排泄设计流量时的平均流速。当城市排水管渠中流速太小时，水中的固体杂质沉积于管底，产生淤积物；当流速较大时，水流能冲走淤积物；若流速过大，则会冲刷损坏管壁。所以在设计中，必须合理确定设计流速。

最小设计流速的限值与污水中所含悬浮物的成分和粒度有关，也与管道的水力半径和管壁的粗糙系数有关。污水管道在设计充满度下最小设计流速为0.6 m/s，含有金属、矿物固体或重油杂质的生产污水管道，宜适当加大其最小设计流速；明渠的最小设计流速为0.4 m/s。工业废水采用的最小设计流速应根据试验或调查研究确定。

最大设计流速的限值与管道材料有关。通常，金属管道的最大设计流速为10 m/s，非金属管道的最大设计流速为5 m/s。明渠最大设计流速按表5.3选用。

表5.3　明渠最大设计流速

明渠类别	最大设计流速/($m \cdot s^{-1}$)
粗砂或低塑性粉质黏土	0.8
粉质黏土	1.0
黏土	1.2

续 表

明 渠 类 别	最大设计流速/(m·s^{-1})
石灰岩或中砂岩	4.0
草皮护面	1.6
干砌块石	2.0
浆砌块石或浆砌砖	3.0
混凝土	4.0

注：1. 表中数适用于明渠水深 h 为 0.4～1.0 m 范围内。

2. 如 h 在 0.4～1.0 m 范围以外时，表中管道的最大流速应乘以下系数：$h<0.4$ m，系数 0.85；$h>1.0$ m，系数 1.25；$h\geqslant 2.0$ m，系数 1.40。

3. 最小设计坡度

在污水管网设计时，通常使管道敷设坡度与设计区域的地面坡度基本一致，在地势平坦或管道走向与地面坡度相反时，尽可能减小管道敷设坡度和埋深对于降低管道造价显得尤为重要。但由该管道敷设坡度形成的流速应等于或大于最小设计流速，以防止管道内发生沉淀。因此，将相应于最小设计流速的管道坡度称为“最小设计坡度”。

一般管径 200 mm 的最小设计坡度为 0.004；管径 300 mm 的最小设计坡度为 0.003；较大管径的最小设计坡度由最小设计流速保证。

4. 最小管径

为减小堵塞概率，使养护工作更方便，同时降低养护费用，常规定一个允许的最小管径。在街区和厂区内最小管径为 200 mm，在街道下的最小管径为 300 mm。所以，当管道粗糙系数为 $n_M=0.014$ 时，若街区和厂区内管道设计流量小于 9.19 L/s；街道下的管道设计流量小于 14.63 L/s，即可直接采用最小管径和最小坡度。

5. 污水管道埋设深度

污水管道的埋没深度是指管道的内壁底部与地面的垂直距离，简称为管道埋深，如图 5.1 所示。管道的顶部离开地面的垂直距离称为覆土厚度。在实际工程中，污水管道的造价由选用的管道材料、管道直径、施工现场地质条件和管道埋设深度四个主要因素决定，合理地确定管道埋设深度可以降低管道建设投资。一般污水管道的最小覆土厚度应满足三个因素的要求：① 防止管道内污水冰冻和因土壤冰冻膨胀而损坏管道；② 防止地面荷载而破坏管道；③ 满足街区污水连接管衔接的要求。对每一个具体设计管段，从这三个不同的因素出发，可以得到三个不同的管底埋深或管顶覆土厚度值，这三个数值中的最大值是这一管道的允许最小覆土厚度或最小埋设深度。

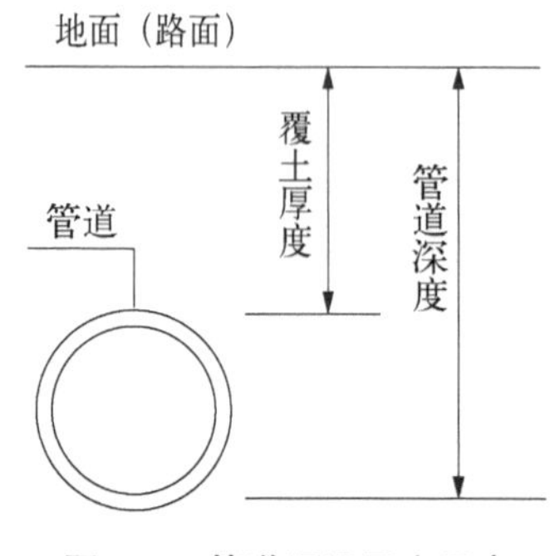

图 5.1 管道埋设深度示意

除考虑管道的最小埋深外，还应考虑最大埋深问题，污水在管道中依靠重力从高处流向低处。当管道的坡度大于地面坡度时，管道的埋深就愈来愈大，尤其在地形平坦的地区更为突出。管道的最大允许埋深应根据技术经济指标及施工方法而定，因为埋深愈大，造价愈高，施工期也愈长。一般在干燥土壤中，最大埋深不超过 7～8 m；在多水、流沙石灰岩地层中，一般不超过 5 m。

（二）管段设计流量计算

污水管道系统中各管段中的流量是不同的。从管道的上游到下游，其流量随排水面积和设计人口数的增加而增大。为简化计算工作，通常按管道系统中的流量变化情况分段计算。

在污水管渠系统中，任意两检查井间的连续管段，若采用的设计流量不变，管道坡度也不变，则可选取相同的管径，这种可统一计算的连续管段称为“设计管段”。设计管段的划分应以支管接入位置和流量变化为依据。通常根据污水管道的平面布置、街区污水支管及工业企业污水管道接入位置等划分设计管段。设计管段的起讫点在检查井的位置，但是不能把每两个检查井间的管段都划为设计管段。划定设计管段后，还应标定设计管段起讫点处检查井的编号，计算各设计管段的排水面积，确定管段设计流量。

设计管段的排水面积主要根据地形及管道布置形式确定。当街坊污水管道采用低边式布置时，通常假定整块街坊面积的污水都排入其低边一侧的管道内；当街坊污水管道采用围坊式布置时，常以街坊角平分线将街坊面积分成四块，每小块街坊画积的污水流入邻近的污水管道。

流入每一设计管段的污水流量包括本段流量和转输流量两部分。本段流量是从该段管道两侧街区流来的污水量。转输流量是从上游管段及旁侧支管流来的污水量。计算起始管段时，其转输流量为零。对于一个设计管段而言，其转输流量是不变的。为了计算方便，通常假定从管道两旁街区或工业企业流来的本段污水流量是集中从管道起端流入设计管段的。本段流量包括沿线流量和集中流量。住宅及中小型公共建筑的污水是沿管道陆续流入城市污水管道的，称为“沿线流量”。工业企业、大型公共建筑等的污水是集中流入城市污水管道的，称为“集中流量”。

（三）污水管道水力计算的步骤

污水管道水力计算的任务是根据城市污水管道的平面布置图，划分设计管段，确定管段的设计流量，计算选定各管段采用的管径、坡度和管底高程。

(1) 在水力计算简图上，由上游管段开始，标注各设计管段起讫点检查井的编号及管段长度。

(2) 由城市污水管道布置图及城市规划图，求得各设计管段起讫点检查井处的地面高程，并将其注在水力计算简图上。计算每一设计管段的地面坡度，作为确定管道坡度的参考。

(3) 逐一计算各管段的设计流量。

(4) 从管道系统的控制点开始，自上游向下游，逐段计算各设计管段的管径。确定管径的方法是采用污水管道直径选用图，根据已知的设计流量和坡度，在图中可以确定一个点，该点所处区域即可选定一个合适的管径。然后根据设计流量、坡度和管径计算出管内实际的充满度和流速，进行校核。

(5) 计算设计管段的管底高程。在城市污水管道详细规划时，不仅要确定管道的平面位置、管径等，而且要考虑管道的高程布置。根据管段的设计坡度计算管段两端的高差。管段两端的高差称为“降落量”，其值等于管段坡度与管段长之积。确定管网起端的标高时，应注意满足埋深的要求。同时注意各管段在检查井中的衔接方式，保证下游管道上端的管底不得高于上游管道下端的管底。

(6) 绘制污水管道规划图。城市污水管道系统总规划图是排水系统总体规划图的重要组成部分，应根据城市总体规划图绘制。一般只画出污水主干管和干管，它们常用单线表示。在管线上应画出设计管段起讫点检查井的位置并编号，注明管道长度、管道断面尺寸及管道坡度。

城市污水管道详细规划图，除按总体规划图的要求绘制外，尚需画出支管及工业企业、大型公共建筑等集中污水量出口位置。其比例尺可与城市小区详细规划图的比例一致，一般采用 1/2 000～1/500。

污水管道纵剖面图反映管道沿线高程位置，它应和管道平面布置图对应。应在纵剖面图上画出地面高程线、管道高程线(常用双线表示管顶与管底)，画出设计管段起讫点处检查井及主要支管的接入位置与管径。在管道纵剖面图的下方注明检查井的编号、管径、管段长度、管道坡度、地面高程和管底高程等。污水管道纵剖面图常用的比例为：横向 1/1 000～1/500，纵向 1/100～1/50。

第四节　城市雨水管网设计

一、雨水管渠系统及其布置原则

雨水管渠系统是由雨水口、雨水管渠、检查井、出水口等构筑物所组成的一整套工程设施。按我国传统雨水排除方式，雨水管渠系统布置的主要任务，是要使雨水顺利地从建筑物、工厂区或居住区、街道及广场等地排泄出去，既不影响生产，又不影响人民生活，达到既合理又经济的要求。按照这样的设计理念，雨水管渠布置应遵循下列原则。

1. 充分利用地形，就近排入水体

为了有效收集雨水，顺应自然径流规律，在排水规划阶段，首先按地形划分排水区域，再按地形变化布置管线。为减少雨水干管的管径和长度，降低建设费用，雨水管应采用分散和就近排放的原则布置。一般雨水管渠布置采用正交式布置，保证雨水管渠以最短路线，较小的管径把雨水就近排入水体。

2. 尽量避免设置雨水泵站

由于暴雨形成的径流量大，雨水泵站的投资也很大，而且雨水泵站一年中运转时间短，利用率很低。因此，应尽可能利用地形，使雨水靠重力流排入水体，而不设置泵站。但在某些地势平坦、区域较大或受潮汐影响的城市，不得不设置雨水泵站的情况下，要把经过泵站排泄的雨水径流量减少到最小限度。

3. 结合街区及道路规划

街区内部的地形、道路布局和建筑物的布置是确定街区内部雨水地面径流分配的主要因素。雨水管渠常常沿街道敷设，但是干管(渠)不宜设在交通量大的干道下，以免积水时影响交通。雨水干管(渠)应设在排水区的低处道路下。干管(渠)在道路横断面上的位置最好位于人行道下或慢车道下，以便检修。

4. 结合城市竖向规划

城市竖向规划的主要任务之一是研究在规划城市各部分高度时，如何合理地利用自然地形，使整个流域内的地面径流能在最短时间内，沿最短距离流到街道，并沿街道边沟排入最近的雨水管渠或天然水体。

5. 合理设置雨水口

城市道路和街道担负着城市的主要交通功能，在道路两侧设置雨水口，是为了及时收集和排除道路的降雨积水，保证城市交通的安全畅通。道路或街道两侧雨水口的纵向间距主要取决于街道纵坡、路幅宽度、路面积水情况以及雨水口的进水量，一般为 25～50 m。当道路纵坡大于 0.02 时，雨水口的间距可大于 50 m，其形式、数量和布置应根据具体情况计算确定。

道路或街道交汇处雨水口设置的位置应根据交叉口竖向设计结果确定，一般可按道路路面的倾斜方向来决定。

位于山坡下或山脚下的城镇，应按城市排洪沟设计原则规划建设截洪沟，以拦集坡上径流，保护市区。截洪沟的雨水应通过独立的排洪沟直接排入下游河道，不应进入普通雨水管渠，因为普通市政排水管道服务面积仅考虑市区范围，市政排水设计流量与排洪沟设计流量计算体系不一样，因而所确定的建设规模不同。

二、雨水管渠水力计算

1. 水力计算方法

雨水管渠水力计算公式同污水管道一样采用均匀流公式，参见《室外排水设计标准》(GB 50014—2021)，按满流计算。计算的控制参数与污水管道有所不同。

2. 雨水管渠设计计算参数规定

为使雨水管渠正常工作，对雨水管渠水力计算基本参数作如下技术规定。

(1) 设计充满度：在目前雨水排水方式中，认为雨水较污水清洁，加上所采用较高的设计重现期的暴雨强度对应的降雨历时一般不会很长，且从减少工程投资的角度来讲，雨水管渠允许溢流。故雨水管和合流管道的充满度按满流考虑，即 $h/D=1$，明渠则应有等于或大于 0.20 m 的超高。

(2) 设计流速：① 为避免雨水所挟带的泥沙等无机物质在管渠内沉淀下来而堵塞管道，雨水管道和合流管道的最小设计流速为 0.75 m/s；明渠内最小设计流速为 0.4 m/s；② 为防止管壁受到冲刷而损坏，雨水管道的最大设计流速为：金属管道 10 m/s，非金属管道 5 m/s；明渠内水流深度为 0.4～1.0 m，最大设计流速按表 5.3 选择。

(3) 最小管径和最小设计坡度：雨水管道和合流管道最小管径为 300 mm，相应的最小坡度是塑料管为 0.002，其他管材为 0.003；雨水口连接管最小管径为 200 mm，最小坡度为 0.01。

(4) 最小埋深与最大埋深：具体规定同污水管道。

三、雨水管渠设计步骤

城市雨水排水工程的建设，大部分是与城市道路设施建设和城区综合配套改造工程建设同步实施，雨水排水工程设计也分为初步(方案)设计和施工图设计。此处重点就雨水管渠的初步设计和施工图设计步骤阐述如下。

(1) 划分排水流域与管渠定线：根据地形以及道路、河流的分布状况，结合城市总体规划图，划分排水流域，进行管渠定线，确定雨水管渠位置和走向。

(2) 划分设计管段及沿线汇水面积：雨水管渠设计管段的划分应使设计管段服务范围内地形变化不大，没有大流量的交汇，一般控制在 200 m 以内。如果管段划得较短，则计算工作量增大；设计管段划得太长，则设计计算不够精确。

应结合地面坡度、汇水面积的大小、雨水管渠布置以及雨水径流的方向等情况划分各设计管段汇水面积。并将每块面积进行编号，列表计算其面积。

管段划分多以街区为界或有支管接入点为节点，管段节点编号与检查井编号重合，一个计算管段可能包含若干个检查井。

(3) 确定设计计算基本数据，计算设计流量：根据各流域的实际情况确定设计重现期、地面集流时间及径流系数等，列表计算各设计管段的设计流量。

(4) 水力计算：在确定设计流量后，从上游管段开始依次进行各设计管段的水力计算，确定出各设计管段的管径、坡度、流速，并根据各管段坡度，并按管顶平接的形式，确定各点的管内底高程及埋深。

(5) 绘制管道平面图和纵剖面图。

第五节　城市排水设施设计

一、排水泵站布置

当排水系统中需设置排水泵站时，泵站建设用地与建设规模、泵站性质、选址的水文地质条件、可想到的内部配套建(构)筑物布置的情况及平面形状、结构形式等因素有关。其用地指标宜按表 5.4 和表 5.5 合理选用。

表 5.4　污水泵站规划用地指标　(单位：$m^2 \cdot s/L$)

建设规模	污水流量/($L \cdot s^{-1}$)				
	2 000 以上	1 000～2 000	600～1 000	300～600	100～300
用地指标	1.5～3.0	2.0～4.0	2.5～5.0	3.0～6.0	4.0～7.0

注：1. 用地指标是按生产必需的土地面积。
2. 污水泵站规模按最大秒流量计。
3. 本指标未包括站区周围绿化带用地。

表 5.5　雨水泵站规划用地指标　(单位：$m^2 \cdot s/L$)

建设规模	雨水流量/($L \cdot s^{-1}$)			
	20 000 以上	10 000～20 000	5 000～10 000	1 000～5 000
用地指标	0.4～0.6	0.5～0.7	0.6～0.8	0.8～1.1

注：1. 用地指标是按生产必需的土地面积。
2. 雨水泵站规模按最大秒流量计。
3. 本指标未包括站区周围绿化带用地。
4. 合流泵站可参考雨水泵站指标。

排水泵站结合周围环境条件，应与居住、公共设施建筑保持必要的防护距离并进行绿化。防护距离的确定应根据泵站性质、规模、污染程度以及施工及当地自然条件等因素综合确定。

二、城市污水处理厂规划

（一）污水的污染指标

污水的污染物可分为无机性和有机性两大类。无机性的有矿粒、酸、碱、无机盐类、氮磷营养物及氰化物、砷化物和重金属离子等。有机性的有碳水化合物、蛋白质、脂肪及农药、芳香族化合物、高分子合成聚合物等。污水的污染指标是用来衡量水在使用过程中被污染的程度，也称污水的水质指标。

污水的污染指标主要有生物化学需氧量(biochemical oxygen demand, BOD)、化学需氧量(chemical oxygen demand, COD)、悬浮固体(suspended solid, SS)、pH值、氮、磷、有毒化合物、重金属、感官性指标(如颜色、气味等)。

（二）污水性质及排放标准

污水的性质取决于其成分，不同性质的污水反映出不同的特征。城市污水由生活污水和部分工业废水组成。

生活污水含有碳水化合物、蛋白质、脂肪等有机物，具有一定的肥效，可用于农用灌溉。一般生活污水不含有毒物质，但含有大量细菌和寄生虫卵，也可能包括致病菌，具有一定危害。生活污水的成分比较固定，只是浓度随生活习惯、生活水平有所不同。

生产污水的成分主要取决于生产过程中所用的原料和工艺情况，所含成分复杂多变，多半具有危害性。各工厂的污水情况要具体分析。

污水排放标准主要有《污水综合排放标准》(GB 8978—1996)、《城镇污水处理厂污染物排放标准》(GB 18918—2002)等。

（三）污水处理技术概述

污水处理技术是采用各种方法将污水中所含有的污染物分离出来，或将其转化为无害和稳定的物质，从而使污水得到净化。

现代的污水处理技术，按其作用原理可分为物理法、化学法和生物法三类。

1. 物理法

污水的物理处理法，就是利用物理作用，分离污水中主要呈悬浮状态的污染物质，在处理过程中不改变其化学性质。属于物理法的处理技术有以下几种。

(1) 沉淀(重力分离)。利用污水中的悬浮物和水的相对密度不同的原理，借重力沉降(或上浮)作用，使其从水中分离出来。沉淀处理设备有沉砂池、沉淀池及隔油池等。

(2) 筛滤(截留)。利用筛滤介质截留污水中的悬浮物。筛滤介质有钢条、筛网、砂、布、塑料、微孔管等。属于筛滤处理的设备有格栅、微滤机、砂滤池、真空滤机、压滤机(后两种多用于污泥脱水)等。

(3) 气浮。此法是将空气打入污水中，并使其以微小气泡的形式由水中析出，污水中比重近于水的微小颗胶状的污染物质(如乳化油等)黏附到空气泡上并随气泡上升至水面，形成泡沫浮渣而去除。根据空气打入方式的不同，气浮处理设备有加压溶气气浮法、叶轮气浮法和射流气浮法等。为了提高气浮效果，有时需向污水中投加混凝剂。

(4) 离心与旋流分离。利用悬浮固体和废水质量不同造成的离心力不同，让含有悬浮固体或乳化油的废水在设备中高速旋转，结果质量大的悬浮固体被抛甩到废水外侧，使悬浮体与废水分别通过不同排出口得以分离。旋流分离器有压力式和重力式两种。

(5) 反渗透。用一种特殊的半渗透膜，在一定的压力下将水分子压过去，溶解于水中的污染物质则被膜所截留，污水被浓缩，被压透过膜的水就是处理过的水。反渗透法是膜分离技术的一种，属于膜分离技术的还有电渗析、渗析等。

属于物理法的污水处理技术还有蒸发等。

2. 化学法

污水的化学处理法，就是通过投加化学物质，利用化学反应作用来分离、回收污水中的污染物，或使其转化为无害的物质。属于化学处理法的有以下几种。

(1) 混凝法。水中呈胶体状态的污染物质，通常带有负电荷，胶体颗粒之间互相排斥，形成稳定的混合液，若向水中投加带有相反电荷的电解质(即混凝剂)，可使污水中的胶体颗粒改变为呈电中性，失去稳定性，并在分子引力作用下，凝聚成大颗粒而下沉。这种方法用于处理含油废水、染色废水、洗毛废水等，其可以独立使用，也可以和其他方法配合，作预处理、中间处理、深度处理工艺等。常用的混凝剂有硫酸铝、碱式氯化铝、硫酸亚铁、三氯化铁等。

(2) 中和法。用于处理酸性废水或碱性废水。向酸性废水中投加碱性物质，如石灰、氢氧化钠、石灰石等，使废水变为中性。对碱性废水可吹入含有二氧化碳的烟道气进行中和，也可用其他酸性物质进行中和。

(3) 氧化还原法。废水中呈溶解状态的有机或无机污染物，在投加氧化剂或还原剂后，由于电子的迁移而发生氧化或还原作用，使其转变为无害的物质。常用的氧化剂有空气、纯氧、漂白粉、氯气、臭氧等，氧化法多用于处理含酚、氰废水。常用的还原剂有铁屑、硫酸亚铁、亚硫酸氢钠等。还原法多用于处理含铬、含汞废水。

(4) 电解法。在废水中插入电极并通以电流，则在阴极板上接受电子，在阳极板放出电子。在水的电解过程中，在阳极上产生氧气，在阴极上产生氢气。上述综合过程使阳极上发生氧化作用，在阴极上发生还原作用。目前，电解法主要用于含铬及含氰废水。

(5) 吸附法。将污水通过固体吸附剂，使废水中的溶解性有机污染物吸附到吸附剂上，常用的吸附剂为活性炭、硅藻土、焦炭等。此法可吸附废水中的酚、汞、铬、氰等有毒物质。此法还有脱色、脱臭等作用。一般也用于深度处理。

(6) 离子交换法。使用离子交换剂，其每吸附一个离子，同时释放一个等当量的离子。常用的离子交换剂有无机离子交换剂(沸石)和有机离子交换树脂。离子交换法在废水处理中应用广泛。

(7) 化学沉淀法。通过向废水中投加化学药剂，使之与要除去的某些溶解物质反应，生成难溶盐沉淀下来。此法多用于处理含重金属离子的工业废水。

(8) 电渗析法。通过一种离子交换膜，在直流电作用下，废水中的离子朝相反电荷的极板方向迁移，阳离子能穿透阳离子交换膜，而被阴离子交换膜所阻；同样，阴离子能穿透阴离子交换膜，而被阳离子交换膜所阻。污水通过由阴、阳离子交换膜所组成的电渗析器时，污水中的阴、阳离子得到分离，达到浓缩和处理的目的。此法可用于酸性废水回收、含氰废水处理等。

属于化学法处理技术的还有汽提法、吹脱法和萃取法等。

3. 生物法

污水的生物处理法，就是利用微生物新陈代谢功能，使污水中呈溶解和胶体状态的有机污染物被降解并转化为无害的物质，使污水得以净化，属于生物处理法的工艺有以下4种。

(1) 活性污泥法。这是目前使用很广泛的一种生物处理法。将空气连续鼓入曝气池的污水中，经过一段时间，水中即形成繁殖有大量好氧性微生物的絮凝体——活性污泥，活性污泥能够吸附水中的有机物，生活在活性污泥上的微生物以有机物为食料，获得能量并不断生长增殖，有机物被去除，污水得以净化。

从曝气池流出的并含有大量活性污泥的污水——混合液，经沉淀分离，水被净化排放，沉淀分离后的污泥作为种泥，部分地回流曝气池。

活性污泥法自出现以来，经过不断演变，出现了各种活性污泥的方法，但其原理和工艺过程没有根本性的改变。

(2) 生物膜法。使污水连续流经固体填料(碎石、炉渣或塑料蜂窝)，在填料上能够形成污泥状的生物膜，生物膜上繁殖着大量的微生物，能够起到与活性污泥同样的净化作用，吸附和降解水中的有机污染物，从填料上脱落下来的衰死生物膜随污水流入沉淀池，经沉淀池被澄清净化。

生物膜法有多种处理构筑物，如生物滤池、生物转盘、生物接触氧化以及生物流化床等。

(3) 自然生物处理法。利用在自然条件下生长、繁殖的微生物处理污水，形成水体(土壤)—微生物—植物组成的生态系统对污染物进行一系列的物理、化学和生物的净化。生态系统可对污水中的营养物质充分利用，有利于绿色植物生长，实现污水的资源化、无害化和稳定化。该法工艺简单、费用低、效率高，是一种符合生态原理的污水处理方式。但容易受自然条件影响，占地较大。主要有稳定塘、水生植物塘、水生动物塘、湿地、土地处理及上述工艺的组合系统。

其中，稳定塘利用塘水中自然生长的微生物(好氧、兼性和厌氧)分解废水中的有机物。由在塘中生长的藻类的光合作用和大气复氧作用向塘中供氧。其生化过程与自然水体净化过程相似。稳定塘按微生物反应类型分为好氧塘、兼性塘、厌氧塘、曝气塘等。土地处理是以土地净化为核心，利用土壤的过滤截留、吸附、化学反应和沉淀及微生物的分解作用处理污水中的污染物。农作物可充分利用污水中的水分和营养物。污水灌溉是一种土地处理方式。

(4) 厌氧生物处理法。利用兼性厌氧菌在无氧的条件下降解有机污染物。主要用于处理高浓度、难降解的有机工业废水及有机污泥。主要构筑物是消化池，近年来开发了厌氧滤池、厌氧转盘、上流式厌氧污泥床、厌氧流化床等高效反应装置。该法能耗低且能产生能量，污泥产量少。

4. 污泥的处置利用

污泥是污水处理的副产品。污泥含有水分和固体物质，主要是所截留的悬浮物质及经过处理后的胶体物质和溶解物质所转化而来的产物。污泥聚集了污水中的污染物，还含有大量细菌和寄生虫卵，所以必须经过适当处理，防止二次污染。现在大量未经稳定处理的污泥已成为城市污水处理厂的沉重负担和环境污泥的极大威胁。在城市给水排水规划工程中，必须考虑污泥的出路，减少污泥对环境的污染。

（四）污水处理工艺流程的选择

污水处理厂的工艺流程是指在保证处理水达到所要求的处理程度的前提下，所采用的污水处理技术和污泥处理技术各单元的有机组合。污水处理工艺流程选定主要以下列各项因素作为依据。

（1）污水的处理程度。污水的处理程度是污水处理工艺流程选定的主要依据，污水的处理程度又主要取决于处理水的出路和去向。污水处理程度根据当地环境保护部门对该水体规定的水质标准进行确定。当处理水回用时，无论回用的途径是城市景观水域的补给水还是农业灌溉，在进行深度处理之前，城市污水必须经过完整的二级处理。

（2）原污水的水量与污水流入工况。除水质外，原污水的水量也是选定处理工艺需要考虑的因素，水质、水量变化较大的原污水，应考虑设调节池或事故贮水池，或选用承受冲击负荷能力较强的处理工艺。

（3）当地的各项条件。当地的地形、气候等自然条件，原材料、电力供应等也对污水处理工艺流程的选定具有一定的影响。例如，当地拥有农业开发利用价值不大的旧河道、洼地、沼泽地等，可以考虑采用稳定塘、土地处理等污水的自然生物处理系统。在寒冷地区应当采取适当的技术措施后，在低温季节也能够正常运行，并保证取得达标水质的工艺，而且处理构筑物建在露天，以减少建设与运行费用。

（4）工程造价与运行费用。减少占地面积是降低建设费用的重要措施，对污水处理厂的经济效益和社会效益有着重要的影响。

以原污水的水质、水量及其他自然状况为已知条件，以处理水应达到的水质指标为制约条件，以处理系统最低的总造价和运行费用为目标函数，建立三者之间相互关系的数学模型，即可确定适合的污水处理工艺。

此外，工程施工的难易程度和运行管理需要的技术条件也是选定处理工艺流程需要考虑的因素。

（五）城市污水处理厂的选址及用地指标

污水处理厂的作用是对生产或生活污水进行处理，以达到规定的排放标准，使之无害于环境。污水处理厂应布置在排水系统下游方向的尽端。一个城市通常建有多个污水处理厂。

选择污水处理厂的用地时，应考虑以下六个问题。

（1）污水处理厂应设在地势较低处，便于城市污水汇流入厂内。其位置应靠近河道，最好布置在城市水体的下游，这样既便于排出处理后的污水，又不致污染城市附近的水面。但要考虑到可能被洪水淹没的问题。

（2）污水处理厂用地的水文地质条件须能满足构筑物的要求，地形宜有一定的坡度，有利于污水、污泥自流。

（3）处理厂应设在城市常年最多风向的下风地带，并与城市居住区边缘保持一定的卫生防护地带。卫生防护地带考虑采用 300 m；经处理后的水如用于农田灌溉时，最好保持 500～1 000 m。

（4）污水处理厂不宜设在雨季容易被水淹没的低洼之处。靠近水体的污水处理厂，厂址标高应在二十年一遇洪水位以上，不受洪水威胁。

（5）处理厂应有两个供电电源。

（6）选择处理厂厂址时，还要为城市发展和污水厂本身发展留有足够的备用地。

第六节　城市排水专项规划与设计工程案例

以本书第四章第五节案例为工程项目背景，该项目的排水工程设计的主要内容是设计范围内布设雨、污水管及检查井的设计。排水设计采用雨污分流制排水体制，雨水就近排入周边水体或过路箱涵，污水由东往西排入望城污水处理厂进行处理。

一、排水现状

1. 现状水系及水文资料

本次设计道路沿线水系丰富，除外围湘江、八曲河、沩水河外，沿线主要有 1 处荷塘撇洪渠，并有大泽湖、史家湖、张家湖等多个湖泊。

本次设计道路北侧为湘江，沿线两侧地块大部分为鱼塘农田及村庄，为待开发建设区域。设计道路线位横跨上述部分水系及湖泊，如荷塘撇洪渠、大泽湖等。另外，有一些农田灌溉渠横穿设计道路线位。

(1) 湘江。湘江至靳江河口入长沙市区，至沙河口再入望城区，河床折向西北斜穿而下洞庭。湘江在滨水新城范围内长 19.14 km，平均水面宽 1 300 m，有河心洲 4 处，河道基本顺直。

湘江航电枢纽工程于 2009 年 10 月开始建设，坝址位于望城区蔡家洲。湘江航电枢纽建成后，其坝上游常水位提升为 29.7 m。本次设计道路段湘江均在坝址上游，湘江常水位均为 29.7 m。根据长沙市望城区滨水新城核心区控制性详细规划和城市设计成果，湘江防洪标准为 100 年一遇。根据长沙市城市防洪工程初步设计水面线计算成果，铁路桥段 100 年一遇洪水水位为 36.47 m，港口河段 100 年一遇洪水水位为 36.17 m，枫树港段 100 年一遇洪水水位为 35.85 m。

(2) 荷塘撇洪渠。荷塘撇洪渠发源于荷塘路和月亮岛路交汇处，由西南向东北于许家洲处注入湘江，全长约 5 271 m，汇水面积约 7.8 km^2。荷塘撇洪渠入湘江口处为涵闸，箱涵尺寸为 3 孔 4 m×3.5 m，涵底高程为 31.10 m。

根据《望城滨水新城核心区水系保护利用规划》成果，荷塘撇洪渠为高区排水通道，雨水自排入湘江。应保证岸线高于湘江百年一遇水位并留有相应富余，规划岸线标高不低于 38 m。沿线高程高于 38 m 的地块雨水直接通过荷塘撇洪渠自排入湘江，高程低于 38 m 的地块雨水根据外江水位高低抽排或自排入江。

(3) 大泽湖。大泽湖位于本次设计道路以南、金星大道以北，湖面面积约为 233 100 m^2，湖面常水位为 28.2 m，目前湖区附近多为农田及自然生态湿地。

根据《望城滨水新城核心区水系保护利用规划》成果，规划大泽湖湖面面积为 854 866 m^2，大泽湖规划湖底高程为 27.60 m，规划水面高程为 29.60 m，允许最高水面 30.50 m，湖体岸线不低于 31.50 m。

(4) 张家湖。张家湖位于老马桥河东侧，雷锋大道东南侧，湖面面积约为 671 000 m^2，有效容积 671 000 m^3。

根据《望城滨水新城核心区水系保护利用规划》成果，规划张家湖湖面面积为 684 115 m^2，张家湖规划湖底高程为 26.50 m,规划水面高程为 29.30 m,允许最高水面 30.50 m,湖体岸线不低于 31.50 m。

(5) 史家湖。张家湖位于马桥河与老马桥河之间,现湖面面积约为 373 000 m^2。

根据《望城滨水新城核心区水系保护利用规划》成果,现将史家湖地块为改居住用地性质。

2. 污水处理设施

设计道路所在区域属于望城污水处理厂服务范围,望城县污水处理厂位于望城区西北侧,占地约 4.3 hm^2,现处理规模 8×10^4 m^3/d,远期处理规模 2×10^5 m^3/d,规划占地约 15.6 hm^2。

3. 排渍泵站

除荷塘撇洪渠是高排渠,所收集的雨水直排湘江外,本次设计道路周边区域均为抽排区,有 4 处排渍泵站,分别是枫树港泵站、板凳形排渍泵站、乔拱排渍泵站、港口河排渍泵站,如图 5.2 所示。

图 5.2 现排渍泵站示意图

(1) 枫树港排渍泵站。枫树港排渍泵站位于枫树港桥东侧,潇湘大道景观道南侧,设计流量为 56 m^3/s,设计扬程为 9 m。泵站分两期实施,一期装机容量为 2×800 kW+2×280 kW,二期装机容量为 6×800 kW,一期建设完成于 2012 年。

(2) 板凳形排渍泵站。板凳形排渍泵站位于腾飞村,潇湘大道景观道南侧,建设完成于 2010 年,泵站装机型号为 900QZB-50,装机容量为 6×250 kW,设计流量为 13.3 m^3/s,设计扬程为 8 m。

(3) 乔拱排渍泵站。乔拱排渍泵站位于腾飞村,潇湘大道景观道南侧,建设完成于 2010 年,泵站装机型号为 700QZB-70,装机容量为 4×160 kW,设计流量为 4.3 m^3/s,设计扬程为 8 m。

(4) 港口河排渍泵站。港口河排渍泵站位于回龙村，潇湘大道景观道南侧，建设完成于2010年，泵站装机型号为900QZB－50，装机容量为4×250 kW，设计流量为8.9 m^3/s，设计扬程为8 m。

二、排水工程规划与设计

排水工程是系统性工程，必须充分考虑设计道路与周边道路、地块的衔接，预留其他道路及地块产生的转输容量。本次排水工程设计以《长沙望城滨水新城主城区给排水专项规划》(下称"《专项规划》")成果为基础，在不改变排水系统性的前提下，优化规划方案，进行深化设计。

(一) 污水工程

1.《专项规划》污水规划成果解读

(1) 规划排水体制。滨水新城主城区采用完全雨污分流制排水体制。

(2) 分流制污水流量设计参数。城市人口密度 ρ：100 人/ha；城市单位人口污水排放量 q：0.229～0.314 m^3/人·d。

(3) 污水系统规划。滨水新城主城区以石长铁路为界，石长铁路以北污水排往望城污水处理厂进行处理，石长铁路以南污水排往岳麓污水处理厂进行处理，道路红线宽度超过40 m的道路必须双侧布置污水管道。

本次设计道路是潇湘大道交通道石长铁路以北部分，道路南侧规划设置2处污水提升泵站，将交通道污水管道所收集的污水抽送至雷锋路东侧d1600污水主干管，并最终将污水送至望城污水处理厂进行处理。《专项规划》中石长铁路以南部分污水系统如图5.3所示。

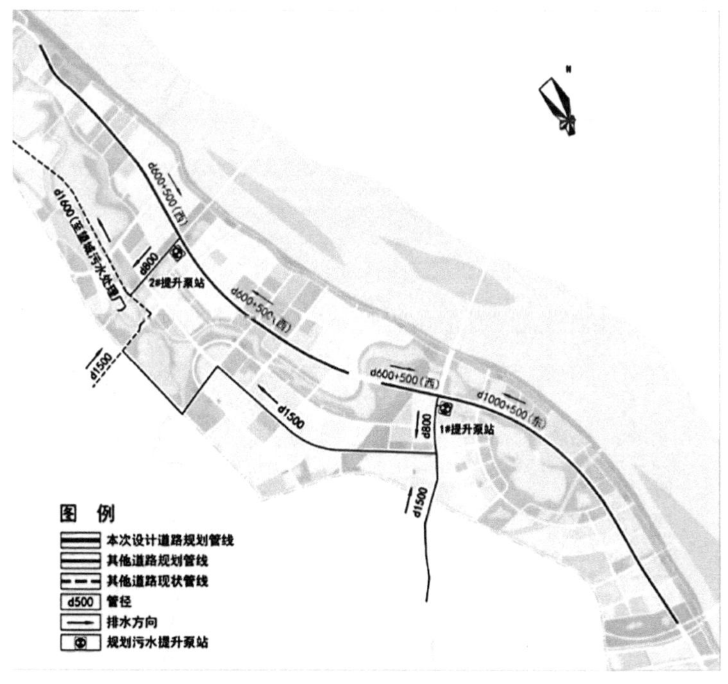

图5.3　污水工程规划系统图

2. 规划成果优化

《专项规划》重点从系统的角度对污水管线进行了规划，在具体施工设计过程中，则要根据具体情况对规划方案进行优化调整，比如过路箱涵、人行通道的避让等问题，以满足施工要求。本次规划成果优化主要从以下 3 方面进行。

(1) 污水管径优化。根据远期管道服务范围内的污水量、相交道路规划污水管的管径优化调整本次设计道路的污水管管径，并对《专项规划》没有涉及的其他相交道路进行污水管道接口预留。

(2) 管道埋深优化。本次设计道路有枫树港泵站、板凳形泵站、乔拱泵站及港口河泵站的进站过路箱涵及预留人行地下通道等相关设施，本次设计管道需要对此进行避让。

由于人行地下通道近期不施工，因此排水管道在埋深上预留一定高差，待远期通道实施的时候，再将排水管道迁移至人行通道两侧，同时满足排水自流排放的要求。

旺旺东路、吴家冲路等道路正在进行道路设计，本次设计的污水管道也要考虑与这些道路上设计污水管道高程上的衔接。

(3) 预留接户井。设计道路两侧为未开发用地，本次道路设计时结合《长沙市望城区滨水新城核心区控制性详细规划和城市设计》用地规划，在需要排水的地块预留污水接户井，供远期地块开发后污水接入。

3. 污水工程设计

重点从管径、埋深等方面对《专项规划》成果进行深化，污水分区以及优化后的污水设计平面图如图 5.4、图 5.5 所示。

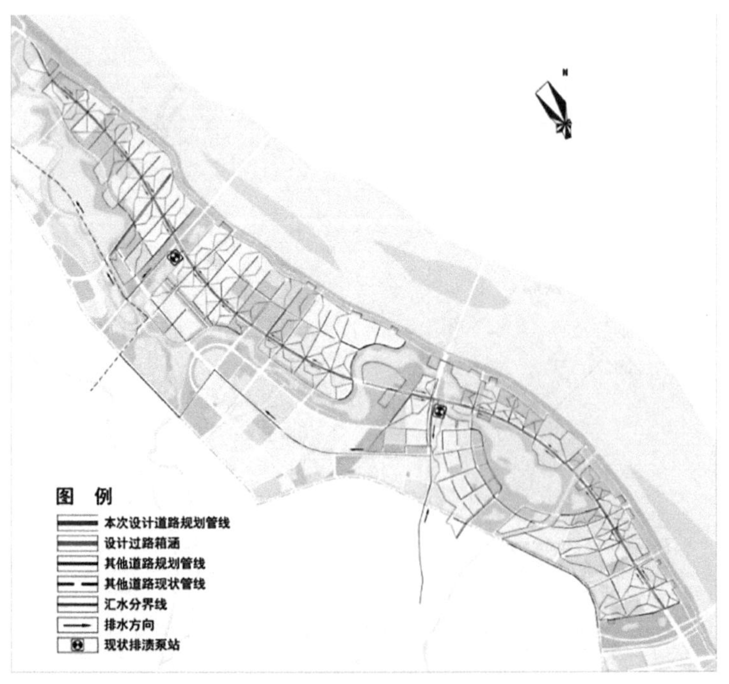

图 5.4　污水纳污分界图

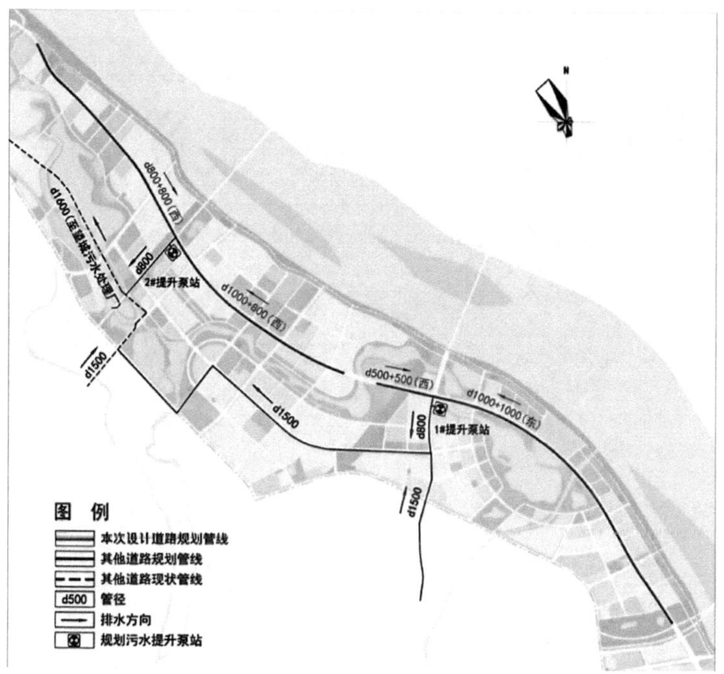

图 5.5　污水工程设计平面图

（二）雨水工程

1.《专项规划》雨水规划成果解读

(1) 雨水量计算采用长沙市暴雨强度公式和雨量公式计算，暴雨强度公式如式(5.10)所示。

$$q = 2\,150.5(1 + 0.41\lg P)/(t + 13.275)^{0.6846} \tag{5.10}$$

式中：q 为暴雨强度，$L/(s \cdot hm^2)$；t 为降雨历时；P 为重现期，设计重现期 $P=1.5$ 年，立交桥、广场等重要地区 $P=3$ 年。

(2) 综合径流系数。建成区为 0.5～0.7；山地为 0.3～0.5。

(3) 雨水系统规划。根据高水高排、低水低排和分散多点就近排入受纳水体的原则布置雨水管渠，以黄海高程 38 m 为高低区分界线，高程大于 38 m 地块雨水通过高排渠直接排入湘江，高程低于 38 m 地块通过泵站抽排入湘江。道路红线宽度超过 40 m 的道路必须双侧布置雨水管道，且一定距离需设置连通管。

本次设计道路所收集的雨水均为抽排区雨水，其雨水工程规划系统如图 5.6 所示。

2. 规划成果优化

《专项规划》同样重点从系统的角度对雨水管线进行了规划，在具体设计和施工过程中也要根据具体情况对规划方案进行优化调整，以满足施工要求。本次规划成果优化主要从以下五方面进行。

(1) 暴雨强度重现期。结合《长沙市城乡规划局关于〈关于明确市政公用工程排水规划设计标准的函〉的复函》的意见，将本次设计道路暴雨设计重现期提高至 3 年。

(2) 综合径流系数。结合《长沙市望城区滨水新城核心区控制性详细规划和城市设计》

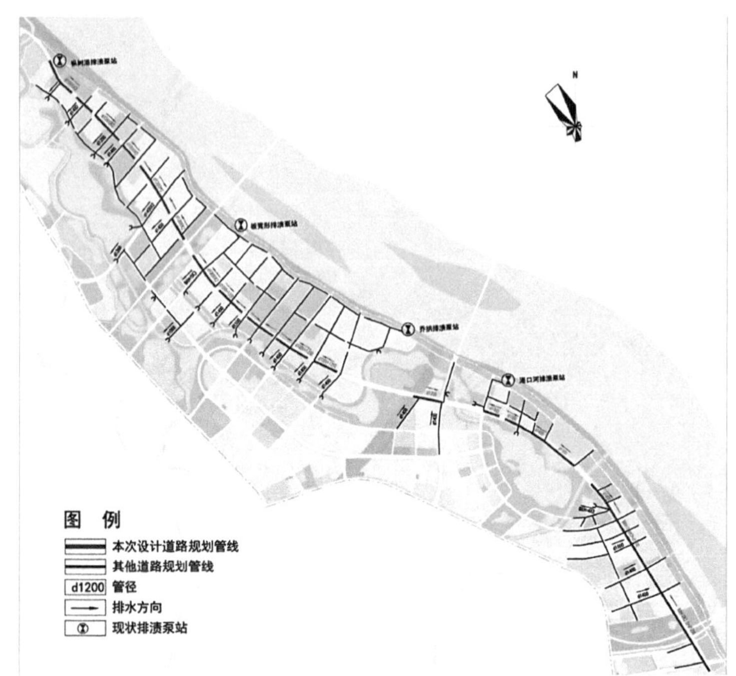

图 5.6 雨水工程规划系统图

用地规划布局，将综合径流系数提高到 0.7。

(3) 雨水管道出口优化。在《专项规划》中，雨水管网系统布置是按远期考虑，雨水就近排入规划水体——黄金河水系中。但是由于建设时序问题，在本次设计道路优先于黄金河水系建设，如果仍按《专项规划》中雨水管网系统组织排放，会导致设计道路上雨水管道所收集的雨水没有出路。

为解决本次设计道路雨水管道出口问题，本次设计以现排水出口为基础(包括现排渍泵站进站箱涵、新管子渠及清水港渠、旺旺东路与吴家冲路设计排水管道等)，在尽量保持《专项规划》中规划雨水管网系统不变的前提下重新划分雨水分区，预留规划相交道路的雨水转输流量，按设计道路高程重新组织雨水排放系统，保证设计道路上雨水的顺利排放，并为远期相交规划道路雨水排放预留排水通道。

(4) 雨水管径及埋深优化。由于暴雨重现期及径流系数都有相应提高，雨水管径需在校核后的汇水分区下按新标准重新核定。同时，雨水管道埋深也要与同时设计的旺旺东路、吴家冲路等道路的设计雨水管道标高相衔接。

(5) 预留接户井。设计道路两侧为未开发用地，本次道路设计时结合《长沙市望城区滨水新城核心区控制性详细规划和城市设计》用地规划，在需要排水的地块预留雨水接户井，供远期地块开发后雨水接入。

3. 雨水工程设计

结合雨水汇水分区图，按设计暴雨重现期、径流系数等指标，重点在管径、埋深方面对《专项规划》成果进行深化。

雨水汇水面积分区图以及优化后的雨水工程设计平面图如图 5.7、图 5.8 所示。

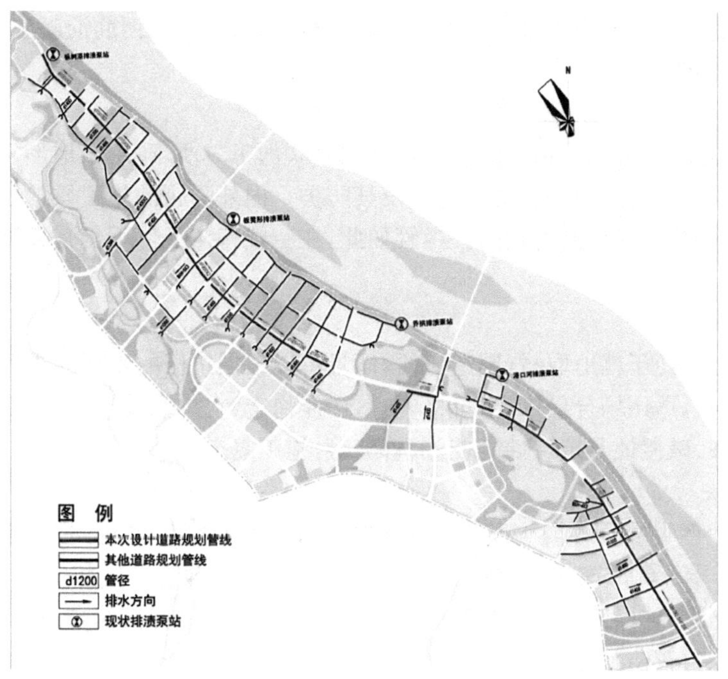

图 5.7　雨水汇水面积分区图

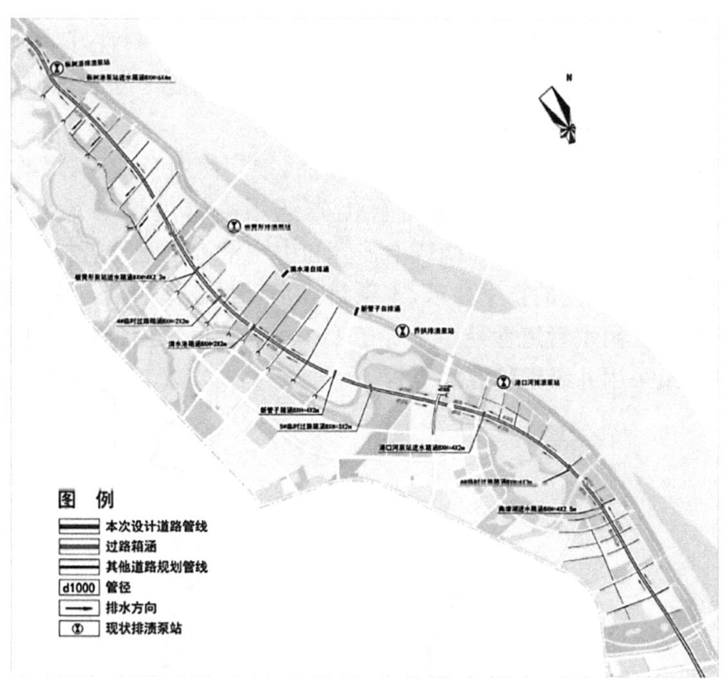

图 5.8　雨水工程设计平面图

（三）管材比选

目前国内用于排水管道工程（包括雨水和污水管道）的管材有许多种，特别是近几年来随着新技术和新材料的发展，又出现了许多新管材，它们各有特点，各有所长，运用在排水行业均有不俗的业绩。一般用于排水管道工程的管材主要有钢管、钢筋混凝土管、玻璃钢夹砂管、高密度聚乙烯管等。

1. 钢管

钢管机械强度大,可承受很高的压力,管件制作、加工方便,适用于地形复杂地段或穿越障碍等情况。但突出的问题是管道的腐蚀及其防护。内外防腐的施工质量直接和管道的使用寿命有关,且钢管的综合造价较高。尽管如此,在一些特殊条件下仍是其他管材所不能替代的。

2. 钢筋混凝土管

钢筋混凝土管便于就地取材,制造方便,而且可以根据抗压的不同要求制成不同类型管材,使用时间最长,适用场合最广泛,价格便宜,性能稳定,在排水管道系统中得到普遍应用。主要缺点是抗酸、碱侵蚀及抗渗性能较差、管节短,施工复杂。

3. 玻璃钢夹砂管

玻璃钢夹砂管质量轻,利于施工安装,耐腐蚀,使用周期长,可达到 50 年,水力性能优,管内壁粗糙度 $n=0.008\sim0.010$,在相同水力条件下,玻璃钢管可代替比它直径大 1~2 档的混凝土管和钢管、球墨铸铁管。但玻璃钢夹砂管同管径管材价格偏高,且抗击集中外力和不均匀外力的能力较弱。

4. 高密度聚乙烯管

高密度聚乙烯管是近几年才兴起的新材料,管材的特点主要有:内壁光滑,水头损失小,节省能耗;材质轻,比重小,便于运输与施工安装;管道接口密封性好,可确保管内污水不外漏,并可顺应地基不均匀沉降,不会产生如硬性混凝土管的脱节断裂现象;耐腐蚀,适用寿命长;单根管道长度长;但价格较贵,适用于中、小管径。

在建设部 2002 年发布的关于《淘汰落后的产品,推广使用新型建材》的文件中,明确提出,1 200 mm 以下口径的埋地排水排污管优先选用高密度聚乙烯双壁波纹管,超过 1 200 mm 可使用玻璃夹砂管、聚乙烯缠绕增强管和中空壁缠绕管等管材。结合以上各种排水管材的各自特点,施工工艺的技术要求,本项目排水管材选择如下:污水管道采用钢带增强型高密度聚乙烯管。雨水管道管径小于等于 DN1200 管道采用钢带增强型 HDPE 管;管径大于 DN1200 管道采用Ⅱ级钢筋混凝土管。

第六章

城市防洪工程及海绵城市规划与设计

第一节　防洪标准及设计洪水流量

一、防洪标准

我国洪水年际间变差很大，要防御一切洪水，彻底消灭洪水灾害，需付出很大代价，从经济、生态环境等角度来看也是不合理的。目前，我国和世界许多国家是根据防护对象的规模、重要性和洪灾损失轻重程度，确定适度的防洪标准，以该标准相应的洪水作为防洪规划、设计、施工和运行管理的依据。

防洪标准是指防护对象防御洪水能力相应的洪水标准。国内、外表示防洪标准的方式主要有以下三种：① 以洪水的重现期(N)或出现频率(P)表示；② 以可能最大洪水(PMF)表示；③ 以调查、实测的某次大洪水或适当加成表示。目前，包括我国在内的很多国家普遍采用的是以洪水的重现期(N)或出现频率(P)表示，因为它比较科学、直观地反映了洪水出现概率和防护对象的安全度。此外，沿海地区的用潮位的重现期来表示防潮标准。

设计标准，是指当发生小于或等于该标准洪水时，应保证防护对象的安全或防洪设施的正常运行。校核标准是指遇该标准相应的洪水时，采取非常措施(在异乎寻常的特殊的时期而实施的措施)，在保障主要防护对象和主要建筑物安全的前提下，允许次要建筑物局部或不同程度的损坏、次要防护对象受到一定的损失。

于 2015 年 5 月 1 日正式实施的《防洪标准》(GB 50201—2014)，针对城市、乡村、工矿企业、交通运输设施等分别给出了防洪标准。

(一) 城市防护区防洪标准

根据政治、经济地位的重要性，常住人口或当量经济规模指标，城市防护区分为四个防护等级，其防护等级和防洪标准应按表 6.1 确定。当量经济规模是防洪保护区人均国内生产总值指数与人口的乘积。在确定城市防洪标准时，应考虑以下因素：城市总体规划确定的中心城区集中防洪保护区或独立防洪保护区内的常住人口规模；城市的社会经济地位；洪水类型及其对城市安全的影响；城市历史洪灾成因、自然及技术经济条件；流域防洪规划对城市防洪的安排。当城市受山地或河流等自然地形分隔时，可分区采用不同的防洪标准。当城市受技术经济条件限制时，可分期逐步达到防洪标准。

(二) 乡村防护区防洪标准

根据人口或耕地面积，乡村防护区分为四个防护等级，其防护等级和防洪标准应按表 6.2 确定。

表 6.1　城市防护区的防护等级和防洪标准

防护等级	重要性	常住人口/万人	当量经济规模/万人	防洪标准(重现期)/年
Ⅰ	特别重要	≥150	≥300	≥200
Ⅱ	重要	<150,≥50	<300,≥100	200～100
Ⅲ	比较重要	<50,≥20	<100,≥40	100～50
Ⅳ	一般	<20	<40	50～20

注：当量经济规模为城市防护区人均 GDP 指数与人口的乘积，人均 GDP 指数为城市防护区人均 GDP 与同期全国人均 GDP 的比值。

表 6.2　乡村防护区的防护等级和防洪标准

防护等级	人口/万人	耕地面积/万亩	防洪标准(重现期)/年
Ⅰ	≥150	≥300	100～50
Ⅱ	<150,≥50	<300,≥100	50～30
Ⅲ	<50,≥20	<100,≥30	30～20
Ⅳ	<20	<30	20～10

人口密集、乡镇企业较发达或农作物高产的乡村防护区，可提高其防洪标准；地广人稀或淹没损失较小的乡村防护区，可降低其防洪标准。蓄、滞洪区的分洪运用标准和区内安全设施的建设标准，应根据批准的江河流域防洪规划的要求分析和确定。

（三）工矿企业防洪标准

根据规模，冶金、煤炭、石油、化工、电子、建材、机械、轻工、纺织、医药等工矿企业分为四个防护等级，其防护等级和防洪标准应按表 6.3 确定。对于有特殊要求的工矿企业，还应根据行业相关规定，结合自身特点经分析论证确定防洪标准。

表 6.3　工矿企业的防护等级和防洪标准

防 护 等 级	工矿企业规模	防洪标准(重现期)/年
Ⅰ	特大型	200～100
Ⅱ	大型	100～50
Ⅲ	中型	50～20
Ⅳ	小型	20～10

注：各类工矿企业的规模按国家现行规定划分。

滨海区中型及以上的工矿企业，当按表 6.3 的防洪标准确定的设计高潮位低于当地历史最高潮位时，还应采用当地历史最高潮位进行校核。

当工矿企业遭受洪水淹没后，损失巨大，影响严重，恢复生产所需时间较长时，其防洪标准可取表 6.3 规定的上限或提高一个等级；当工矿企业遭受洪灾后，其损失和影响较小，很快可恢复生产时，其防洪标准可按表 6.3 规定的下限确定。

当工矿企业遭受洪水淹没后，可能爆炸或导致毒液、毒气、放射性等有害物质大量泄漏、扩散时，中、小型工矿企业防洪标准提升至Ⅰ等；特大、大型工矿企业采用Ⅰ等上限防洪标准，并采取专门的防护措施。核工业和与核安全有关的厂区、车间及专门设施，应采用高于 200 年一遇的防洪标准。

（四）交通运输设施防洪标准

（1）国家标准轨距铁路的各类建筑物、构筑物，应根据铁路在路网中的重要性和预测的近期年客货运量分为两个防护等级，其防护等级和防洪标准应按表 6.4 确定。

表 6.4　铁路防护等级及防洪标准

防护等级	铁路等级	铁路在路网中的作用、性质	近期年客货运量/Mt	防洪标准(重现期)/年			
				设　计			校　核
				路基	涵洞	桥梁	技术复杂、修复困难或重要的大桥和特大桥
Ⅰ	客运专线	以客运为主的高速铁路	—	100	100	100	300
	Ⅰ	在铁路网中起骨干作用的铁路	≥20				
	Ⅱ	在铁路网中起联络、辅助作用的铁路	<20,≥10				
Ⅱ	Ⅲ	为某一地区或企业服务的铁路	>10,≤5	50	50	50	100
	Ⅳ	为某一地区或企业服务的铁路	<5				

注：1. 近期指交付运营后的第 10 年。
2. 年客货运量为重车方向的运量，每天一对旅客列车按 1.0 Mt 年货运量折算。

经过行、蓄、滞洪区铁路的防洪标准，应结合所在河段、地区的行、蓄、滞洪区的要求确定，不得影响行、蓄、滞洪区的正常运用。

工矿企业专用标准轨距铁路的防洪标准，应根据表 6.4 并结合工矿企业的防洪要求确定。

（2）根据公路的功能和相应的交通量，公路的各类建筑物、构筑物分为四个防护等级，其防护等级和防洪标准应按表 6.5 确定。

经过行、蓄、滞洪区公路的防洪标准，应结合所在河段、地区的行、蓄、滞洪区的要求确定，不得影响行、蓄、滞洪区的正常运用。

表 6.5　公路防护等级及防洪标准

<table>
<tr><th rowspan="3">防护等级</th><th rowspan="3">公路等级</th><th rowspan="3">分等指标</th><th colspan="8">防洪标准(重现期)/年</th></tr>
<tr><th rowspan="2">路基</th><th colspan="4">桥　涵</th><th colspan="3">隧　道</th></tr>
<tr><th>特大桥</th><th>大、中桥</th><th>小桥</th><th>涵洞及小型排水构筑物</th><th>特长隧道</th><th>长隧道</th><th>中、短隧道</th></tr>
<tr><td rowspan="2">Ⅰ</td><td>高速</td><td>专供汽车分向、分车道行驶并应全部控制出入的多车道公路,年平均交通量为25 000～100 000 辆</td><td rowspan="2">100</td><td rowspan="2">300</td><td rowspan="2">100</td><td rowspan="2">100</td><td rowspan="2">100</td><td rowspan="2">100</td><td rowspan="2">100</td><td rowspan="2">100</td></tr>
<tr><td>一级</td><td>供汽车分向、分车道行驶并可根据需要控制出入的多车道公路,年平均交通量为15 000～55 000 辆</td></tr>
<tr><td>Ⅱ</td><td>二级</td><td>供汽车行驶的双车道公路,年平均日交通量为 5 000～15 000 辆</td><td>50</td><td>100</td><td>100</td><td>50</td><td>50</td><td>100</td><td>50</td><td>50</td></tr>
<tr><td>Ⅲ</td><td>三级</td><td>供汽车行驶的双车道公路,年平均日交通量为 2 000～6 000 辆</td><td>25</td><td>100</td><td>50</td><td>25</td><td>25</td><td>50</td><td>50</td><td>25</td></tr>
<tr><td>Ⅳ</td><td>四级</td><td>供汽车行驶的双车道或单车道公路,双车道年平均日交通量 2 000 辆以下,单车道年平均日交通量 400 辆以下</td><td>—</td><td>100</td><td>50</td><td>25</td><td>—</td><td>50</td><td>25</td><td>25</td></tr>
</table>

二、确定防洪标准注意事项

(1) 防护对象的防洪标准应以防御的洪水或潮水的重现期表示;对于特别重要的防护对象,可采用可能最大洪水表示。防洪标准可根据不同防护对象的需要,采用设计一级或设计、校核两级。

(2) 各类防护对象的防洪标准应根据经济、社会、政治、环境等因素对防洪安全的要求,统筹协调局部与整体、近期与长期及上下游、左右岸、干支流的关系,通过综合分析论证确定。条件允许时,宜进行不同防洪标准所可能减免的洪灾经济损失与所需的防洪费用的对比分析。

(3) 同一防洪保护区受不同河流、湖泊或海洋洪水威胁时,宜根据其灾害的轻重程度分别确定相应的防洪标准。

(4) 防洪保护区内的防护对象,当要求的防洪标准高于防洪保护区的防洪标准,且能进行单独防护时,应单独确定该防护对象的防洪标准,并采取单独的防护措施。

(5) 当防洪保护区内有两种以上的防护对象,且不能分别进行防护时,该防洪保护区的防洪标准应按防洪保护区和主要防护对象中要求较高者确定。

(6) 对于影响公共防洪安全的防护对象，应按自身和公共防洪安全两者要求的防洪标准中较高者确定。

(7) 防洪工程规划确定的兼有防洪作用的路基、围墙等建筑物、构筑物，其防洪标准应按防洪保护区和该建筑物、构筑物的防洪标准中较高者确定。

(8) 下列防护对象的防洪标准，经论证可提高或降低：① 遭受洪灾或失事后损失巨大、影响十分严重的防护对象，可提高防洪标准；② 遭受洪灾或失事后损失和影响均较小、使用期限较短及临时性的防护对象，可降低防洪标准。

(9) 进行防洪建设，经论证确有困难时，可在报请主管部门批准后，分期实施、逐步达到。

三、设计洪水、涝水和潮水位

(一) 设计洪水

城市防洪工程设计洪水，应根据设计要求计算洪峰流量、不同时段洪量和洪水过程线的全部或部分内容。

计算依据，应充分采用已有的实测暴雨、洪水资料和历史暴雨、洪水调查资料。所依据的主要暴雨、洪水资料和流域特征资料应可靠，必要时，进行重点复核。

计算采用的洪水系列应具有一致性。当流域修建蓄水、引水、提水和分洪、滞洪、围垦等工程或发生决口、溃坝等情况，明显影响各年洪水形成条件的一致性时，应将系列资料统一到同一基础，并进行合理性检查。

设计洪水可采用的计算方法如下。

(1) 洪水流量资料计算设计。城市防洪设计断面或其上、下游邻近地点具有 30 年以上实测和插补延长的洪水流量资料，并有历史调查洪水资料时，可采用频率分析法计算设计洪水。大中型防洪工程基本采用流量资料计算设计洪水。

(2) 暴雨资料推算设计。城市附近没有可以直接引用的流量资料，而所在地区具有 30 年以上实测和插补延长的暴雨资料，并有暴雨与洪水对应关系资料时，可采用频率分析法计算设计暴雨，可由设计暴雨推算设计洪水。

(3) 相近资料计算设计。城市所在地区洪水和暴雨资料均短缺时，可利用自然条件相似的邻近地区实测或调查的暴雨、洪水资料进行地区综合分析、估算设计洪水，也可采用经审批的省(市、区)《暴雨径流查算图表》计算设计洪水。对于山沟、城市山丘区河沟等小流域，也可用推理公式或经验公式法估算设计洪水。

设计洪水计算宜研究集水区城市化的影响。对于城市山丘区河沟设计断面，由于城市化的发展使地面不透水面积增长，暴雨的径流系数增大，洪水量增加，汇流速度加快，使洪峰流量增大和峰现时间提前。在具体设计时，应根据城市发展规划，考虑城市化的这种影响。

(二) 设计涝水

设计涝水是指城市及郊区平原区因暴雨而产生的指定标准的水量。根据防洪工程设计需要，可分别计算设计涝水流量(或排涝模数)、涝水总量及涝水过程线。市政排水管网覆盖区域分区设计涝水，主要与设计暴雨历时、强度和频率，分区面积，建筑密集程度和雨水管设计排水流量等因素有关。设计涝水应根据当地或邻近地区的实测资料分析确定。

(三) 设计潮水位

潮水位(简称潮位)是受潮汐影响而有涨落变化的水位。潮位是防波堤工程设计中一个重要的水文条件，它不仅直接影响防波堤标高的确定，而且影响防波堤结构的计算。防波堤工程的设计水位一般包括：设计高水位、设计低水位、校核高水位和校核低水位四种。

设计水位是指建筑物在正常使用条件下的高水位、低水位。对于海港、海堤的设计高水位、低水位，我国《港口与航道水文规范》(JTS 145—2015)规定采用高潮(即潮峰)累积频率10%和低潮(即潮谷)累积频率90%的水位。以高潮10%(或低潮90%)来看，在总潮次中将有10%潮次的水位比它更高(或更低)。

校核水位是指建筑物在非正常工作条件下的高水位、低水位。这种水位通常不是由单纯的天文因素造成的，而是由寒潮或台风造成的增减水(气象潮)与天文潮组合而成的。防波堤的校核水位，可采用重现期为50年一遇的高、低潮位。

设计潮水位应根据设计要求分析和计算设计高、低潮水位和设计潮水位过程线。

潮水位站有30年以上潮水位观测资料时，可以其作为设计依据站，并根据设计依据站的系列资料分析计算设计潮水位。当只有5年以上但不足30年潮水位观测资料时，可用邻近地区有30年以上资料，且与设计依据站有同步系列的潮水位站作为参证站，可按式(6.1)采用极值差比法计算设计潮水位。

$$h_{sy}=A_{ny}+\frac{R_y}{R_x}[h_{sx}-A_{nx}] \tag{6.1}$$

式中：h_{sx}、h_{sy}为参证站和设计依据站设计高、低潮水位，m；R_x、R_y为参证站和设计依据站的同期各年年最高、年最低潮水位的平均值与平均海平面的差值，m；A_{nx}、A_{ny}为参证站和设计依据站的年平均海平面，m。

(四) 洪水、涝水和潮水遭遇分析

兼受洪、涝、潮威胁的城市，应进行洪水、涝水和潮水遭遇分析，并研究其遭遇的规律。以防洪为主时，应重点分析洪水与相应涝水、潮水遭遇的规律；以排涝为主时，应重点分析涝水与相应洪水、潮水遭遇的规律；以防潮为主时，应重点分析潮水与相应洪水、涝水遭遇的规律。

分析洪水与相应涝水、潮水遭遇情况时，应按年最大洪水(洪峰流量、时段洪量)、相应涝水、潮水位取样，也可按大(高)于某一量级的洪水、涝水或高潮位为基准。分析潮水与相应洪水、涝水，或涝水与相应洪水、潮水遭遇情况时，可按相同的原则取样。

第二节　城市防洪安全布局和防洪体系

一、城市用地防洪安全布局

现代城市建设速度快，城市基础设施、人民生活设施价值高，城市建设必须选择长期安全、可持续发展的地域。因此，在做好洪涝、泥石流等自然灾害的调查研究的基础上，城市用地应遵从如下的规划原则。

(1) 城市建设用地选择必须避开洪涝、泥石流灾害高风险区域。洪涝、泥石流灾害高风险区域是指受洪涝、泥石流灾害威胁严重的地区，这些地区灾害发生概率较大、灾害损害程度较高，防御代价往往较高或修复难度较大，甚至难以修复，城市建设必须避开这些区域。

(2) 城市用地布局应遵循高地高用、低地低用的用地基本原则。城市防洪安全性较高的地区应布置城市中心区、居住区、重要的工业仓储区及重要设施等投资大、影响人民生命安全、损毁后损失巨大的城市功能区。易涝低地可用作生态湿地、公园绿地、广场、运动场等功能区。建设用地难以避开易涝低地时，应根据用地性质采取相应的防洪排涝安全措施。选择填高建设用地、建设调蓄设施、筑堤保护、应急排水等工程措施，确定合理的建设用地竖向控制高程。城市发展中，应加强自然水系保护，禁止随意缩小河道过水断面，并保持必要的水面率，用于调节、下泄、储存雨洪。

(3) 当城市用地受限，只能选择洪涝威胁较高的区域，或由于历史原因无法改变城市所处区域的高洪涝风险时，应选取《防洪标准》(GB 50201—2014)中设定标准区间的上限值，必要时，提高重现期标准。但应结合城市经济条件，尽量控制保护范围，不宜过大，以节省投资及管理、维护等费用，做到技术经济合理。

(4) 防治江河洪水，应当蓄泄兼施，充分发挥河道行洪能力和水库、洼地、湖泊调蓄洪水的功能，加强河道防护，因地制宜地采取定期清淤疏浚等措施，保持行洪通道畅通。城市用地布局必须考虑行洪需要，为洪水出路留出用地空间。禁止在行洪用地空间范围内进行有碍行洪的城市建设活动。

(5) 铁路、公路、机场、港口等区域性交通设施和通信、能源、供水、污水、垃圾处理等区域性公用设施，作为城市可持续发展的支撑体系，应尽量避开洪泛区、蓄滞洪区。如果难以避开，应采取工程措施与非工程措施实现自保及应急避险。

二、城市防洪体系

目前，绝大部分城市防洪不是依靠单一的措施，而是综合采取多种措施组成防洪体系来满足防洪要求。完整的现代城市防洪体系应包括工程措施与非工程措施。

(一) 防洪工程措施

防洪工程措施是指为控制和抗御洪水以减免洪水灾害损失而修建的各种工程措施，主要分为挡洪、泄洪、蓄滞洪及泥石流防治等四类。

(1) 挡洪工程主要包括堤防、防洪闸等设施。首先，江河堤防应考虑现有堤防的利用，同时考虑岸边地形、地质条件，目的是保证堤防稳定、节省工程量、节约投资；其次，要考虑防汛抢险要求，给防汛抢险堆料、运输等留出余地和通道。堤线走向宜与大洪水主流线大致平行，相邻堤段间应平缓连接，以顺应流势，避免水流出现横流、旋涡和冲刷堤防。

江河堤防设计洪水位应按现行行业标准《水利工程水利计算规范》(SL 104—2015)的有关规定计算。

堤顶或防洪墙顶高程的计算公式如式(6.2)和式(6.3)所示。

$$Z = Z_P + Y \tag{6.2}$$

$$Y = R + e + A \tag{6.3}$$

式中：Z 为堤顶或防洪墙顶高程，m；Y 为设计洪(潮)水位以上超高，m；Z_P 为设计洪(潮)水位，m；R 为设计波浪爬高，m，按现行国家标准《堤防工程设计规范》(GB 50286—2013)的有关规定计算；e 为设计风壅增水高度，m，按现行国家标准《堤防工程设计规范》(GB 50286—2013)的有关规定计算；对于海堤，当设计高潮位中包括风壅水面高度时，不另计；A 为安全加高，m，按现行国家标准《堤防工程设计规范》(GB 50286—2013)的有关规定执行。

防洪闸址应选择在水流流态平顺，河床、岸坡稳定的河段。泄洪闸、排涝闸宜选在河段顺直或截弯取直的地点；分洪闸应选在被保护城市上游，且河岸基本稳定的弯道凹岸顶点稍偏下游处或直段。防潮闸闸址宜选在河道入海口处的顺直河段，其轴线宜与河道水流方向垂直。

（2）泄洪工程主要包括河道整治工程，以及排洪渠、截洪沟、非常溢洪道等设施。其中，河道整治应保持河道的自然形态，在稳定河势、维持或扩大河道泄流能力的基础上，兼顾城市航线选择、港口码头布局及相关公用设施建设要求。确需裁弯取直及疏浚（挖槽）时，应与上、下游河道平顺连接。新河河道选择应根据地质、新河平面形态及其与原河上、下游河段的衔接统筹考虑，宜形成新河导流、下游河弯迎流的河势。排洪渠道的作用是将山洪安全排至城市下游河道，渠线布置应与城市规划密切配合。排洪渠渠线选择应在保障雨洪安全排除条件前提下，结合城市用地布局综合考虑，做到渠线平顺、地质稳定、拆迁量少。排洪渠出口受洪水或潮水顶托时，应在排洪渠出口处设置挡洪（潮）闸；必要时应配置泵站，在关闸时，采取泵站提排排洪渠内洪水。

（3）蓄滞洪工程主要包括蓄滞洪区划定，以及蓄滞洪区堤防、分洪口、吐洪口、安全区围堤、安全台、安全楼及疏散通道等设施。

（4）泥石流防治工程主要包括拦挡坝、排导沟、停淤场等设施。泥石流防治应贯彻以防为主，防、避、治相结合的方针，根据当地条件采取综合防治措施。拦挡坝坝址应选择在沟谷宽散段的下游卡口处，拦挡坝可设置单级或多级。排导沟应布置在长度短、沟道顺直、坡降大和出口处具有堆积场地的地带。停淤场宜布置在坡度小、场地开阔的沟口扇形地带。

（二）防洪非工程措施

一般防洪非工程措施包括洪水预报、洪水警报、洪泛区土地划分及管理、河道清障、洪水保险、超标准洪水防御措施、洪灾救济以及改变气候等。城市防洪非工程措施是贯彻“全面规划、统筹兼顾、预防为主、综合治理”原则的重要组成部分，是通过法令、政策、经济手段和工程以外的技术手段，以减轻灾害损失的措施。

（1）城市应充分利用上游水库进行洪水调节，调洪库容及调度应满足城市防洪保护目标要求。城市河流水系上游往往兴建有具备防洪、灌溉、供水、发电及航运等多功能的水库，是流域防洪体系重要的组成部分，对其下游沿岸城市的防洪起到重要的调节与保障作用。一般具有防洪作用的水库会在流域防洪规划中总体考虑，城市防洪规划应充分考虑所在流域的水库对城市的防洪作用。具有防洪作用的水库，其防洪库容确定及防洪调度等应充分满足下游城市防洪的需要。

（2）城市应根据流域防洪规划有关要求分类分区建设和管理蓄滞洪区。区内非防洪建设项目应进行洪水影响评价，并提出防御措施。蓄滞洪区是指包括分洪口在内的河堤背水面以外临时贮存洪水的低洼地区及湖泊等。蓄滞洪区将上游水库不能控制、下游河道无力宣泄的那部分“超额洪水”暂时蓄滞起来，再择机排入河道，达到减轻流域下游洪水或区域洪水威胁的目的。

（3）城市应制定遭遇超设计标准暴雨、超设计标准洪水和突发性水灾时的对策性措施、城市防洪应急预案、病险水库防洪抢险救灾应急预案，并根据气象、水利部门的统计数据和暴雨、洪水预报进行灾害预警，及时启动城市防洪应急预案。受社会经济发展水平及用地空间制约，不可能无限制地提高防洪工程标准。此外，城市上游水库也是城市防洪的潜在威胁，如果发生水库溃坝，有可能对城市带来毁灭性灾害，严重威胁下游人民的生命财产安全。

制定防御超设计标准暴雨、超设计标准洪水和突发性水灾的对策性措施和防洪应急预案，应“以人为本、安全第一、以防为主、防抗结合”，重点加强暴雨及洪水预警预报能力，提高应急调蓄能力及应急组织协调管制能力。当遭遇超设计标准暴雨、超设计标准洪水或突发性水灾时启动防洪应急预案。城市应根据社会经济发展逐步提升城市防洪标准，加快城市防洪保护区建设，保障堤防安全，不断提高城市防洪能力，降低灾害损失。

(4) 城市规划区内的调洪水库、具有调蓄功能的湖泊和湿地、行洪通道、排洪渠等地表水体保护和控制的地域界线应划入城市蓝线进行严格保护。城市蓝线是指城市规划确定的江、河、湖、库、渠和湿地等城市地表水体保护和控制的地域界线，其中包括调洪水库、具有调蓄功能的湖泊和湿地、行洪通道、排洪渠等保障城市防洪功能需求的地域空间界线。城市蓝线管理要求保护蓝线范围内水域及相关陆域的空间地理界线，严禁城市蓝线范围内从事影响水体地理空间稳定、危害岸线安全、妨碍行洪及蓄洪的一切活动。严禁侵占或随意调整蓝线范围。若需调整，必须通过洪水影响评价，确保调整前后防洪功能不降低，并有利于提高城市防洪减灾能力。

(5) 城市规划区内的堤防、排洪沟、截洪沟、防洪(潮)闸等防洪工程设施的用地控制界线应划入城市黄线进行保护与控制。根据《城市黄线管理办法》(中华人民共和国建设部第144号令)，城市黄线是指对城市发展全局有影响的、城市规划中确定的、必须控制的城市交通设施和公用设施用地的控制界线，其中包括堤防、排洪沟、截洪沟、防洪(潮)闸等城市防洪设施用地的控制界线。在城市防洪设施黄线范围内，禁止一切损坏城市防洪设施或影响城市防洪设施安全和正常运转的行为。

(三) 城市防洪体系与协调

城市防洪体系应与流域防洪体系相协调，城市应利用所在流域防洪体系提高自身防洪能力。如武汉市防洪能力依靠堤防仅能防御20～30年一遇洪水，利用流域防洪规划的蓄滞洪区，可基本满足约200年一遇的防洪需要；湖北荆州利用具有流域防洪功能的三峡水库的调洪作用，使自身的防洪能力大幅提升，防洪能力由10年一遇提高到100年一遇。

(四) 城市防洪工程总体布局

城市防洪工程总体布局应根据城市自然条件、洪水类型、洪水特征、用地布局、技术经济条件及流域防洪体系合理确定。不同类型地区的城市防洪工程的构建应符合下列规定。

(1) 山地丘陵地区。城市防洪工程应主要由护岸工程、河道整治工程、堤防建设工程等组成。山丘区河流的平面形态十分复杂，河道曲折多变，岸线和床面极不规整，既影响河道泄流能力，又威胁到沿岸城市的防洪安全。对河道进行整治是山丘区河流沿岸城市防洪的主要工程措施之一，同时加强岸坡防护，特别是地质条件不利地段，确保岸线稳定。山丘区河流沿岸城市多沿河流两岸阶地布置，往往部分地面低于洪水淹没线，会受洪水上涨影响而受淹。因此，堤防建设是山丘区河流沿岸城市部分地区防御洪水的重要工程措施。

(2) 平原地区河流沿岸。城市防洪应采取以堤防为主体，河道整治工程、蓄滞洪区相配套的防洪工程措施。平原区河流沿岸城市，其建设用地往往存在地面高程低于河道设计洪水位的区域，采取的主要防洪工程措施是修建堤防，同时进行河道整治，稳定河势，保护沿岸堤防的稳定，维持或扩大河道泄流能力。遇大洪水，依靠堤防、河道整治工程及水库等仍不能满足防洪要求时，则开辟蓄滞洪区，以蓄纳超额洪水。因此，平原区河流沿岸城市防江河洪水的防洪工程总体布局可由堤防、河道整治工程、蓄滞洪区等共同组成。

(3) 河网地区。城市防洪应根据河流分割形态,分片建立独立防洪保护区,其防洪工程措施由堤防、防洪(潮)闸等组成。在河网地区,城市内部或周围有多条河流,每条河流的洪水都可能对城市构成威胁,应根据城市被河流分割的形态分别进行堤防建设,形成独立、封闭的防洪保护区。为削减各河流之间串流及相互顶托等抬高洪水位的影响,支流交汇处可设置防洪闸,并配合建设排洪渠、泵站等,以便在防洪闸关闭期间及时排出内水。

(4) 滨海城市。防洪应形成以海堤、挡潮闸为主,消浪措施为辅的防洪工程总体布局。海堤的首要任务是保证受风暴潮侵袭和影响地区的防洪(潮)安全,减免风暴潮灾害损失及其风暴潮增水带来的影响,为沿海地区社会经济发展提供防洪安全保障。挡潮闸是用来阻挡潮水倒灌的挡潮建筑物,一般建在河口附近,在涨潮时关闭闸门挡潮,在落潮时开启闸门排泄河水。沿海城市的内河水系往往与海连通,多数情况内河水可以自排入海。但是当海水位高不能自排时,必须通过泵站解决排洪问题。消浪措施主要指方形混凝土桩列、桩基透空堤、矩形浮箱式防浪堤、桩式离岸堤、幕墙式消浪结构等工程消浪措施。应大力推广以防浪林为代表的生物消浪措施,其具有较好的生态环境效益和综合效益,在具备种植条件的海岸,应优先考虑这种消浪方式。

(五) 防凌措施与防洪体系

有凌汛威胁的城市,应将防凌措施纳入城市防洪体系。我国北方及青藏高原广大地区江河中易出现凌汛,在冬季的封河期和春季的开河期有可能发生凌汛。因冰凌对水流的堵塞作用,解冻期还伴随流域面上降水及蓄水增量释放,从而引起显著的涨水现象。当河道里的冰凌严重阻塞水道,且流域面上降水及蓄水增量大量而急剧释放,致使涨水速率快、幅度大时,往往会形成严重灾害。寒冷地区有凌汛威胁的城市,应将防凌观测和清除河道行洪障碍、确保行凌畅通及应急分洪等防凌措施纳入城市防洪体系。

(六) 综合防洪体系

当城市受到两种或两种以上洪水威胁时,应在分类防御基础上,形成相互协调、密切配合的综合性防洪体系。例如,宁波濒临东海,海岸线总长超过 1 500 km,境内河网密布,山溪源短流急,经常遭受海洪、境内河洪和山洪威胁。针对不同的洪灾威胁,宁波市采取了"蓄、堤、疏、分、围、导、清、排"综合治理措施,各分类防御措施在有效应对相应洪灾的同时,还能减轻其他防洪措施的防洪压力,协同构成城市综合防洪体系。

第三节 防洪规划编制

一、防洪规划编制的内容

城市防洪编制应包括:调查研究、城市防洪标准的确定、城市用地安全布局、城市防洪体系规划、防洪工程措施与非工程措施规划六个方面内容。

(1) 调查研究。应主要收集、分析流域与防洪保护区的自然地理、工程地质条件和水文、气象、洪水资料,了解历史洪水灾害的成因与损失,了解城市社会、经济现状与未来发展状况及城市现有防洪设施与防洪标准,广泛收集各方面对城市防洪的要求。

(2) 城市防洪标准的确定。应根据城市洪灾和涝灾情况及其政治、经济上的影响,结合防洪工程建设条件,依据城市规模及重要性划分等级,按现行国家标准《防洪标准》

(GB 50201—2014)和《城市排水工程规划规范》(GB 50318—2017)的有关规定选取。

(3) 城市用地安全布局。应以满足城市防洪要求、保护城市安全为前提，根据可能遭受洪涝灾害损害的程度和概率提出用地和设施布局的合理区划与有利区位，并对现状不合理的用地布局或设施布点提出调整或安全保障对策。

(4) 城市防洪体系规划。应包括堤防、河道整治工程、蓄滞洪区、防洪(潮)闸、排洪渠等防洪工程措施的功能组织及空间安排，以及对非工程措施的总体要求等内容。

(5) 防洪工程措施规划。应包括确定堤防、河道整治工程、蓄滞洪区、排洪渠等重要工程设施的空间位置、规模特征及主要功能参数。

(6) 城市防洪非工程措施规划。主要内容为提出保护防洪工程设施用地空间及安全运行的相关要求，提出蓄滞洪区管理要求和防洪预警及应急策略等。

编制城市防洪规划应注重城市洪水灾害损失分析、城市防洪标准的选取、城市防洪保护范围的确定、城市防洪体系方案研究等方面内容。

二、城市防洪规划成果

城市防洪规划应包括：规划文本、规划图、规划说明书、基础资料汇编四部分的成果。

(1) 规划文本。应以法规条文方式直接叙述主要规划内容的规范性要求。主要内容应包括：规划依据、规划原则、规划期限、城市防洪标准、城市用地安全布局引导、城市防洪体系方案、防洪工程措施及非工程措施等。其中，城市防洪标准、城市用地安全布局原则和防洪工程设施布局为强制性内容。

(2) 规划图。应清晰准确，图文相符，图例一致，并在图纸的明显处标明图名、图例、风玫瑰图、图纸比例、规划期限、规划单位、图签编号等内容。

洪水影响评价图是在城市现状图基础上表示不同频率洪水淹没范围、危害程度、现状防洪区划，分级分区划定洪水灾害重点防御地区或风险较大的地区，表示相关设施保护与建设状态、可能影响城市及区域防洪安全的发展布局、设施建设情况的图纸。其特征是在城市总体规划现状图基础上制图。

城市防洪规划图是在城市总体规划图基础上表示防洪工程建设的位置、用地范围的图纸。其特征是在城市总体规划用地布局图基础上制图，涉及市域的内容可在市域城镇体系规划图基础上制图。

(3) 规划说明书。应分析现状，阐述规划意图和目标，解释和说明规划内容。

(4) 基础资料汇编。应在综合考察或深入调研的基础上，取得完整、正确的现状和历史基础资料，做到统计口径一致或具有可比性。主要基础资料包括：城市气象资料，山洪、江河洪水、湖泊水库洪水、海潮等洪(潮)水水文资料，城市地形资料，城市地质资料，城市社会、经济资料，城市洪涝灾害历史资料，城市防洪区划及防洪工程设施现状资料等。

第四节　海绵城市——低影响开发雨水系统

一、构建途径

海绵城市是指城市能够像海绵一样，在适应环境变化和应对自然灾害等方面具有良好的“弹性”，下雨时吸水、蓄水、渗水、净水，需要时将蓄存的水“释放”并加以利用。

在城市各层级、各相关规划中，均应遵循低影响开发理念，明确低影响开发控制目标，结合城市开发区域或项目特点确定相应的规划控制指标，落实低影响开发设施建设的主要内容。设计阶段应对不同低影响开发设施及其组合进行科学合理的平面与竖向设计，在建筑与小区、城市道路、绿地与广场、水系等规划建设中，应统筹考虑景观水体、滨水带等开放空间，建设低影响开发设施，构建低影响开发雨水系统。低影响开发雨水系统的构建与所在区域的规划控制目标、水文、气象、土地利用条件等关系密切。因此，选择低影响开发雨水系统的流程、单项设施或其组合系统时，需要进行技术经济分析和比较，优化设计方案。低影响开发设施建成后，应明确维护管理责任单位，落实设施管理人员，细化日常维护管理内容，确保低影响开发设施运行正常。低影响开发雨水系统构建途径示意图如图6.1所示。

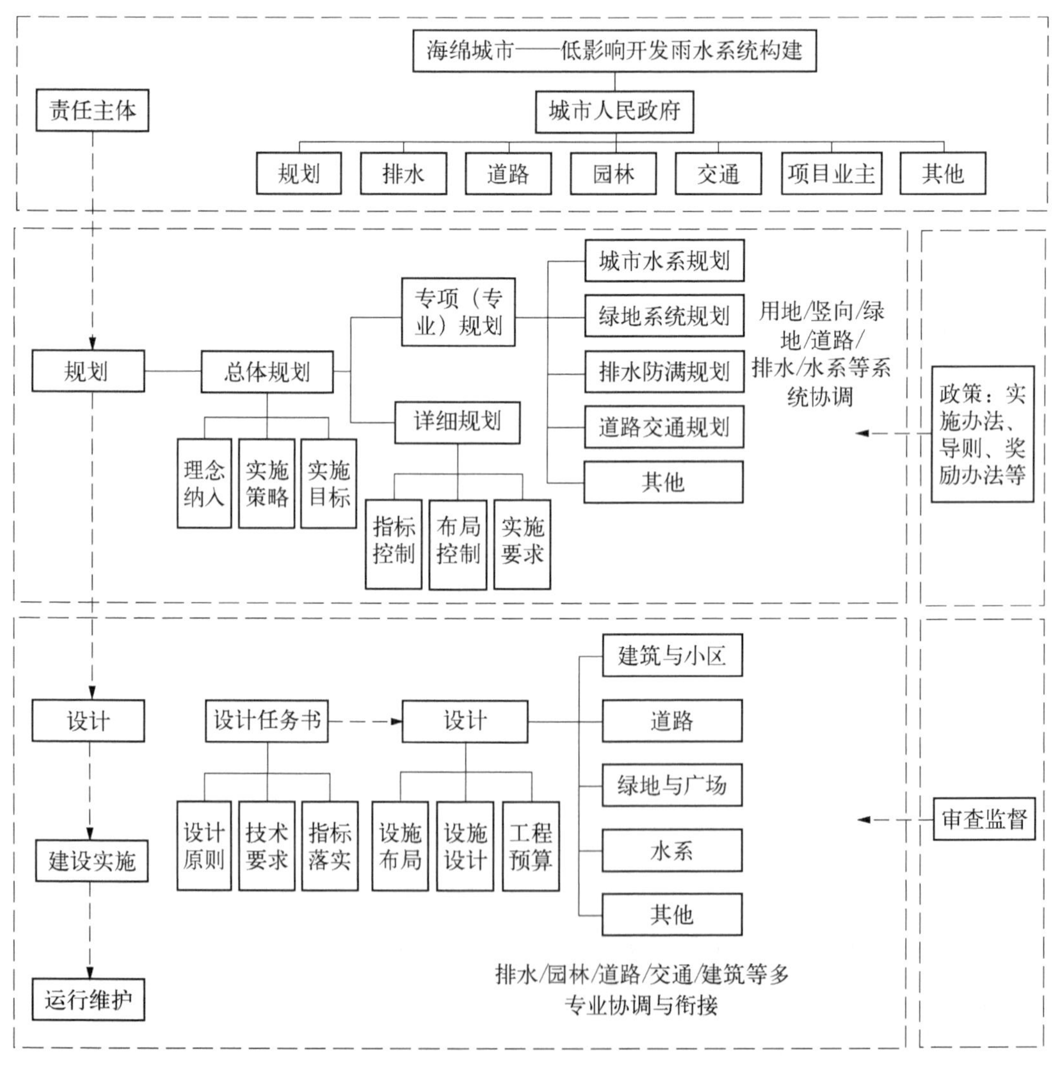

图6.1　海绵城市——低影响开发雨水系统构建途径示意图

二、低影响开发雨水系统规划

（一）基本要求

城市人民政府作为落实海绵城市——低影响开发雨水系统构建的责任主体，统筹协调规划、国土、排水、道路、交通、园林、水文等职能部门，在各相关规划编制过程中落实低影响开发雨水系统的建设内容。

城市总体规划应创新规划理念与方法，将低影响开发雨水系统作为新型城镇化和生态文明建设的重要手段。应开展低影响开发专题研究，结合城市生态保护、土地利用、水系、绿地系统、市政基础设施、环境保护等相关内容，因地制宜地确定城市年径流总量控制率及其对应的设计降雨量目标，制定城市低影响开发雨水系统的实施策略、原则和重点实施区域，并将有关要求和内容纳入城市水系、排水防涝、绿地系统、道路交通等相关专项（专业）规划。

详细规划（控制性详细规划、修建性详细规划）应落实城市总体规划及相关专项（专业）规划确定的低影响开发控制目标与指标，因地制宜，落实涉及雨水渗、滞、蓄、净、用、排等用途的低影响开发设施用地；并结合用地功能和布局，分解和明确各地块单位面积控制容积、下沉式绿地率及其下沉深度、透水铺装率、绿色屋顶率等低影响开发主要控制指标，指导下层级规划设计或地块出让与开发。

有条件的城市（新区），可编制基于低影响开发理念的雨水控制与利用专项规划，兼顾径流总量控制、径流峰值控制、径流污染控制、雨水资源化利用等不同的控制目标，构建从源头到末端的全过程控制雨水系统；利用数字化模型分析等方法分解低影响开发控制指标，细化低影响开发规划设计要点，供各级城市规划及相关专业规划编制时参考；落实低影响开发雨水系统建设内容、建设时序、资金安排与保障措施。也可结合城市总体规划要求，积极探索将低影响开发雨水系统作为城市水系统规划的重要组成部分。

（二）规划控制目标

构建低影响开发雨水系统，一般规划控制目标包括径流总量控制、径流峰值控制、径流污染控制、雨水资源化利用等。各地应结合水环境现状、水文地质条件等特点，合理选择其中一项或多项目标作为规划控制目标。鉴于径流污染控制目标、雨水资源化利用目标大多可通过径流总量控制实现，各地低影响开发雨水系统构建可选择径流总量控制作为首要的规划控制目标。

下面简要介绍径流总量控制目标和径流峰值控制目标。

1. 径流总量控制目标

1）目标确定方法

一般低影响开发雨水系统的径流总量控制采用年径流总量控制率作为控制目标。年径流总量控制率与设计降雨量为一一对应关系，年径流总量控制率概念如图 6.2 所示。

理想状态下，径流总量控制目标应以开发建设后径流排放量接近开发建设前自然地貌时的径流排放量为标准。自然地貌往往按照绿地考虑，一般情况下，绿地的年径流总量外排率为 15％～20％（相当于年雨量径流系数为 0.15～0.20）。因此，借鉴发达国家实践经验，年径流总量控制率最佳为 80％～85％。这一目标主要通过控制频率较高的中、小降雨事件来实现。以北京市为例，当年径流总量控制率为 80％和 85％时，对应的设计降雨量为

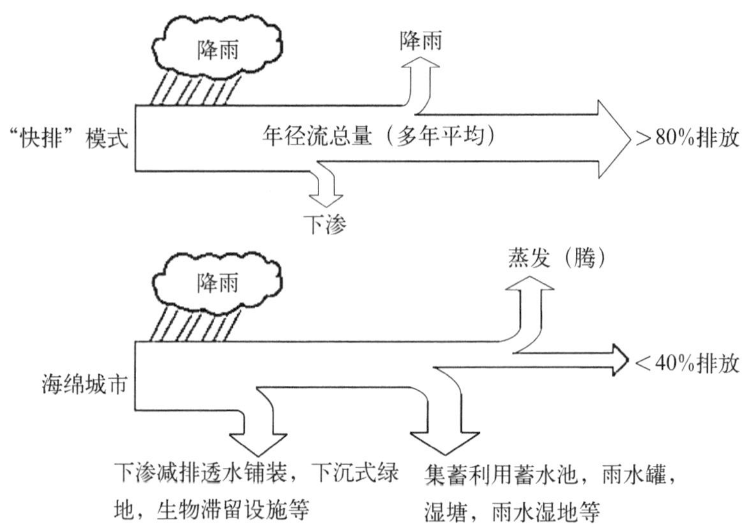

图 6.2 年径流总量控制率概念示意图

27.3 mm 和 33.6 mm，分别对应约 0.5 年一遇和 1 年一遇的 1 h 降雨量。

在实践中，各地在确定年径流总量控制率时，需要综合考虑多方面因素。一方面，开发建设前的径流排放量与地表类型、土壤性质、地形地貌、植被覆盖率等因素有关，应通过分析综合确定开发前的径流排放量，并据此确定适宜的年径流总量控制率；另一方面，要考虑当地水资源禀赋情况、降雨规律、开发强度、低影响开发设施的利用效率以及经济发展水平等因素；具体到某个地块或建设项目的开发，要结合本区域建筑密度、绿地率及土地利用布局等因素确定。

因此，综合考虑以上因素基础上，当不具备径流控制的空间条件或者经济成本过高时，可选择较低的年径流总量控制目标。同时，从维持区域水环境良性循环及经济合理性角度出发，径流总量控制目标不是越高越好，雨水的过量收集、减排会导致原有水体的萎缩或影响水系统的良性循环；从经济性角度出发，当年径流总量控制率超过一定值时，投资效益会急剧下降，造成设施规模过大、投资浪费的问题。

2）年径流总量控制率分区

我国地域辽阔，气候特征、土壤地质等天然条件和经济条件差异较大，径流总量控制目标也不同。在雨水资源化利用需求较大的西部干旱半干旱地区，以及有特殊排水防涝要求的区域，可根据经济发展条件适当提高径流总量控制目标；对于广西、广东及海南等部分沿海地区，由于极端暴雨较多导致设计降雨量统计值偏差较大，造成投资效益及低影响开发设施利用效率不高，可适当降低径流总量控制目标。

我国地区大致分为五个区，并给出了各区年径流总量控制率 α 的最低和最高限值，即Ⅰ区（$85\%<\alpha<90\%$）、Ⅱ区（$80\%<\alpha<85\%$）、Ⅲ区（$75\%\leqslant\alpha<85\%$）、Ⅳ区（$70\%<\alpha<85\%$）、Ⅴ区（$60\%<\alpha<85\%$）。各地应参照此限值，因地制宜地确定本地区径流总量控制目标。

3）目标落实途径

各地城市规划、建设过程中，可将年径流总量控制率目标分解为单位面积控制容积，以其作为综合控制指标来落实径流总量控制目标。

径流总量控制途径包括：雨水的下渗减排和直接集蓄利用。缺水地区可结合实际情况制定基于直接集蓄利用的雨水资源化利用目标。雨水资源化利用一般应作为落实径流总量控制目标的一部分。实施过程中，雨水下渗减排和资源化利用的比例需依据实际情况，通过合理的技术经济比较来确定。

2. 径流峰值控制目标

径流峰值流量控制是低影响开发的控制目标之一。低影响开发设施受降雨频率与雨型、低影响开发设施建设与维护管理条件等因素的影响，一般对中、小降雨事件的峰值削减效果较好，对特大暴雨事件，虽仍可起到一定的错峰、延峰作用，但其峰值削减幅度往往较低。因此，为保障城市安全，在低影响开发设施的建设区域，城市雨水管渠和泵站的设计重现期、径流系数等设计参数仍然应当按照《室外排水设计标准》(GB 50014—2021)中的相关标准执行。

同时，低影响开发雨水系统是城市内涝防治系统的重要组成，应与城市雨水管渠系统及超标雨水径流排放系统相衔接，建立从源头到末端的全过程雨水控制与管理体系，共同达到内涝防治要求。城市内涝防治设计重现期应按《室外排水设计标准》(GB 50014—2021)中内涝防治设计重现期的标准执行。

（三）规划控制目标的选择

各地应根据当地降雨特征、水文地质条件、径流污染状况、内涝风险控制要求和雨水资源化利用需求等，并结合当地水环境突出问题、经济合理性等因素，有所侧重地确定低影响开发径流控制目标。

(1) 水资源缺乏的城市或地区，可采用水量平衡分析等方法确定雨水资源化利用的目标；一般雨水资源化利用应作为径流总量控制目标的一部分。

(2) 对于水资源丰沛的城市或地区，可侧重径流污染及径流峰值控制目标。

(3) 径流污染问题较严重的城市或地区，可结合当地水环境容量及径流污染控制要求，确定年悬浮物总量去除率等径流污染物控制目标。

(4) 对于水土流失严重和水生态敏感地区，宜选取年径流总量控制率作为规划控制目标，尽量减小地块开发对水文循环的破坏。

(5) 易涝城市或地区可侧重径流峰值控制，并达到《室外排水设计标准》(GB 50014—2021) 中内涝防治设计重现期标准。

(6) 面临内涝与径流污染防治、雨水资源化利用等多种需求的城市或地区，可根据当地经济情况、空间条件等，选取年径流总量控制率作为首要规划控制目标，综合实现径流污染和峰值控制及雨水资源化利用目标。

（四）城市排水防涝综合规划

低影响开发雨水系统是城市内涝防治综合体系的重要组成，应与城市雨水管渠系统、超标雨水径流排放系统同步规划设计。城市排水系统规划、排水防涝综合规划等相关排水规划中，应结合当地条件确定低影响开发控制目标与建设内容，并满足《城市排水工程规划规范》(GB 50318—2017)、《室外排水设计标准》(GB 50014—2021)等相关要求。具体要点如下。

(1) 明确低影响开发径流总量控制目标与指标。通过对排水系统总体评估、内涝风险评估等，明确低影响开发雨水系统径流总量控制目标，并与城市总体规划、详细规划中低影响开发雨水系统的控制目标相衔接，将控制目标分解为单位面积控制容积等控制指标，通过建设项目的管控制度进行落实。

(2) 确定径流污染控制目标及防治方式。应通过评估、分析径流污染对城市水环境污染的贡献率，根据城市水环境的要求，结合悬浮物等径流污染物控制要求确定年径流总量控制率，同时明确径流污染控制方式并合理选择低影响开发设施。

(3) 明确雨水资源化利用目标及方式。应根据当地水资源条件及雨水回用需求，确定雨水资源化利用的总量、用途、方式和设施。

(4) 与城市雨水管渠系统及超标雨水径流排放系统有效衔接。应最大限度地发挥低影响开发雨水系统对径流雨水的渗透、调蓄、净化等作用，低影响开发设施的溢流应与城市雨水管渠系统或超标雨水径流排放系统衔接。城市雨水管渠系统、超标雨水径流排放系统应与低影响开发系统同步规划设计，应按照《城市排水工程规划规范》(GB 50318—2017)、《室外排水设计标准》(GB 50014—2021)等规范相应重现期设计标准进行规划设计。

(5) 优化低影响开发设施的竖向与平面布局。应利用城市绿地、广场、道路等公共开放空间，在满足各类用地主导功能的基础上合理布局低影响开发设施；其他建设用地应明确低影响开发控制目标与指标，并衔接其他内涝防治设施的平面布局与竖向，共同组成内涝防治系统。

三、低影响开发技术

(一) 技术类型

按主要功能划分，一般低影响开发技术可分为渗透、储存、调节、转输、截污净化等几类。通过各类技术的组合应用，可实现径流总量控制、径流峰值控制、径流污染控制、雨水资源化利用等目标。实践中，应结合不同区域水文地质、水资源等特点及技术经济分析，按照因地制宜和经济高效的原则选择低影响开发技术及其组合系统。

(二) 单项设施

各类低影响开发技术又包含若干不同形式的低影响开发设施，主要有透水铺装、绿色屋顶、下沉式绿地、生物滞留设施、渗透塘、渗井、湿塘、雨水湿地、蓄水池、雨水罐、调节塘、调节池、植草沟、渗管/渠、植被缓冲带、初期雨水弃流设施、人工土壤渗滤等。低影响开发单项设施往往具有多个功能，如生物滞留设施的功能除渗透补充地下水外，还可削减峰值流量、净化雨水，实现径流总量、径流峰值和径流污染控制等多重目标。因此，应根据设计目标灵活选用低影响开发设施及其组合系统，根据主要功能按相应的方法进行设施规模计算，并对单项设施及其组合系统的设施选型和规模进行优化。

(三) 设施功能选择

低影响开发设施具有补充地下水、集蓄利用、削减峰值流量及净化雨水等多个功能，可实现径流总量、径流峰值和径流污染等多个控制目标。因此，应根据城市总规、专项规划及详规明确的控制目标，结合汇水区特征和设施的主要功能、经济性、适用性、景观效果等因素，灵活选用低影响开发设施及其组合系统。

低影响开发设施比选见表 6.6。

表 6.6　低影响开发设施比选一览表

单项设施	功　能					控制目标			处置方式		经济性		污染物去除率（以 SS 计）/%	景观效果
	集蓄利用雨水	补充地下水	削减峰值流量	净化雨水	传输	径流总量	径流峰值	径流污染	分散	相对集中	建造费用	维护费用		
透水砖铺装	○	●	○	○	○	●	○	○	√	—	低	低	80～90	—
透水水泥混凝土	○	○	○	○	○	○	○	○	√	—	高	中	80～90	—
透水沥青混凝土	○	○	○	○	○	○	○	○	√	—	高	中	80～90	—
绿色屋顶	○	○	○	○	○	●	○	○	√	—	高	中	70～80	好
下沉式绿地	○	●	○	○	○	●	○	○	√	—	低	低	—	一般
简易型生物滞留设施	○	●	○	○	○	●	○	○	√	—	低	低	—	好
复杂型生物滞留设施	○	●	○	○	○	●	○	●	√	—	中	低	70～95	好
渗透塘	○	●	○	○	○	●	○	○	—	√	中	中	70～80	一般
渗井	○	●	○	○	○	●	○	○	√	√	低	低	—	—
湿塘	●	○	●	○	○	●	●	○	—	√	高	中	50～80	好
雨水湿地	●	○	●	●	○	●	●	●	√	√	高	中	50～80	好
蓄水池	●	○	○	○	○	●	○	○	—	√	高	中	80～90	—
雨水罐	●	○	○	○	○	●	○	○	√	—	低	低	80～90	—
调节塘	○	○	●	○	○	○	●	○	—	√	高	中	—	一般
调节池	○	○	●	○	○	○	●	○	—	√	高	中	—	—
传输型植草沟	○	○	○	○	●	○	○	○	√	—	低	低	35～90	一般
干式植草沟	○	●	○	○	●	●	○	○	√	—	低	低	35～90	好
湿式植草沟	○	○	○	●	○	○	●	●	√	—	中	低	—	好
渗管/渠	○	○	○	○	●	○	○	○	√	—	中	中	35～70	—
植被缓冲带	○	○	○	●	—	○	○	●	√	—	低	低	50～75	一般
初期雨水弃流设施	○	○	○	●	—	○	○	●	√	—	低	中	40～60	—
人工土壤渗滤	●	○	○	●	—	○	○	○	—	√	高	中	75～95	好

注：1. ●—强；√—较强；○—弱或很小。
　　2. SS 去除率数据来自美国流域保护中心（Center For Watershed Protection）的研究数据。

第五节 湛江市海绵城市规划设计

湛江属热带和亚热带季风气候，年降雨量为1 200～1 700 mm。

湛江土壤基本类型有赤红壤、砖红壤、滨海沙土、滨海盐渍沼泽土、滨海盐土、潮沙泥土、沼泽土、火山灰土、菜园土、水稻土等10个土类，以红壤居多。

湛江境内流进市区的河流有城月河、通明河、旧县河、南桥河、文保河、百姓河、麻斜河等。本次规划范围位于湛江市赤坎区，流经规划范围的河涌有南桥河、文保河及上盖的百姓河，赤坎水库紧邻规划范围西北角。

一、海绵城市建设需求、方向及目标

（一）海绵城市建设需求

1. 生态基底现状

（1）南桥河、百姓河、文保河已实施水质截污工程，但无法杜绝部分污水进入河道，导致水质变差有异味，且部分河段出现淤积情况，影响生态环境。同时由于缺乏初期雨水弃流设施，径流污染现象普遍，排入河道影响水质。

（2）城市建设过程中大面积硬化地面改变了原始的径流量，使原有的植被滞留、土壤下渗、洼地蓄水等功能减少，雨水无法下渗及滞蓄，增加了防洪的风险和难度。

（3）缺乏雨水回收利用设施，水资源利用率低。

（4）区内现有绿地分布较为零散，未形成绿地廊道网络。

（5）水体生态功能较弱，部分河道水系的渠化及硬底化阻断河道与岸线生态系统之间的生态功能，导致河流的连续性破坏及自净能力的丧失，也造成与河道相伴的湿地资源的丧失。

2. 海绵城市建设需求分析

通过海绵城市系统的构建与修复，合理安排布局低影响开发设施，建设生态可持续排水系统，通过“源头减排、过程控制、末端治理”的全过程管理，充分利用海绵城市系统的“渗、滞、蓄、净、用、排”等功能，削减污染物，系统改善城市地表水及地下水质，逐步恢复及提升水生态服务功能及品质。同时，可有效调控降雨地表径流，削减降雨径流总量和降雨峰值流量，减轻城市排水压力，缓解和治理城市内涝问题，增强城市水安全。

（二）海绵城市建设方向

（1）生态优先。优先保护自然生态本底，科学合理地划定并落实城市的“蓝线”“绿线”等开发边界，最大限度地保护原有的河流、湖泊、湿地、坑塘、沟渠等海绵体不受城市建设开发的影响。根据本次规划范围以及周边的绿地、自然水体、湿地等生态本底的分布情况，对已渠化加盖的河道进行生态化改造，加强绿地廊道的数量及整体绿地布点数量，利用物理、生物和生态等综合手段，逐步恢复和修复绿地、水体、湿地等海绵体的循环特征和生态功能，构建区域的绿色生态网络系统。

（2）低影响开发雨水系统构建。按照对城市生态环境影响最低的开发建设理念，合理控制开发强度，在城市中保留足够的生态用地，控制城市不透水面积比例，最大限度地减少对城市原有水生态环境的破坏，同时在开发建设过程中创建一定规模的海绵体区域，因地制

宜根据需求适当开挖河湖沟渠、增加水域面积，在城市公园、建筑与小区、道路与广场等建设中优先采用具有渗透、调蓄、净化等海绵功能的雨水源头控制和综合利用设施，如利用屋顶花园、植草沟、透水铺装、雨水湿地、树池、下沉式绿地、渗透塘、渗井/管/渠、雨水调蓄池、雨水收集回用系统等措施来组织排放和综合利用径流雨水，提高绿色基础设施建设比例，促进雨水的积存、渗透和净化。

(3) 低影响开发雨水系统构建途径。低影响开发雨水系统构建需统筹协调城市开发建设各个环节，在城市各层级、各相关规划中均遵循低影响开发理念。湛江市的低影响开发雨水系统构建途径可参考本书 6.6.2。

(三) 海绵城市建设目标

(1) 提高水安全、保障水资源、改善水环境、修复水生态，构建可持续发展的科学合理的生态环境：河涌防洪标准达到 50 年一遇；加强雨水的利用，有效补充地表水资源及地下水资源；有效控制面源及点源污染，逐步提高河涌水质达到地表水Ⅳ类标准；恢复河流水体的生态功能。

(2) 根据《海绵城市建设技术指南(试行)》，湛江市属于我国大陆地区年径流总量控制率Ⅴ区，年径流总量控制率 α 取 $60\% \leqslant \alpha \leqslant 85\%$。根据湛江市多年降雨资料统计数据(1980—2014 年湛江市日降雨资料)，对应设计降雨量为 22.9～57.1 mm。表 6.7 为湛江市年径流总量控制率与对应设计降雨量。

表 6.7　湛江市年径流总量控制率与对应设计降雨量

年径流总量控制率	设计降雨量/($mm \cdot d^{-1}$)
60%	22.9
65%	26.9
70%	32.1
75%	38.6
80%	47.2
85%	57.1

注：年径流总量控制率指雨水通过自然和人工强化的入渗、滞蓄、调蓄和收集回用，场地内累计一年得到控制的雨水量占全年总降雨量的比例。

(3) 本次规划范围内根据现状地形图及实地调研区内的建设状态，区内建成比例集中，老建筑比例较大，实施海绵城市改造难度大。考虑到旧城分布、绿化空间狭小等情况下，可结合周边绿地、广场、水系或其他有条件的地块进行联合调控，采用源头控制措施的地块的年径流总量控制率 α 近期不低于 60%，远期结合旧城改造需达到年径流总量控制率 α 不低于 70%的要求。

低影响开发设施受降雨频率与雨型、低影响开发设施建设与维护管理条件等因素的影响，一般对中、小降雨事件的峰值削减效果较好。对特大暴雨事件，虽仍可起到一定的错峰、延峰作用，但其峰值削减幅度较低。湛江市的径流峰值控制目标和要求参见 6.6.3 的相关

提出海绵城市建设控制目标（年径流总量控制率）

确定各地块综合指标（单位面积控制容积）

确定各地块单项指标（下沉式绿地率、透水铺装率、绿色屋顶率）

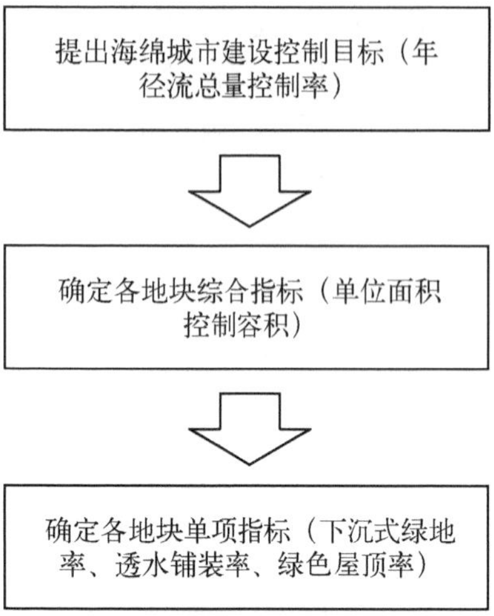

图 6.3　低影响开发控制目标分析

内容以及图 6.3。

二、生态系统的保护及修复

（一）水生态保护

最大限度地保护原有的河流、湖泊、湿地、坑塘、沟渠等水生态敏感区。

(1) 水域面积控制保护现状赤坎水库、南桥河、百姓河、文保河等水域，严禁随意填堵、改造河道，保证水域面积不小于开发前。

(2) 污染排放控制。① 完善截污工程，加快污水处理厂及配套管网建设，加强对污水排放监管，保证水质的稳定；② 严禁在水水域及周边范围排放污水或进行影响生态环境的建设活动，最大限度地保护原有河流、水库、坑塘等水生态敏感区。

（二）生态修复

由于截污工程无法避免部分污水直排河道，导致水质变差有异味，且部分河段出现淤积情况，水质不稳定，规划采用生态修复手段，保证水质达标。

南桥河、北桥河及寸金公园月影湖作为景观娱乐用水区，执行《地表水环境质量标准》(GB 3838—2002)Ⅳ类标准。

通过构建完整的水生态系统，充分利用生态系统自净自洁(自我修复)的能力优势，打到水质控制目标。

通过对水体生态链的调控，实现水下生态系统中生产者、消费者、分解者三者的有机统一，实现水域的自净自洁。

图 6.4 为水生态修复技术路线。

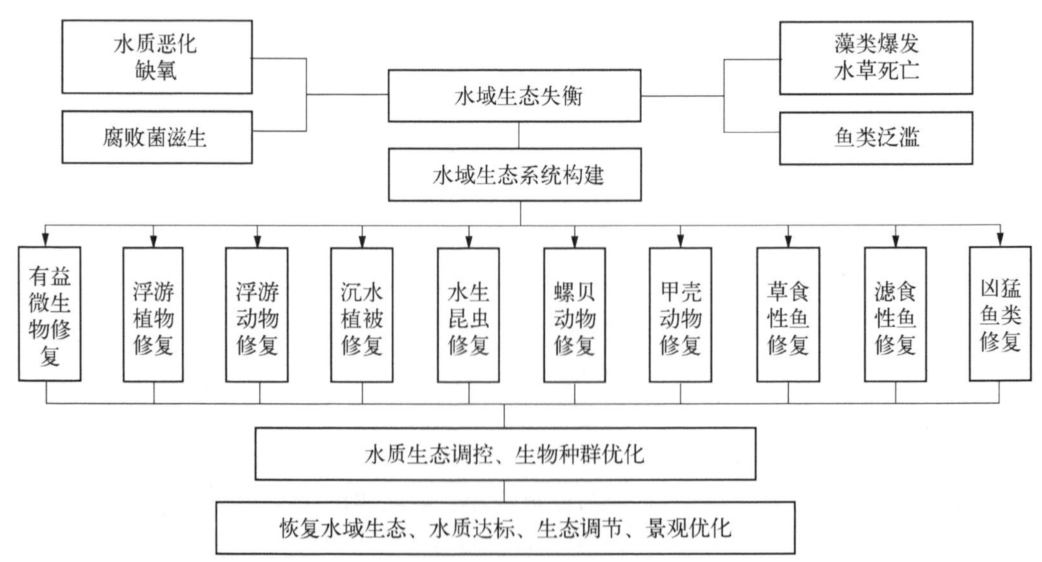

图 6.4　水生态修复技术路线

三、低影响开发雨水系统构建

（一）建筑及小区低影响开发雨水系统构建指标

（1）控制指标。下沉式绿地率、透水铺装率及单位调蓄容积作为控制指标。

（2）指导性指标。绿色屋顶作为指导性指标。

（3）单项指标控制。借鉴国内海绵城市建设试点城市的相关经验，结合规划区的实际情况，对本区居住区、商业区、工业区及公共用地的低影响开发引导指标赋值，详见表6.8。

表6.8　低影响开发指标一览表

指标名称	居住区	商业区	公共用地
下沉式绿地率	≥30%	≥30%	≥40%
绿色屋顶率	≥20%	≥20%	≥20%
透水铺装率	≥60%	≥40%	≥60%
单位调蓄容积	≥80 m^3/hm^2		

注：1. 绿地下沉比例：指高程低于周围汇水区域的低影响开发设施（含下凹式绿地、雨水花园、渗透设施、具有调蓄功能的水体等）的面积占绿地总面积的比例。

2. 绿色屋顶覆盖比例：绿色屋顶的面积占屋顶总面积的比例。

3. 人行道、停车场、广场透水铺装比例：人行道、停车场、广场采用透水铺装的面积占其总面积的比例。

（二）绿地广场低影响开发雨水系统构建

1. 发挥绿地广场调蓄功能

新规划建设的绿地或公园用地，露天广场，大型立交桥绿化，在规划设计阶段，必须考虑增设低凹地、人工池塘、湿地、调蓄池等设施，用于收集调蓄该用地范围内产生的雨水，有条件时，接纳周边地区的雨水排放。表6.9为新建绿地广场低影响雨水系统指导性指标。

表6.9　新建绿地广场低影响雨水系统指导性指标

指导性指标	要　求
下沉式绿地率	≥40%
透水铺装率	≥60%
绿色屋顶率	—
单位调蓄容积	≥80 m^3/hm^2

2. 发挥绿地广场净化功能

大型调蓄水体如赤坎水库周边绿地，在规划设计阶段，增设生物滞留设施、植草沟、植被缓冲带等具有净化雨水功能的设施，其他绿地广场也可根据周边径流污染情况设置一定数量的净化设施。大型调蓄水体汇流雨水 SS 总量去除率≥60％。

（三）城市水系低影响开发雨水系统构建

南桥河、百姓河、文保河的功能定位皆为排涝、景观娱乐用水，水质目标为Ⅳ类，防涝标准为 20 年一遇。

南桥河、百姓河、文保河存在淤积，为保证最大排洪能力，建议进行河底清淤。

（四）城市道路低影响开发雨水系统构建

进一步优化道路横断面设计，道路人行道宜采用透水铺装，因地制宜结合道路绿化带和道路红线外绿地优先设计下沉式绿地、生物滞留带、雨水湿地，应用生态排水方式等。

（1）主要对象为城市主次干路，在满足同等道路功能的前提下，道路断面设计应充分考虑低影响开发设施建设需求，优先选用含绿化带的断面形式。

（2）机动车道不进行透水设计，人行道采用透水铺装结构。

（3）低影响开发设施主要消纳路面雨水，不接收市政雨水管的雨水。

第七章

城市能源工程规划与设计

第一节　城市电力工程规划与设计

一、城市供电工程规划的主要任务与内容

1. 城市供电工程规划的主要任务

(1) 结合城市和区域电力资源状况，合理确定规划期内的城市用电量、用电负荷，进行城市电源规划。

(2) 确定城市输、配电设施的规模、容量以及电压等级。

(3) 科学布局变电站等变配电设施和输配电网络。

(4) 指定各类供电设施和电力线路的保护措施。

2. 城市供电工程规划的主要内容

(1) 城市总体规划中的主要内容。预测城市供电负荷；选择城市供电电源；确定城市电网供电电压等级和层次；确定城市变电站容量和数量；布局城市高压送电网和高压走廊；提出城市高压配电网规划技术原则。

(2) 城市分区规划中的主要内容。预测分区供电负荷；确定分区供电电源方位；选择分区变、配电站容量和数量；进行高压配电网规划布局。

(3) 城市详细规划中的主要内容。计算用电负荷；选择和布局规划范围内的变、配电站；规划设计 10 kV 电网；规划设计低压电网。

二、用电负荷预测与计算

(一) 电力负荷预测的方法

城市电力负荷预测是供电规划的重要组成部分。在负荷预测中，明确城市用电构成，提出城市各发展时期用电量及负荷的发展，确立各产业用电水平及居民生活用电水平，决定电源、变电站等设施容量及设施空间规模，设计满足城市发展运作的供电系统。

负荷预测可采用两种方法，一种方法是从用电量预测入手，然后由用电量转化为市内各分区的负荷预测；另一种方法是从计算市内各分区现有的负荷密度入手，进行预测。两种方法可以互相校核。

根据负荷性质、地理分布位置和城市功能区等情况进行适当划分。分区面积要照顾到电网结构形式，一般以不超过 20 km^2 为宜。

(二) 电量预测与计算的方法

(1) 产量单耗法。把各种产品的产量与相应产品的用电单耗之积相加，可以得出年

用电量。

(2) 产值单耗法。把各种产品的产值(不应重复计算产值)与相应产品单位产值的电耗之积相加,可以得出年用电量。

(3) 用电水平法。一般以人口或建筑面积或功能分区总面积进行计算。当以人口进行计算时,所得的用电水平即相当于人均电耗;如以面积进行计算时,所得的用电水平即相当于负荷密度。年用电量 A_n 可用式(7.1)表示。

$$A_n = Sd \tag{7.1}$$

式中:S 为指定计算范围内的人口数或建筑面积(m^2)或土地面积(km^2);d 为用电水平指标。

(4) 按部门分项分析叠加法。按水电部的规定,统一划分为农业、工业、交通运输及市政生活(包括商业服务)等 4 大项,每大项下又细分为若干小项。

① 农业划分为排灌、井灌、农副产品加工、乡村工业、生活用电及其他等 6 项。如采用产量单耗法进行预测,按农村小康水平设想,人均用电可达 200～300 度/(人·年)。

② 工业划分为黑色金属、有色金属、煤炭、石油、化学、机械、建材、纺织、造纸、食品及其他等共 11 小项,采用产值单耗法进行预测。

③ 交通运输划分为港口及电气铁路 2 项用电,按发展及运输量规划,采用吨千米用电单耗法进行预测。

④ 市政生活划分为市政设施、道路照明、非工业动力、生活、公共设施及其他等 6 小项用电,采用人均用电水平指标进行预测。

(5) 大用户调查法。大用户调查法可掌握第一手资料,应掌握这些大户的用电量,对每个行业、每个部门,查出一批具有一定用电水平的代表性大用户,进行逐一调查分析,能预测今后(一般为 10 年)的用电水平和需要电量。

(6) 平均增长率法。实践经验证明,用电量与年度之间有着明显的稳定增长趋势。可将用电量作为年度唯一变量进行预测。

(7) 经济指标相关分析法。将用电量的增长视为人口及其他经济部门发展所带来的结果。因此,可采用与各个影响因素有关的年平均增长率相关原理对用电量的发展进行预测。

城网最大预测值可以年供电量的预测值除以年综合最大负荷利用小时数而求得。然后分配落实到各分区,得出全市负荷的分布情况。

年供电量的预测值等于年用电量与地区线路损失电量预测值之和。

年综合最大负荷利用小时数,可由平均日负荷率、月不平衡负荷率和季不平衡负荷率三者的连乘积再乘以 8 760 求得。也可将每月的典型日负荷曲线相加,求出年均日负荷载,再乘以 8 760 求得。

(三) 城市电力负荷预测与计算

编制或修订城市电力规划进行负荷预测时,应以规范制定的各项规划用电指标作为远期规划用电负荷的控制标准。包括人均综合用电量指标、人均居民生活用电量指标、规划单位建设用地负荷指标和规划单位建筑面积负荷指标四部分,详见《城市电力规划规范》(GB/T 50293—2014)。

采用综合用电水平指标法，预测城市居民生活用电量的远期控制性标准。编制或修订城市电力规划时，采用负荷密度法预测用地用电负荷的远期控制性标准。编制或修订城市详细规划中的电力规划时，采用单位建筑面积负荷密度法预测详细规划区各类建筑用电负荷控制性标准。规划单位建筑面积负荷指标参见表 7.1 及相关规范。

表 7.1　规划单位建筑面积负荷指标

建筑类别	单位建筑面积负荷指标
居住建筑	30～70 W/m^2
	4～16 kW/户
公共建筑	40～150 W/m^2
工业建筑	40～120 W/m^2
仓储物流建筑	15～50 W/m^2
市政设施建筑	20～50 W/m^2

注：特殊用地及规划预留的发展备用地负荷密度指标的选取，可结合当地实际情况和规划供能要求，因地制宜确定。

编制或修订城市总体规划中电力规划时，规划人均城市居民生活用电量指标应根据城市性质、人口规模、地理位置、经济基础、居民生活消费水平、民用消费结构及电力供应条件的不同，在调查的基础上因地制宜确定。

编制新兴城市或城市新建区、开发区的总体规划中电力规划时，其规划单位建设用地负荷指标宜符合表 7.2 的规定。

表 7.2　规划单项建设用地供电负荷密度指标

城市建设用地类别	单位建设用地负荷指标/(kW/hm^2)
居住用地(R)	100～400
商业服务业设施用地(B)	400～1 200
公共管理与公共服务设施用地(A)	300～800
工业用地(M)	200～800
物流仓储用地(W)	20～40
道路与交通设施用地(S)	15～30
公用设施用地(U)	150～250
绿地与广场用地(G)	10～30

近年来，随着低碳节能、可持续发展理念在城市发展中得以体现，新能源技术及高效供能方式的应用成为新的趋势，太阳能在示范性社区中得到规模应用，小型分布式风能用以补充地区照明等用电，而以多种能源集合高效利用的区域能源中心在城市新规划居住区、工业区以及CBD地区得到较大规模的应用和推广，例如广州大学城能源中心、江苏盐城海水源热泵、上海陈家镇实验生态社区、上海虹桥商务区一期能源中心、山西永济市地源热泵供能系统等，这些案例有一些属于示范性项目，有一些则已经较为成熟，是城市体现节能减排、转型发展的重要措施。这些供能系统投运实现了能源的高效利用，是对传统大电网体制下用能方式的一种补充和革新，体现在用电负荷上必然是降低了用电需求量。因此，在电力规划负荷预测时应当考虑这一用能新趋势，对于采用分布式功能系统的建筑或地区，在负荷预测指标的选取时，应根据空调冷热负荷的比重适当降低取值。能效比较低的建筑负荷密度指标调低幅度较大，能效比较高的建筑负荷密度指标调低幅度较小。

三、城市电源与变配电设施规划

（一）城市电源规划

城市电源由城市发电厂直接提供，或由外地发电厂经高压长途输送至变电站，接入城市电网。变电站除变换电压外，还起到集中电力和分配电力的作用，并控制电力流向和调整电压。城市供电电源可分为城市发电厂和接受市域外电力系统电能的电源变电站。城市供电电源的选择，应综合研究所在地区的能源资源状况、环境条件和可开发利用条件进行统筹规划，经济合理地确定城市供电电源。

城市发电厂种类主要有：火电厂、水电厂、核电厂和其他电厂，如：太阳能发电厂、风力发电厂、潮汐发电厂、地热发电厂等。目前我国城市供电电源仍以火电厂和水电厂为主，核电厂尚处于起步阶段，其他电厂占的比例很小。

1. 火力发电厂选址要求

(1) 符合城市总体规划要求。

(2) 应尽量利用劣地或非耕地，或安排在《城市用地分类与规划建设用地标准》(GB 50137—2011)规定的三类工业用地内。

(3) 应尽量靠近负荷中心。

(4) 经济合理，以便缩短热管道的距离，一般燃油电厂布置在炼油厂附近。

(5) 电厂铁路专用线选线要尽量减少对国家干线通过能力的影响。

(6) 电厂生产用水量大，包括汽轮机凝汽用水、发电机和油的冷却用水，除灰用水等。大型电厂首先应考虑靠近水源，直流供水。但是在取水高度超过 20 m 时，采用直流供水不经济。

(7) 燃煤发电厂应有足够的贮灰场，贮灰场的容量要能容纳电厂 10 年的贮灰量。贮灰场址应尽量利用荒、滩地或山谷。

(8) 电厂选址应在城市环境容量允许条件下，满足环保要求。

(9) 厂址选择应充分考虑出线条件，留有适当的出线走廊宽度。

(10) 电厂厂址应满足地质、防震、防洪等要求。厂址标高应高于 100 年一遇洪水位。如厂址标高低于洪水位时，其防洪堤堤顶高应超过 100 年一遇洪水位 0.5～1.0 m。

2. 水力发电厂选址要求

一般水电厂厂址选择在便于拦河筑坝的河流狭窄处或水库水流下游处。

建厂地段需工程地质条件良好，地耐力高，非地质断裂带。

3. 核电厂选址要求

(1) 靠近负荷中心，以减少输电费用。

(2) 厂址要求在人口密度较低的地方，以核电厂为中心，半径 1 km 内为隔离区，在隔离区外围，人口密度适当。在外围种植作物要有所选择，不能在其周围建设化工炼油厂、水厂、医院和学校等。

(3) 核电厂比同等容量的矿物燃料电厂需要更多的蓄水。

(4) 选择足够的场地，留有发展余地。

(5) 地形要求平坦，尽量减少土石方。

(6) 厂址不能选在地质条件不良的地带，以免发生地震时地基不稳定。

(7) 要求有良好的公路、铁路或水上交通条件，以便运输发电厂设备和建筑材料。

(8) 应考虑防洪、防泄、环境保护等要求。

4. 城市变电站的选址要求

(1) 应与城市总体规划用地布局相协调。

(2) 应靠近负荷中心。

(3) 应便于进出线。

(4) 应方便交通运输。

(5) 应减少对军事设施、通信设施、飞机场、领(导)航台、国家重点风景名胜区等设施的影响。

(6) 应避开易燃、易爆危险源和大气严重污秽区及严重盐雾区。

(7) 220～500 kV 变电站的地面标高，宜高于 100 年一遇洪水位；35～110 kV 变电站的地面标高，宜高于 50 年一遇洪水位。

(8) 应选择良好地质条件的地段。

5. 电源规划主要经济技术指标

(1) 发电厂规模等级。按发电厂装机容量分，火力发电厂规模等级分为小容量发电厂(100 MW 以下)、中容量发电厂(100～250 MW)、大中容量发电厂(250～1 000 MW)、大容量发电厂(1 000 MW 以上)。

水力发电厂装机容量大于 120×10^4 kW 为一等[大(1)型水电站]，$30\times10^4\sim120\times10^4$ kW 为二等[大(2)型水电站]，$5\times10^4\sim30\times10^4$ kW 为三等[中型水电站]，$1\times10^4\sim5\times10^4$ kW 为四等[小(1)型水电站]，小于 1×10^4 kW 为五等[小(2)型水电站]。

(2) 火力发电厂占地控制指标。火力发电厂厂区占地依据其容量不同，选用不同的用地指标，一般为 15～70 ha。

(3) 变电站规划用地面积控制指标。城市变电站规划用地面积依据其变压等级、容量及结构形式选用不同的用地指标。

(4) 变电站合理供电半径。供电半径取决于以下 2 个因素的影响：电压等级(电压等级越高，供电半径相对较大)；用户终端密集度(电力负载越多，供电半径越小)。

变电站合理供电半径见表 7.3。

表 7.3 变电站合理供电半径

变电站电压等级/kV	变电站二次侧电压/kV	供电半径/km
35	10	5～10
110	35,10	15～30
220	110,10	50～100

（二）城市供配电设施规划

1. 城市变电站

城市变电站出口应有 2～3 个电缆进出通道，应按变电站终期规模考虑变电站及其周边路网的电缆管沟规划以满足变电站进出线要求。

规划新建城市变电站的结构形式选择，宜符合下列规定：在市区边缘或郊区，可采用布置紧凑、占地较少的全户外式或半户外式；在市区内宜采用全户内式或半户外式；在市中心地区可在充分论证的前提下结合绿地或广场建设全地下式或半地下式；在大、中城市的超高层公共建筑群区、中心商务区及繁华、金融商贸街区，宜采用小型户内式；可建设附建式或地下变电站。

城市变电站的用地面积，应按变电站最终规模预留；规划新建的 35～500 kV 变电站规划用地面积控制指标宜符合表 7.4 的规定。

表 7.4 35～500 kV 变电站规划用地面积控制指标

序号	变压等级(kV)一次电压/二次电压	主变压器容量[MVA/台(组)]	变电站结构形式及用地面积/m²		
			全户外式用地面积	半户外式用地面积	户内式用地面积
1	500/220	750～1 500/2～4	25 000～75 000	12 000～60 000	10 500～40 000
2	330/220 及 330/110	120～360/2～4	22 000～45 000	8 000～30 000	4 000～20 000
3	220/110(66,35)	120～240/2～4	6 000～30 000	5 000～12 000	2 000～8 000
4	110(66)/10	20～63/2～4	2 000～5 500	1 500～5 000	800～4 500
5	35/10	5.6～31.5/2～3	2 000～3 500	1 000～2 600	500～2 000

注：有关特高压变电站、换流站等设施建设用地，宜根据实际需求规划控制。本指标未包括厂区周围防护距离或绿化带用地，不含生活区用地。

2. 配电室

配电室是主要为低压用户配送电能，设有中压配电进出线（可有少量出线）、配电变压器和低压配电装置，带有低压负荷的户内配电场所。

规划新建公用配电室的位置，应接近负荷中心。

公用配电室宜按“小容量、多布点”原则规划设置，配电变压器安装台数宜为 2 台，单台配电变压器容量不宜超过 1 000 kVA。

在负荷密度较高的市中心地区，住宅小区、高层楼群、旅游网点和对市容有特殊要求的街区及分散的大用电户，规划新建的配电室宜采用户内型结构。

在公共建筑楼内规划新建的配电室，应有良好的通风和消防措施。

当城市用地紧张、现有配电室无法扩容且选址困难时，可采用箱式变电站，且单台变压器容量不宜超过 630 kVA。

四、城市供电网络与线路规划

（一）城市供电网络

1. 城市供电电压等级

电压等级对城网的标准电压应符合国家电压标准。电力线路电压等级有：500 kV、330 kV、220 kV、110 kV、66 kV、35 kV、10 kV、380 V/220 V 等。通常城市一次送电电压为 220 kV，二次送电电压为 110 kV，高压配电电压为 10 kV，低电压配电电压为 380/220 V。

2. 城市电网的结线方式

城网的典型结线方式有放射式、多回线式、环式、格网式和联络线。

城网分为送电网和配电网。城市送电网中一次送电网是系统电力网组成部分，又是城网的电源，应有充足的吞吐容量，一般宜采用环式（单环、双环或联络线等）。二次送电网应能接受电源点的全部容量，并能满足供应二次变电站的全部负荷，其电网结构应与当地城建部门协商，布置新变电站的地点位置和进出线路走廊，并纳入城市总体规划中预留相应位置。城市配电网又分高压配电网和低压配电网。高压配电网架应与二次送电网密切配合，且比后者有更大的适应性，一般采用放射式、环式或多回线式。一般低压配电网采用放射式、环式或格网式。配电网应不断加强网络结构，提高供电可靠性。

（二）城市供电线路规划

1. 高压线路规划

确定高压线路走向必须从整体出发，综合安排，既要节省线路投资，保障居民和建筑物、构筑物的安全，又要和城市规划布局协调，与其他建设不发生冲突和干扰。规划应遵循下列原则。

（1）线路的长度短捷，减少线路电荷损失，降低工程造价。

（2）保证线路与居民、建筑物、各种工程构筑物之间的安全距离，按照国家标准规范留出合理的高压走廊地带。尤其对接近电台、飞机场的线路，更应严格按照规定，以免发生通信干扰、飞机撞线等事故。

（3）高压线路不宜穿过城市的中心地区和人口密集的地区。同时要考虑到城市的远景发展，避免线路占用工业备用地或居住备用地。

（4）高压线路穿过城市时，须考虑对其他管线工程的影响，尤其是对通信线路的干扰，并尽量减少与河流、铁路、公路以及其他管线工程的交叉。

（5）高压线路必须经过建筑物的地区时，应尽可能选择不拆迁或少拆迁房屋的路线，尽量少拆迁建筑质量较好的房屋，减少拆迁费用。

（6）高压线路应尽量避免在有高大乔木成群的树林地带通过，保证线路安全，减少砍伐树木，保护绿化植被和生态环境。

(7) 高压走廊不应设在易被洪水淹没的地方或地质构造不稳定(活动断层、滑坡等)的地区。在河边敷设线路时,应考虑河水冲刷的影响。

(8) 高压线路尽量远离空气污浊的地方,以免影响线路的绝缘,发生短路事故,更应避免接近有爆炸危险的建筑物、仓库区。

(9) 尽量减少高压线路转弯次数,适合线路的经济档距(即电杆之间的距离),使线路比较经济。

在城市供电规划中,上述原则不能同时满足时,应综合考虑各方因素,做多方案的技术经济比较,选择最合理的方案。

2. 城市送配电线路敷设

(1) 送电线路敷设。市区架空送电线路可采用双回线或与高压配电线同杆架设。一般35 kV线路采用钢筋混凝土杆,110 kV线路可采用钢管型杆塔或窄基铁塔,以减少走廊占地面积。

(2) 配电线路敷设。市区高、低压配电线路应同杆架设,并尽可能是同一电源。同一地区的中、低压配电线路的导线相位排列应统一规定。

(3) 电力电缆敷设。电缆敷设方式应根据电压等级、最终数量、施工条件及初期投资等因素确定,可按不同情况采取以下敷设方式。

直埋敷设适用于市区人行道、公园绿地及公共建筑间的边缘地带,是最简便的敷设方式,应优先采用。

沟槽敷设适用于电缆较多、不能直接埋入地下且无机动负载的通道,如人行道、变电站内、工厂企业厂区内以及河边等处所。

排管敷设适用于不能直接埋入地下且有机动负载的通道,如城区道路及穿越小型建筑等。

隧道敷设适用于变电站出线端及重要市区街道电缆条数多或多种电压等级电缆平行的地段。隧道应在变电站选址及建设时统一考虑,并争取与市内其他公用事业部门共同建设使用。

架空及桥梁构架安装应尽量利用已建的架空线杆塔、桥梁结构、公路桥支架或特制的结构体等架设电缆。

水下敷设安装方式须根据具体工程特殊设计。

五、城市供电设施与线路保护

(一) 电力电缆线路安全保护

地下电缆安全保护区为电缆线路两侧各0.75 m所形成的两条平行线内的区域。

一般海底电缆保护区为线路两侧各1 km所形成的两条平行线内的水域。若在港区内,则为线路两侧各100 m所形成的两条平行线内的区域。

一般江河电缆保护区不小于线路两侧各100 m所形成的两条平行线内的水域;中、小河流不小于线路两侧各50 m所形成的两条平行线内的水域。

(二) 架空电力线缆安全保护

架空电力线路保护区为电力导线边线向外侧延伸所形成的两条平行线内的区域,也称之为电力线走廊。高压线路部分通常称为高压走廊。

由于厂矿、城市等人口密集地区因建筑物土地使用价值等各种因素的不同要求,架空电力线路保护区分为一般地区和人口密集地区两种保护区，并有线路对不同地表物的净空距离等安全保护要求。

1. 一般地区的保护

各种架空电力线路通过一般地区的边导线外侧延伸距离应不少于表 7.5 所列数值，架空线路走廊控制指标见表 7.6。

表 7.5 边导线外侧延伸距离

线路电压/kV	边导线外侧延伸距离/m
1～10	5
35～110	10
154～330	15
500	20

表 7.6 架空线路走廊宽度控制指标

线路电压等级/kV	走廊宽度/m
500	60～75
330	35～45
220	30～40
110、66	15～25
35	12～20

注：本表未计及地多人少的边缘地区和少数民族地区选用的高压架空线路走廊宽度值。

2. 人口密集地区的保护

在厂矿、城市等人口密集地区，架空电力线路保护区可略小于上述规定。

导线在最大计算弧垂及最大计算风偏后的水平距离与杆距、气候条件及导线材料有关。

在最大计算风偏情况下，线路边导线与建筑物之间的距离应不小于表 7.7 所列数值。

表 7.7 边导线与建筑物之间的最小距离

线路电压/kV	距离/m
<1	1.0
1～10	1.5
35	3.0

续 表

线路电压/kV	距离/m
66～110	4.0
154～220	5.0
330	6.0
500	8.5

注：1. 导线与城市多层建筑物或规划建筑线之间的距离指水平距离。
2. 导线与不在规划范围内的现有建筑物之间的距离指净空距离。

在无风的情况下，导线与不在规划范围内的城市建筑物之间的水平距离应不小于表7.7所列数值的一半。

3. 导线与各种地表物的最小安全距离

(1) 导线与地面的最小距离：导线与地面的距离，在最大计算弧垂情况下，应不小于表7.8所列数值。

表 7.8　导线与地面的最小距离　(单位：m)

线路经过地区	线路电压/kV					
	<1	1～10	35～110	154～220	330	500
居民区	6.0	6.5	7.0	7.5	8.5	14.0
非居民区	5.0	5.0	6.0	6.5	7.5	105～110
交通困难	4.0	4.5	5.0	5.5	6.5	8.5

注：1. 居民区——工业企业地区、港口、码头、火车站、城市、集市等人口密集地区。
2. 非居民区——上述居民区以外的地区均为非居民区，而且时常有人、有车辆或农业机械到达，但未建房屋或房屋稀少的地区，亦属非居民区。
3. 交通困难地区——车辆、农业机械不能到达的地区。

(2) 导线与建筑物之间最小垂直距离：送电线路不应跨越屋顶为燃烧材料做成的建筑物。对耐火屋顶的建筑物亦尽量不跨越，如需跨越时，应与有关单位协商或取得当地政府的同意。导线与建筑物之间的垂直距离，在最大计算弧垂情况下，应不小于表7.9所列数值。

表 7.9　导线与建筑物之间的最小垂直距离

线路电压/kV	垂直距离/m
<1	2.5
1～10	3.0

续 表

线路电压/kV	垂直距离/m
35	4.0
66～110	5.0
154～220	6.0
330	7.0
500	9.0

六、沥滘旧村改造项目电力工程专项规划案例

（一）项目背景

1. 海珠创新湾（沥滘片区）发展机遇

2016年，广州市委十届八次全会提出“着力优化提升一江两岸经济带、创新带和生态景观带，建设精品珠江”。按照广州市统筹开发建设珠江景观带的整体部署，海珠区提出了提升一江两岸三带品质，形成融入粤港澳大湾区发展的珠江前、后航道经济带、创新带和景观带的发展设想，并开展了海珠创新湾地区整体发展规划。

海珠创新湾位于广州市都会区中部，相邻海珠湿地，处于“国际航运枢纽、国际航空枢纽、国际科技创新枢纽”三大战略枢纽的中间位置，整个海珠创新湾西起洲头咀公园，东接琶洲地区东部，紧邻生物岛和大学城。滨水岸线20.5 km，与珠江前航道构成海珠滨水闭环。海珠区十五届人大六次会议提出，结合海珠区“十三五”规划，重点推进海珠创新湾滨水区发展，有序推动该地区的改造，提升片区产业功能。规划从“一江两岸三带、多点支撑”的整体城市格局出发，对产业功能和城市设计引入新理念、新概念并进行深化和细化，研究海珠创新湾（沥滘片区）作为重要支撑点的规划定位，推动沥滘片区城中村改造及历史文化保护。

2019年1月，广州市政府于正式批复了“海珠创新湾（沥滘片区）城市设计及控制性详细规划”，正式拉开了该片区城中村改造的序幕。

2022年8月，海珠区沥滘片区（AH1017—AH1024规划管理单元）控制性详细规划调整通过规委会审查，等待市政府的正式批复。

2. 沥滘旧村改造项目启动

沥滘旧村改造项目依托海珠创新湾（沥滘片区）的相关定位和发展要求，整合原控规（2019年1月）和最新控调（2022年8月）的成果，进行分期分步有序开发。

沥滘旧村改造项目位于海珠区南部，北临海珠湖湿地公园，西临广州大道南，东达华南快速路，南面以珠江后航道为界，改造面积约146 hm^2。

3. 项目实施中面临的问题

（1）道路、市政管网建设面临与地块开发时序无法匹配的问题。控规阶段的市政基础设施建设仅按远景规划做考虑，未进行分期建设规划。因此在实际开发过程中仅根据征拆

进度确定建设时序，往往会造成开发过程中基础设施建设滞后的局面，将会制约地块的建设进度。因此市政基础设施应统筹规划，结合地块开发安排，进行有计划的分期实施、实现动态平衡。

(2) 区域级市政基础设施多、系统复杂，对片区建设要求高。片区内及周边有多处区域性重大市政基础设施，如南洲水厂、沥滘污水处理厂、新建变电站等，片区内多条道路均涉及区域级主干管网，现高压走廊埋地、新建主干管网的建设必须要与片区建设相衔接，因此对片区建设的要求较高。

4. 规划范围

本次规划范围为沥滘旧村改造片区范围，规划范围约 146 hm^2；考虑到与周边道路的竖向、市政大系统的衔接，研究范围为 833 hm^2。

(二) 电力工程现状分析

1. 现状概况

变电站：现区域北侧有 220 kV 厚德变电站，区域内部有 110 kV 沥滘变电站，现容量为 (2×40+50) MVA，沥滘村现用电由沥滘变电站提供。

高压线路：区域周边有多条高压线，主要分布在海珠湖南侧和新光快速西侧。

中压线路：现广州大道和南洲路有主干中压电力管沟，沥滘村范围内大部分以架空线路为主。

2. 现状存在问题分析

(1) 供电电源：片区主要由 110 kV 沥滘变电站供电，整体供电能力不足，不能满足远期发展需求。现 110 kV 沥滘变电站仅能满足沥滘村近期改造需求；远期需要协调周边变电站同步建设。

(2) 高压线路：现电力架空线路与城市发展不协调。片区北侧及新光快速西侧有大量高压架空线，这些架空线路严重影响城市景观。

(3) 中压线路：村内现中压线路以架空为主，区域整体中压管道容量不足，随着地块改造需要重构中压主干网络。

(三) 电力工程规划

1. 规划目标

(1) 构建“安全可靠、供需和谐有序、结构合理、技术先进、适度超前”的片区电网，优化高压电网结构与落实城市电力走廊用地，保障片区电力设施有序建设。

(2) 优化与深化中压电力网络，形成合理、稳定的主干中压网络结构，为地块的开发建设提供保障。

(3) 充分结合地块开发时序，做到近远期结合，统筹片区与沥滘村实际开发的衔接，为进一步的设计提供重要依据。

2. 用电负荷预测

(1) 用电负荷指标。规划采用单位建筑面积负荷密度法进行负荷预测。根据片区发展定位，规划采用如表 7.10 所示的负荷指标。

(2) 用电负荷预测。根据负荷指标，预测片区用电负荷结果如表 7.11 所示。

考虑取综合系数为 0.7，则片区实际用电负荷为 469 MW。

表 7.10　各类用地单位建筑面积用电负荷密度指标表

用 地 类 型	单位建筑面积负荷密度指标
A1 行政办公用地	100 W/m^2
A2 文化设施用地	80 W/m^2
A3 教育科研用地	80 W/m^2
A33 中小学用地	60 W/m^2
A35 科研用地	80 W/m^2
A51 医院用地	100 W/m^2
A6 社会福利用地	60 W/m^2
A7 文物古迹用地	300 kW/hm^2
B1 商业用地	80 W/m^2
B2 商务用地	100 W/m^2
B3 娱乐康体用地	60 W/m^2
B41 加油加气站用地	300 kW/hm^2
H41 军事用地	300 kW/hm^2
M1 一类工业用地	60 W/m^2
R2 二类居住用地	40 W/m^2
R22 服务设施用地	400 kW/hm^2
R2/B1 商住混合用地	40 W/m^2
S2 城市轨道交通用地	300 kW/hm^2
S41 公共交通场站用地	300 kW/hm^2
U 市政公用设施用地	300 kW/hm^2

注：其中 A7、B41、R22、H41、S、U 类设施没有建筑面积的按照用地面积计。

表 7.11　各类用地单位建筑面积用电负荷预测总表

用 地 类 型	用地面积/m^2	建筑面积/m^2	负荷密度指标/(W/m^2)	用电负荷/kW
A1 行政办公用地	74 233	134 856	100	13 486
A2 文化设施用地	69 458	129 873	80	10 390

续 表

用 地 类 型	用地面积/m²	建筑面积/m²	负荷密度指标/(W/m²)	用电负荷/kW
A33 中小学用地	304 554	243 643	60	14 619
A35 科研用地	44 007	148 738	80	11 899
A51 医院用地	102 552	419 889	100	41 989
A7 文物古迹用地	5 818	—	200 kW/hm²	116
B1 商业用地	312 541	898 017	80	71 841
B2 商务用地	490 084	3 029 511	100	302 951
B41 加油加气站用地	6 281	—	300 kW/hm²	188
H41 军事用地	69 565	—	300 kW/hm²	2 087
M1 一类工业用地	38 303	57 454	60	3 447
R2 二类居住用地	872 162	4 264 070	40	170 563
R22 服务设施用地	60 780	60 780	40	2 431
S2 城市轨道交通用地	3 365	—	300 kW/hm²	101
S41 公共交通场站用地	24 094	—	300 kW/hm²	723
U 市政公用设施用地	674 402	—	300 kW/hm²	20 232
G 公园绿地	121 318	67 350	40	2 694
合计	3 273 517	9 454 181	—	669 757

具体各单元的用电负荷结果如表 7.12 所示。

表 7.12 各用地单元用电负荷预测表

用地单元	用地面积/m²	建筑面积/m²	用电负荷/kW
AH0704	13 585	4 152.8	584
AH1007	117 783	346 077	22 420
AH1008	248 659	795 114.6	37 237
AH1009	157 698	539 741	26 791
AH1010	77 950	128 465	9 541

续 表

用地单元	用地面积/m^2	建筑面积/m^2	用电负荷/kW
AH1017	161 916	578 118	45 108
AH1018	238 412	889 546	68 562
AH1019	310 358	1 122 509	80 219
AH1020	212 630	1 716 150	137 711
AH1021	317 824	977 860	62 575
AH1022	532 600	489 956	35 403
AH1023	25 199	15 208	1 402
AH1024	283 326	1 223 805	71 830
AH0806	575 577	628 504	70 375
合计	—	—	669 757

注：其中 A7、B41、H41、S、U 类设施未计建筑面积。

由各单元用电负荷结果可以看出，片区的最大负荷集中在 AH1019 和 AH1020 地块，包含了沥滘村改造的核心范围。

3. 电力工程规划

1）规划设计的技术原则

（1）电网规划应从全局出发，合理布局，贯彻“分层分区”原则。网络结构应满足安全标准、稳定标准和电能质量标准，经济灵活，适度超前国民经济发展规划。

（2）本规划设计内容涉及规划高压变电站布点、高压走廊等的确定以及 10 KV 配电网系统规划。

（3）贯彻“N－1”电网安全准则（又称为“单一故障安全检验法则”）。

（4）区内电网规划采用埋地电缆，与城市规划用地相结合；高压线路随周边路网建设逐步埋地。

220 kV、110 kV 变电站：布点尽可能靠近负荷中心，220 kV 变电站最终规模一般为四台主变，110 kV 变电站最终规模一般为三台主变。

2）电源规划

根据广州市电网区域统筹，海珠区电源主要由 500 kV 广南站提供，规划远期电源主要由规划果园 500 kV 变电站提供。

3）变电站规划

（1）220 kV 变电站规划。取容载比为 1.9，则片区共需 220 kV 变电容量 890 MVA，则片区共需 220 kV 变电站 1～2 座；根据大范围区域统筹，共在区内规划 2 座 220 kV 变电站，220 kV 变电站的主变规模按照 4×240 MVA 考虑。

(2) 110 kV 变电站规划。取容载比为 2.1，则片区共需 110 kV 变电容量 985 MVA，则片区共需 110 kV 变电站 6 座；根据大范围区域统筹，共在区内规划 5 座 110 kV 变电站，周边预留 1 座 110 kV 变电站，110 kV 变电站的主变规模按照 3×63 MVA 考虑。其中现沥滘站由于景观控制要求，进行原址改造并扩容，结合景观要求、技术标准进行建设。

各等级变电站用地控制指标以及片区规划变电站控制指标如表 7.13、表 7.14 所示。

表 7.13　各等级变电站用地控制指标表

电压等级/kV	主变规模/MVA	控制用地面积/m^2	备　注
220	4×240 MVA	110 m×74 m	室内站
110	3×63 MVA	73 m×40 m	室内站

表 7.14　片区规划变电站控制指标表

电压等级/kV	地块编号	用地面积/m^2	备　注
220	AH101816	8 129	新建后窖变电站
	AH070404	8 394	新建
110	AH101513	3 881	新建
	AH101603	4 597	新建
	AH101706	3 805	新建
	AH102009	2 684	罗马变电站
	AH102137	2 926	沥窖变电站原址改造并扩容

(3) 高压线路规划。区域周边有多条高压线，主要分布在海珠湖南侧和新光快速西侧。根据《广州市城市高压电网规划》中对广州老城区电网建设的指导原则，本区 220 kV 和 110 kV 高压线根据路网建设、地块开发情况逐步下地，远期全部下地敷设，近期 220 kV 高压走廊控制宽度为 36 m，110 kV 高压走廊控制宽度为 24 m；城区新建 220 kV 和 110 kV 高压线采用埋地电缆敷设；220 kV 变电站需预留 6 回 220 kV 电缆出线廊道、14 回 110 kV 电缆出线廊道；110 kV 变电站需预留 4 回 110 kV 电缆出线廊道。

根据大系统电网规划，片区主要通过广州大道、环城高速南侧规划 36 m 道路、海珠湖南侧规划 40 m 道路、南洲水厂北侧规划 40 m 道路建设主干高压电力隧道路由，形成片区主干高压网络。

(4) 10 kV 低压配电网规划原则。开关房最大负荷按不宜超过 3 000 kVA 设计，每回馈线装接容量不超过 12 000 kVA。应建设独立开关房、配电房。在满足低压供电半径的情况下，开关房与配电房可联体设置，但应有墙体隔开，电房允许与建筑物附建。开关房设置在建筑物首层，净空尺寸需满足长×宽×高≥6 m×4 m×3.5 m；10 kV 公用变电房，采用干式变压器单台容量不宜超过 1 000 kVA，采用油浸式变压器单台容量不宜超过 630 kVA；用电负荷较大的用户可设置 10 kV 用户专用配电房，单台主单台主变压器容量视具体负荷而定，单台主变压器容量不宜超过 2 000 kVA。

10 kV 电力电缆均埋地敷设，220 kV 变电站和 110 kV 变电站 10 kV 出线走廊根据变电站配置的 10 kV 间隔确定，在 10 kV 间隔数量的基础上预留适当的备用管容和配网通信光缆所需的管道，每 16 个间隔宜配置一个出线通道，每个出线通道预留 2 孔专用通信管道。一般 220 kV 变电站的 10 kV 电缆出线至少预留 24 回电缆走廊，110 kV 变电站的 10 kV 电缆出线至少预留 36 回电缆走廊，主干电缆走廊一般按 16～24 线建设形式规划；其他电缆走廊应根据实际负荷情况，并结合远期的发展需要，按 6～12 线建设形式来规划；横跨道路的电力电缆管道按不小于 12 线控制，进入开关房的 10 kV 电力电缆管道按不小于 12 线控制，设置一段母线的按不小于 8 线控制。

4. 分期建设计划

根据计划分期实施的地块范围和分期实施路网，确定本次电力工程的分期建设计划，电力管沟将随道路的建设同步实施。其中一期实施范围内的用电由 110 kV 沥滘变电站提供，后续分期开发的地块用电需要协调周边规划的 110 kV 变电站同步建设。

第二节 城市燃气工程规划与设计

一、城市燃气工程规划的主要任务与内容

1. 城市燃气工程规划的主要任务

(1) 结合城市和区域燃料资源状况选择城市燃气气源，合理确定规划期内各种燃气的用电量，进行城市燃气气源规划。

(2) 确定各种供气设施的规模、容量。

(3) 选择并确定城市燃气管网系统。

(4) 科学布置气源厂、气化站等产、供气设施和输配气管道。

(5) 制定燃气管道的保护措施。

2. 城市燃气工程规划的主要内容

(1) 城市总体规划中的主要内容。预测城市燃气负荷；选择城市气源种类；确定城市气源厂和储配站的数量、位置与容量；选择城市燃气输配管网的压力级制；布局城市输气干管。

(2) 城市分区规划中的主要内容。确定燃气输配设施的分布、容量和用地；确定燃气输配管网的级配等级，布局输配干线管网；估算分区燃气的用气量；确定燃气输配设施的保护要求。

(3) 城市详细规划中的主要内容。计算燃气用量；规划布局燃气输配设施，确定其位置、容量和用地；规划布局燃气输配管网；计算燃气管网管径。

二、城市燃气负荷预测与计算

城市燃气负荷预测与计算是城市燃气系统工程规划的首要任务，其主要内容有：确定城市燃气种类，选择供气对象和确定供应标准并预测与计算燃气负荷。

（一）城市燃气的种类

燃气按来源分类，可分为天然气、人工煤气、液化石油气和生物气四大类。燃气按热值分类，可分为高热值、中热值、低热值燃气。1 Nm^3 燃气完全燃烧所放出的热量称为燃气的热值，单位 kJ/Nm^3。低热值燃气热值约 12～13 mJ/Nm^3，中热值燃气约为 20 mJ/Nm^3，高热值燃气约为 30 mJ/Nm^3。

（二）燃气负荷预测与计算

1. 城市燃气负荷的分类与用气指标

城市燃气负荷根据用户性质不同可分为民用燃气负荷和工业燃气负荷两大类，民用燃气负荷又可分为居民生活用气负荷与公建用气负荷两类。

在计算用气负荷时，还必须考虑未预见用气量。未预见用气量中主要包括两部分：一部分是管网的漏损量，另一部分是因发展过程中出现没有预见到的新情况而超出了原计算的设计供气量。

城市居民生活用气量指标见表 7.15。

表 7.15　城市居民生活用气量指标

［单位：mJ/（人·年）或 1.0×10^4 kcal/（人·年）］

城市地区	有集中采暖的用户	无集中采暖的用户
东北地区	2 303～2 721(550～650)	1 884～2 303(450～550)
华东、中南地区	—	2 093～2 305(500～550)
北京	2 721～3 140(650～750)	2 512～2 931(600～700)

注：1. 本表系指一户装有一个煤气表的居民用户在住宅内做饭和热水的用气量。不适用于瓶装液化石油气居民用户。
2. 采暖系指非燃气采暖。
3. 燃气热值按低热值计算。

2. 燃气的需用工况

燃气的需用工况系指用户的变化规律。各类用户对燃气的用量随时间而变化，一年中各月、各日、各时均不相同。用户的不均匀性与确定气源生产规模、调峰手段和输配管网管径有很密切的关系。在燃气用量的预测与计算中，必须对燃气的需用工况作合理分析。

用气不均匀性可分为三种：月不均匀性(或季节不均匀性)、日不均匀性和小时不均匀性。

3. 燃气用量的预测与计算

根据燃气的年用气量指标可以估算出城市燃气用量。燃气的日用气量与小时用气量是确定燃气气源、输配设施和管网管径的主要依据。因此,燃气用量的预测与计算的主要任务是预测计算燃气的日用量与小时用量。

由于工业企业用气量在规划中很难准确计算与预测。因此,在总量预测中对这部分用气多采用比例估算的方法。

对于用燃气进行采暖的城市和地区,采暖的热指标参见《城市供热规划规范》(GB/T 51074—2015)的有关内容。

居民生活与公建用气量应根据用户数量和用气指标进行预测与计算。在日用气量与小时用气量的计算中,经常采用的是不均匀系数法。

三、城市气源规划

气源是指向城市燃气输配系统提供燃气的设施,主要有天然气门站、煤气制气厂、液化石油气供应基地、液化石油气气化站等设施。气源规划要选择适当的城市气源,确定其规模,并在城市中合理布局气源。

(一) 气源种类选择与气源规模

1. 气源种类选择原则

(1) 应遵照国家能源政策和燃气发展方针,结合各地区燃料资源的情况,选择技术上可靠、经济上合理的气源。

(2) 应根据城市的地质、水文、气象等自然条件和水、电、热的供给情况,选择合适的气源。

(3) 应合理利用现有气源,并争取利用各工矿企业的余气。

(4) 应根据城市的规模和负荷的分布情况,合理确定气源的数量和主次分布,保证供气的可靠性。

(5) 在城市选择多种气源联合供气时,应考虑各种燃气间的互换性,或确定合理的混配燃气方案。

(6) 选择气源时,还必须考虑气源厂之间和气源厂与其他工业企业之间的协作关系。

2. 气源规模确定

(1) 煤气制气厂规模的确定。在国内大多数城市中,煤气制气厂是主气源。

对于炼焦制气厂、直立炉制气厂等规模较大的煤气厂,生产调节能力较差,规模宜按一般月平均日的燃气负荷确定,计算公式如式(7.2)所示。

$$Q=\frac{Q_n}{365} \tag{7.2}$$

式中:Q 为制气厂生产能力,m^3/d;Q_n 为城市所用气量,m^3。

(2) 液化石油气气源规模的确定。液化石油气气源包括储配站、储存站、灌瓶站、气化站和混气站等。其规模主要指站内液化石油气储存容量。

液化石油气储配站的规模储存容积可按式(7.3) 计算。

$$V=\frac{nK_mQ_n}{365\rho\varphi} \tag{7.3}$$

式中:V 为总储存容积,m^3;n 为储存天数,d;ρ 为最高工作温度下液化石油气密度,kg/m^3;

φ 为最高工作温度下贮罐允许充装率，一般取 90%；K_m 为月高峰系数；$Q_n/365$ 为液化气年平均日用量，kg/d。

目前，我国各城市液化石油气储存天数多在 35～60 d，规划时应根据具体情况确定。对于液化石油气气化站和混气站，当其直接由液化石油气生产厂供气时，其贮罐设计容量应根据供气规模、运输方式和运距等因素确定；由液化石油气供应基地供气时，其贮罐设计容量可按计算月平均日用气量的 2～3 倍计算。

（二）气源规划

1. 煤气制气厂选址原则

(1) 厂址选择应合乎城市总体发展的需要，不影响近远期的建设。

(2) 厂址应具有方便、经济的交通运输条件。

(3) 厂址应具有满足生产、生活和发展所必需的水源和电源。

(4) 厂址宜靠近生产关系密切的工厂，并为运输、公用设施、三废（即废气、废水、废渣）处理等方面的协作创造有利的条件。

(5) 厂址应有良好的工程地质条件和较低的地下水位。地基承载力宜不低于 10 t/m²，地下水位宜在建筑物基础底面以下。

(6) 厂址不应设在受洪水、内涝威胁的地带。气源厂的防洪标准应视其规模等条件综合分析确定。位于平原地区的气源厂，当场地标高不能满足防洪，而采取垫高场或修筑防洪堤坝时，应进行充分的技术经济论证。

(7) 厂址必须具有避开高压输电线路的安全空隙间隔地带，并取得当地消防及电业部门的同意。

(8) 在机场、电台、通信设施、名胜古迹和风景区等附近选厂时，应考虑机场净空区电台和通信设施防护区、名胜古迹等无污染间隔区等特殊要求，并取得有关部门的同意。

(9) 气源厂应根据城市发展规划预留发展用地。分期建设的气源厂，不仅要留有主体工程发展用地，而且要留有相应的辅助工程发展用地。

2. 液化石油气供应基地的选址原则

(1) 液化石油气储配站属于甲类火灾危险性企业。站址应选择在城市边缘，与服务站之间的平均距离宜不超过 10 km。

(2) 站址应选择在所在地区全年最小频率风向的上风侧。

(3) 与相邻建筑物应遵守有关规范所规定的安全防火距离。

(4) 站址应是地势平坦、开阔、不易积存液化石油气的地段，并避开地震带、地基沉陷和雷击等地区。不应选在受洪水威胁的地方。

(5) 具有良好的市政设施条件，运输方便。

(6) 应远离名胜古迹、游览地区和油库、桥梁、铁路枢纽站、飞机场、导航站等重要设施。

(7) 在罐区一侧应尽量留有扩建的余地。

3. 液化石油气气化站与混气站的布置原则

(1) 液化石油气气化站与混气站的站址应靠近负荷区。作为机动气源的混气站可与气源厂、城市煤气储配站合设。

(2) 站址应与站外建筑物保持规范所规定的防火间距要求。

(3) 站址应处在地势平坦、开阔、不易积存液化石油气的地段。同时避开地震带、地基沉陷、废气矿井和雷区等地区。

四、城市燃气输配设施设计

燃气输配设施主要有储配站、调压站和液化石油气瓶装供应站等。

(一) 燃气储配站

要平衡燃气负荷的日不均匀性和小时不均匀性,满足各类用户的用气需要,必须在城市燃气输配系统中设置储配站。

燃气储配站主要有三个功能: ① 储存必要的燃气量,以调峰;② 使多种燃气混合,达到适合的热值等燃气质量指标;③ 将燃气加压,保证输配管网内适当的压力。

对于供气规模较小的城市,燃气储配站设 1 座即可,并可与气源厂合设。

储配站站址选择,还应符合防火规范的要求,并有较好的交通、煤电、供水和供热条件。

(二) 调压站

1. 燃气输配管压力

城市燃气输配管道的压力 P 可分为 5 级,具体如下。

(1) 高压燃气管道 A: 0.8 MPa$<P\leqslant$1.6 MPa;B: 0.4 MPa$<P\leqslant$0.8 MPa。

(2) 中压燃气管道 A: 0.2 MPa$<P\leqslant$0.4 MPa;B: 0.05 MPa$<P\leqslant$0.2 MPa。

(3) 低压燃气管道 $P\leqslant$0.05 MPa。

另外,天然气长输管线的压力也可分为 3 级。一级: $P\leqslant$1.6 MP,二级: 1.6$<P<$4.0 MPa,三级: $P\geqslant$4.0 MPa。

城市燃气有多种压力级制,各种压力级制间的转换必须通过调压站来实现。调压站是燃气输配管网中稳压与调压的重要设施,其主要功能是按运行要求将上一级输气压力降至下一级压力。当系统负荷发生变化时,通过流量调节,将压力稳定在设计要求的范围内。

2. 燃气调压站分类

调压站按性质分为区域调压站、用户调压站和专用调压站。区域调压站是指连接压力不同的城市输配管网的调压站;用户调压站主要指与中压或低压管网连接,直接向居民用户供气的调压站;专用调压站指与较高压力管网连接,向用气量较大的工业企业和大型公共建筑供气的调压站。

按调节压力范围,调压站还可分为高中压调压站、高低压调压站和中低压调压站。

按建筑形式分为地上调压站、地下调压站和箱式调压站。

调压站自身占地面积很小,只有十几平方米,箱式高压器甚至可以安装在建筑外墙上,但对一般地上调压站和地下调压站来说,应满足一定的安全防护距离要求。

3. 调压站布置原则

调压站供气半径以 0.5 km 为宜,当用户分布较散或供气区域狭长时,可考虑适当加大供气半径。调压站应尽量布置在负荷中心。调压站应避开人流量大的地区,并尽量减少对景观环境的影响。调压站布局时应保证必要的防护距离。

(三) 液化石油气瓶装供应站

在条件允许时,液化石油气应尽量实行区域管道供应,输配方式为液化石油气供应基地→气化站(或混气站)→用户。但在条件不允许的情况下(如居民密集的城市旧区),只能采用液化气的瓶装供应方式,此时需要设置液化石油气的瓶装供应站。瓶装供应站的主要功能是储存一定数量的空瓶与实瓶,为用户提供换瓶服务。

瓶装供应站主要为居民用户和小型公建服务,供气规模以 5 000～7 000 户为宜,一般不超过 10 000 户。当供应站较多时,几个供应站中可设一管理所(中心站)。

一般供应站的实瓶储存量按计算月平均日销售量的 1.5 倍计;空瓶储存量按计算月平均日销售量的 1 倍计;供应站的液化石油气总储量不超过 10 m^3。

瓶装供应站的站址选址有以下要求。

(1) 瓶装供应站的站址应选择在供应区域的中心,以便于居民换气。供应半径不宜超过 1.0 km。瓶装供应站的瓶库与站外建、构筑物的防火间距应符合规范要求。

(2) 有便于运瓶汽车出入的道路。液化石油气瓶装供应站的用地面积在 500～600 m^2,而管理所(中心站)面积略大,为 600～700 m^2。

五、城市燃气管网的布置

(一) 燃气管网的形制

城市燃气管网按布局方式分,有环状管网和枝状管网系统。环状管网系统可靠性高。

城市燃气管网按不同的压力级制分类,分为一级管网系统、二级管网系统、三级管网系统和混合管网系统等四类。

1. 一级管网系统

只有一个压力级制的城市燃气管网系统称为"一级管网系统"。低压一级管网系统供气安全可靠,节省电能和维护费用,但管道一次投资费用高,燃烧效率低,只适用于供气范围为 2～3 km 的城市和地区。中压一级管网系统管道投资节省,燃烧效率高,但供气安全性差,易发生漏气事故,适用于新城区或安全距离可以保证的地区。

2. 二级管网系统

具有中压和低压两个压力级制的城市地下管网系统称为"二级管网系统"。供气安全性高,安全距离易保证,但增加管道长度,投资费用高。其中,天然气中压 B 二级管网适用于城市中街道狭窄、房屋密集的地区。

3. 三级管网系统

具有高、中、低三个压力级制的城市地厂管网系统称为"三级管网系统"。其供气可靠性高,管网中还可储存一定数量的燃气,但系统复杂,投资大。

4. 混合管网系统

在一个城市管网系统中,一、二、三级管网系统同时存在上述两种系统以上的称为"混合管网系统"。后两个系统适用于情况复杂的大、中城市。

(二) 城市燃气管网形制的选择

1. 燃气管网形制比较

各种管网系统均有其优、缺点,某一系统的优点在一定条件下成立,在另外一些条件下可能不成立。例如中压一级系统,其基建投资明显低于二、三级系统,但在北方高寒地区输送湿煤气,采用箱式调压器(目前国内用户表前调压器尚在试验中)供气时,调压器设在地上需防冻,设在地下需建井。由于调压箱数量大,设井的费用高,且易积水,调压器损坏漏气必然严重。综合这些因素，如果设备质量不佳，安装水平不高，一级系统方案可能不宜采用。

2. 燃气管网形制选择的系统因素

在选择输配管网的形制时，主要考虑管网形制本身的优、缺点和城市的综合条件等。

(1) 供气可靠性。供气可靠性取决于管网系统的干线布局，环状管网的可靠性大于枝状管网。

(2) 供气的安全性。管网的压力高、低影响到管网的安全性，尤其是庭院管网的压力不宜过高。

(3) 供气适用性。供气适用性主要由用户至调压器之间管道的长度决定，用户至调压设备远近不同会导致用户压力的不同，中压一级管网的供气能够保证大多数用户压力相同，有较好的供气适用性。

(4) 供气的经济性。供气经济性取决于管网长度、管径大小、管材费用、寿命以及管网的维护管理费用。

(5) 气源的类型。对天然气气源和加压气化气源，可以采用中压 A 或中压 B 一级管网以节省投资。对人工常压制气气源，尽可能采用中压 B 一级或中、低压二级管网系统。

(6) 城市的规模。小城市可以采用一、二级混合系统，其输气压力可以低些。

(7) 市政和住宅的条件。街道宽阔、新居住区较多的地区，可选用一级管网系统。

(8) 城市的自然条件。对于南方河流水域很多的城市，一级系统的穿、跨越工程量将比二级系统多，如何选用应进行技术经济比较后确定。

(9) 城市的发展规划。对于新发展地区选用一级管网系统，采用较高的设计压力。近期工程的管网系统，可以降低压力运行，远期负荷提高时，可将运行压力提高，即可满足需要。

(三) 城市燃气管网的布置

1. 城市燃气管网布置的一般原则

(1) 应结合城市总体规划和有关专业规划进行。在调查了解城市各种地下设施的现状和规划基础上才能布置燃气管网。

(2) 管网规划布线应贯彻远近结合，以近期为主的方针，提出分期建设的安排，以便于设计阶段开展工作。

(3) 应尽量靠近用户，以保证用最短的线路长度，达到同样的供气效果。

(4) 应减少穿、跨越河流、水域、铁路等工程，以减少投资。

(5) 为确保供气可靠，一般各级管网应沿路布置。

(6) 燃气管网应避免与高压电缆平行敷设，否则，由于感应地电场，会对管道造成严重腐蚀。

2. 各级管网布线原则

(1) 高压、中压 A 管网。高压、中压 A 管网的压力高，危险性大，布线时应确保长期安全运行。为此应做到：为保证应有的安全距离，高压、中压 A 管网宜布置在城市的边缘或规划道路上，高压管网应避开居民点；对高压、中压 A 管道直接供气的大用户，应尽量缩短用户支管的长度；连接气源厂(或配气站)与城市环网的枝状干管，一般应考虑双线，可近期敷设一条，远期再敷设一条；长输高压管线不得连接用气量很小的用户。

(2) 中压管网。中压管网是城区的输气干线，网路较密，为避免施工安装和检修过程中影响交通，一般宜将中压管道敷设在市内非繁华的干道上；尽量靠近调压站，以减少调压站支管长度，提高供气可靠性；连接气源厂(或配气站)与城市环网的支管宜采用双线布置；中压环线的边长为 2～3 km。

(3) 低压管网。低压管网是城市的配气管网，基本上遍布城市的大街小巷，布置低压管网时主要考虑网路的密度。低压燃气干管网络的边长以 300 m 左右为宜，具体布局情况应根据用户分布状况决定。

六、沥滘旧村改造项目燃气工程专项规划案例

以本章第一节“六、沥滘旧村改造项目电力工程专项规划案例”中的沥滘旧村改造项目为背景，进行燃气工程专项规划案例介绍。

(一) 燃气工程现状分析

1. 现状概况

气源：规划区现用气气源为天然气和液化石油气，天然气气源来自小洲高中压调压站。

区域燃气主干管道：沿番禺大桥、华南快速路敷设天然气高压管道 DN500 进入规划区东侧小洲高中压调压站，调压后出 DN600 的中压燃气管为本区提供用气。规划区内已敷设有主干燃气管网，南洲路现有 DN200～DN600 中压燃气管道、广州大道现有 DN500 中压燃气管道、华南快速路现 DN500 高压燃气管道及 DN200 中压燃气管道。

村内燃气次干管道：沥滘村内无燃气管网。居民用气仍以液化石油气为主要气源，供应方式为瓶装供气。

2. 现状存在问题分析

气源：天然气气源来自小洲高中压调压站，能够满足该片区发展的用气需求。

区域燃气主管：区域燃气主干管网已基本形成，能满足区内近远期的开发需求。

村内燃气配管：沥滘村内无燃气管网覆盖，管道燃气普及率有待提高。村内现仍以液化石油气为主要气源，供应方式为瓶装供气。由于瓶装供应站分散布置，既不利于城市统一规划和城市建设，也不利于城市的消防安全管理。另一方面，瓶装供气从运输、储存、灌装、供应到用户使用的全过程，介质压力高，泄漏的危险性大，用户参与的环节多，发生事故的可能性大，存在极大的安全隐患。

(二) 燃气工程规划

1. 规划目标

提高天然气利用率，降低能源消耗，实现能源优化配置，构建安全可靠、节能环保、高效清洁的供气系统。

以天然气为气源，气化率达到 100%。

2. 用气量预测

根据《广州市城市燃气发展规划(2016—2020)》确定规划区居民用气量指标：80 Nm^3/(人·年)[68×10^4 kcal/(人·年)]。公建商业用气量按居民用气量的 50%计算。区内规划居住人口约 12.69 万人。规划区年日平均用气量为 4.17×10^4 Nm^3。

规划区用气量预测情况以及各用地单元用气量预测情况如表 7.16、表 7.17 所示。

表 7.16　规划区用气量预测总表

序　号	用 户 类 型	人口数/万人	年平均日用气量/$\times 10^4$ Nm^3
1	居民用户	12.69	2.78
2	公建商业	—	1.39
3	合计	12.69	4.17

表 7.17　各用地单元用气量预测表

序　号	用 地 单 位	年平均日用气量/$\times 10^4$ Nm^3
1	AH0704	0.01
2	AH1007	0.17
3	AH1008	0.51
4	AH1009	0.33
5	AH1010	0.05
6	AH1017	0.12
7	AH1018	0.28
8	AH1019	0.44
9	AH1020	0.43
10	AH1021	0.42
11	AH1022	0.47
12	AH1023	0.02
13	AH1024	0.56
14	AH0806	0.37
15	合计	4.17

由各单元用气量预测结果可以看出，片区的最大用水量集中在 AH1008、AH1019～AH1022 和 AH1024 地块，包含了沥滘村改造的核心范围。

3. 燃气工程规划

根据《广州市城市燃气发展规划》(2016—2020)，规划采用天然气为气源，规划区由小洲高中压调压站提供用气。规划保留小洲高中压调压站。

规划保留南洲路、广州大道及华南快速路的高中压燃气管道。结合中压燃气管网布局，规划沿道路新建 DN150～DN250 中压燃气管道与城市供气管网连成环状，供应各地块用气。

4. 分期建设计划

根据计划分期实施的地块范围和分期实施路网，确定本次燃气工程的分期建设计划。其中一期实施范围内的用气主要由南洲路及环岛路燃气管提供，后续分期开发的地块用气需要协调周边市政燃气管网同步建设。

第三节　城市综合能源规划

一、能源规划与城市规划的关系

（一）能源规划与城市规划的相互关系

1. 能源规划和城市规划的相互制约关系

城市扩张、经济发展、人口增长、环境容量和发展模式制约和影响了能源规划的目标。反过来能源的使用以及供给模式对城市的发展与规划建设有很大的制约作用，国外关于城市发展与能源利用的发展模式以美国和欧洲为代表分为两类。

在美国，城市发展基本上以满足能源供给为导向的规划为主，资源的供给成为制约城市生产与生活的主要矛盾，一定程度上阻碍了城市的节能与减排目标。

欧洲的部分国家在城市发展与能源利用之间的关系研究已有成果，提出了紧凑城市的发展理念、制定公共交通政策、鼓励土地的混合使用、节能减排技术推广以及可再生能源使用等方面。

可以在借鉴欧美城市发展与能源利用研究实践过程中的经验与教训，结合现有城市发展政策，从宏观战略到规划实施层面，反复强调推动能源规划并建设清洁低碳的现代能源体系。从宏观战略来看，能源规划担负着解决先前遗留问题的使命。为减缓全球气候变暖、减少环境污染，需要改革现有能源生产过程，以达到城市发展和环境保护的双重效益，减少城市碳排放。为了提高市民生活质量，改善城市大气环境，需要转变现有的能源消费模式，最终使城市生活不再造成能源的大幅增长，实现生态低碳可持续的发展。

2. 城市规划承载能源规划目标

城市规划是应对气候变化及推动低碳经济的重要政策、手段和实践平台。通过城市各个部门的共同协作，打造城市共享的知识框架平台，提供低碳经济、控制碳排放的必要条件。

能源利用政策的制定与实施，必须与城市中产业发展、交通发展、土地开发以及环境保护保持协调一致，以达到资源合理利用的最大化。城市规划作为城市建设的基本依据，为能源发展战略的制定提供控制与指导意见。同时，城市中交通体系的规划、产业的划分和人民的生活都与能源规划的政策实施密切相关。在城市规划实施的不同层面、不同阶段对综合能源规划的制定产生直接影响。因此，也可以说城市规划是能源规划的主要载体。

3. 能源规划支撑城市规划

能源规划的理论依据主要源自低碳可持续的发展理念，当前面对全球气候变化和二氧化碳排放问题，需要把能源规划的指标体系落实到城市空间规划、设计和管理中。通过低碳可持续的能源规划支路，将城市规划管理制度和思维进行扩大和深化，以创新的规划决策框架、指标以及监控手段等，推动城市规划流程的"无碳化"（见图 7.1）。

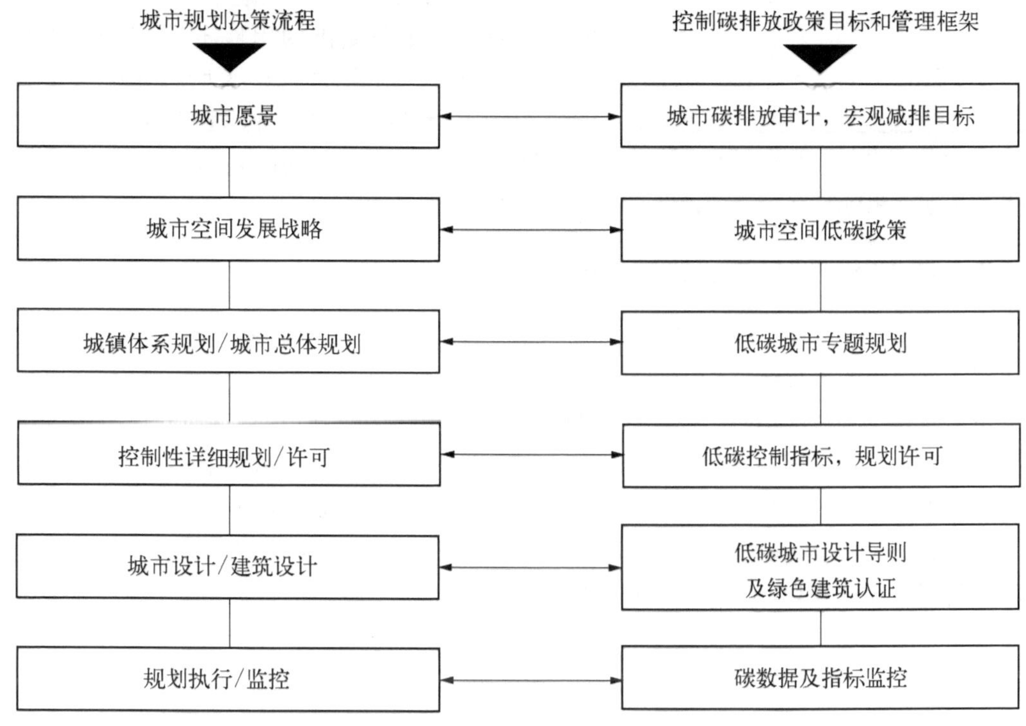

图 7.1　城市规划综合决策"无碳化"

（二）能源规划与"多规合一"

"多规合一"的推广始于 2014 年 12 月，在中央经济会议上一经提出，各市县积极响应。该理念的提出是为了进一步健全我国现有的空间规划体系，同时促进规划体制的深化改革。"十三五"规划纲要要求，建立国家空间规划体系，以主体功能区规划为基础统筹各类空间性规划，推进"多规合一"。在当前发展时期，"多规合一"理念的出现和应用是我国对现有决策结构进行变革的重要举措。

伴随国家进一步的深化改革，在城市规划领域，多规合一的工作逐步演化为编制以及管理过程中的必要选择，以此来加强城市规划建设过程的信息统一管理，协调各项空间规划之间关系。这要求城市规划师在工作过程中重点考虑空间单元规划与非空间规划（如能源规划）之间的衔接预留余地，把多规合一的工作内容落实到智慧和数字的建设平台上，提升对建筑、景观环境、社会事业等多方面、多行业的包容性，做好二次融合的准备，将空间规划升级为信息化的协同规划。

能源规划的过程需要确定能源结构、能源利用方式、能源供应网络、能源供需平衡、能源利用效率等能源问题，这个过程需要政府部门、能源机构、规划部门、工程建设等多个城市部门的参与，能源规划设计包括管理、能源技术、规划设计等专业领域，其复杂性和系统性迫切需要多专业领域的共同探索与研究，并形成高效框架，以此来整合协调物质规划与能源规划，阐明能源规划内容与目标。

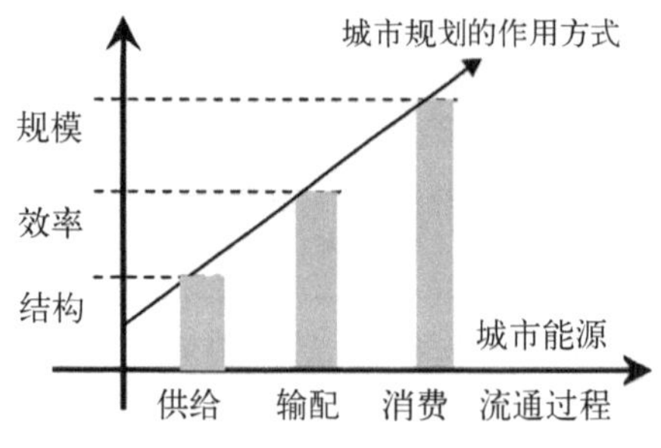

图 7.2 城市规划参与能源流通过程

能源的供应结构由城市的气候以及资源条件、社会经济发展和产业布局决定；能源的需求规模则在很大程度上取决于城市的规模与规划建设目标；能源的使用效率与城市的用地布局、建筑、交通等设施息息相关。因此，能源作为所有建设与发展的能量来源，关系到城市的选址、规模和形态等选择，而且城市中的各项要素同时对城市的能源供应有重要影响（见图 7.2）。

二、基于“双碳”目标的能源专项规划编制

城市是“双碳”研究的重点区域。2022 年年末中国常住人口城镇化率达 65.22%，已进入以城市型社会为主体的新发展时期。城市成为区域经济和人类活动的重要空间载体，亦是能源消耗和碳排放的中心。能源作为城市生产和生活的原动力，是驱动城市运转的重要条件。能源的利用和消费是碳排放的主要来源，城市能耗占全球总能耗的 75%，城市温室气体排放量占全球总排放量的 80%，城市成为碳减排的主要区域。在 2020 年 9 月的第 75 届联合国大会上，中国明确提出 2030 年“碳达峰”与 2060 年“碳中和”的“双碳”目标，城市能源的科学利用和合理规划，是城市碳减排的主要研究内容之一。

规划方案“低碳”具有重要意义。自 2018 年起，国家实施国土空间规划改革，建立了“五级三类”的国土空间规划体系（见图 7.3）。整合、优化了原“主体功能区划、土地利用规划、城乡规划”等多类空间规划，以期实现“多规合一”。2019 年，《中共中央、国务院关于建立国土空间规划体系并监督实施的若干意见》正式印发，提出国土空间规划按层级和内容分为“五级三类”。“五级”是指与我国行政管理层级相对应的“国家、省、市、县、乡镇”五个不同层级，“三类”是指总体规划、详细规划和专项规划三种规划类型。国土空间规划作为各类开发、保护和建设活动的基本依据，其规划方案一旦确立并实施，将会在一定时期内对一个地区产生“碳锁定”效应。国土空间规划体系中，能源规划属于专项规划，可分为特定区域或行业、落

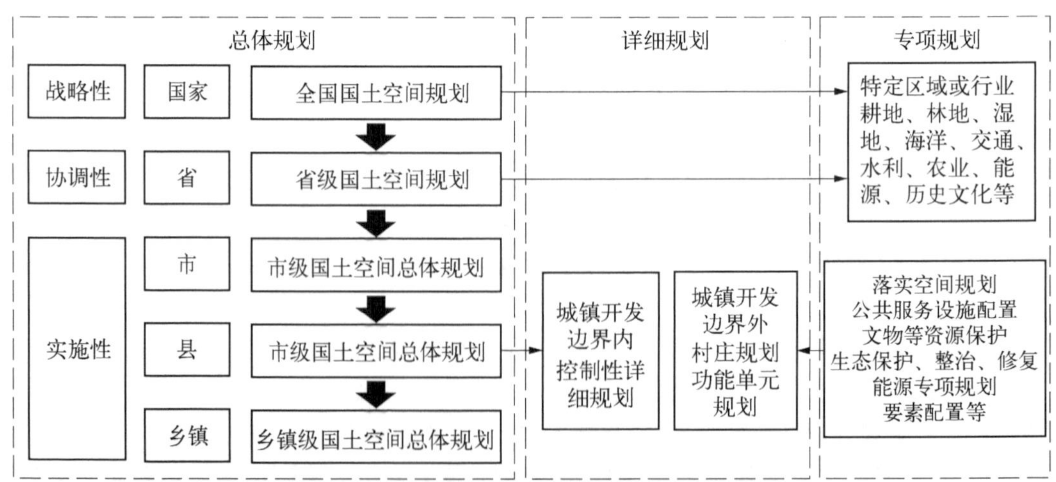

图 7.3 “五级三类”国土空间规划体系示意图

实空间的规划两种类型。在国土空间规划方案编制中，基于“能源低碳”角度，开展能源专项规划编制并实施，对指导低碳城市建设、促进城市节能减排具有重要意义。

（一）编制体系

现有能源规划研究多基于传统城乡规划体系开展，包括“城镇体系规划、城市规划、镇规划、乡规划和村庄规划”五种规划类型中的能源专项规划。城市规划中的能源规划通常结合“城市总体规划、详细规划（含控制性详细规划和修建性详细规划）”两个阶段开展（见图7.4）。研究内容在宏观规划层面偏重能源发展目标确定，能源基础设施和网络系统布局。在微观规划阶段偏重于工程管线的布局及实施措施，较少涉及能源结构、用能方式、节能指标、节能措施和污染治理等综合性的城市能源规划内容。且宏观目标与微观方案之间缺乏中观层次规划的有效衔接，导致目标与实践存在偏差。

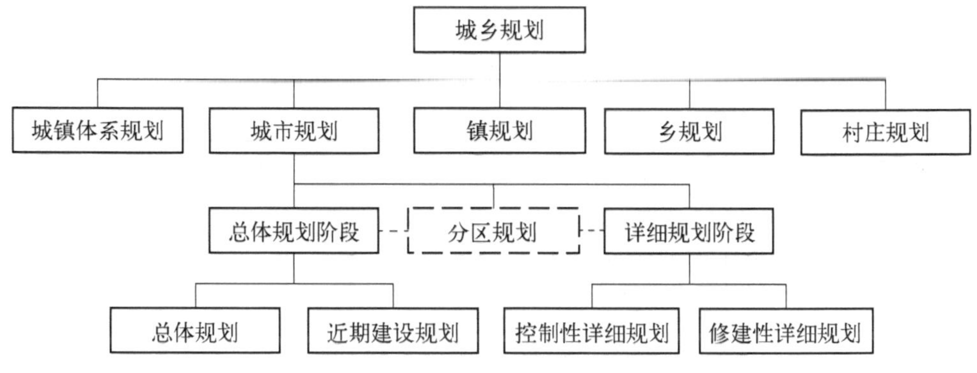

图7.4　原城乡规划体系示意图

在国土空间规划编制体系中系统地探索能源规划编制，构建完善的能源专项规划编制体系是开展研究的关键和前提。结合各级、各类国土空间规划的编制与实施，将能源专项规划内容及目标分阶段、分步骤落实到规划中，可构建“总体规划阶段能源专项规划、详细规划阶段能源专项规划、能源设施专项规划”的能源专项规划编制体系，以有效指导能源专项规划的编制。

（二）编制内容

传统城市能源规划中，能源常被分成“电力、燃气、热力”等独立专项来开展。在能源消耗量预测上遵循保守原则，体现“以供为主、偏重供应侧、偏大负荷”的特点，无法达到“节能和低碳”要求，不符合“需求侧”改革的发展趋势。且传统能源规划涉及规划、暖通、市政等多个专业领域，多个专项规划之间缺乏有效协调与衔接，忽视了能源系统之间的转化与替代。常出现负荷预测重叠或缺失，设施布局规划中对综合效益欠全面考虑，如日常生活用热可依托电力、热力、燃气等实现供应，在用能量预测、系统布局时可综合协调考虑。

基于现代能源体系要求和国土空间规划编制体系，结合规划的作用及控制要求，在“五级三类”国土空间规划体系基础上，需要建立“宏观—中观—微观”三层次的能源专项规划内容体系框架。从宏观到微观以分步实现低碳指导、目标细化与分解，由微观到宏观可确保低碳目标落实、结果反馈与修正。“宏观”层次能源专项规划与国土空间总体规划对应，其中，国家级、省级国土空间总体规划阶段的能源专项规划重点关注区域能源方针、低碳能源政策、节能减排指引等目标，市、县、乡镇级国土空间总体规划重在提出能源发展战略、低碳能源愿景、节能减排目标。“中观”层次能源专项规划与控制性详细规划阶段对应，能源专项规划内容重在明确城市能源分区、低碳能源指标、节能减排标准。“微观”层次能源专项规划与修建性详细规划、施工图设计阶段对应，修建性详细规划阶段能源规划重在提出能源供需方案、低碳能源方案、节能减排设计方案，施工图设计阶段侧重于能源系统设计、低碳节能技术、节能减排评估等内容（见表 7.18）。基于能源综合利用和有效控制角度，为实现统筹配置能源、优化能源结构、发展清洁能源和节能降耗技术的目标，建立各级各类能源专项规划内容（见图 7.5）。为实现能源低碳，能源专项规划应重点关注“能源节约、能效提升、能源替代、系统优化、能源管理”等内容，并可采取具体措施以促进低碳目标的实现（见图 7.6）。

表 7.18　能源综合规划内容体系框架

<table>
<tr><td colspan="6">由“宏观→中观→微观”的低碳指导、目标细化与分解</td></tr>
<tr><td>规划层级</td><td colspan="2">宏观层次</td><td>中观层次</td><td colspan="2">微观层次</td></tr>
<tr><td>规划体系</td><td>国家、省级规划</td><td>市、县、乡镇级规划</td><td>控制性详细规划</td><td>修建性详细规划</td><td>施工图设计</td></tr>
<tr><td>规划重点</td><td>区域能源方针
低碳能源政策
节能减排指引</td><td>能源发展战略
低碳能源愿景
节能减排目标</td><td>城市能源分区
低碳能源指标
节能减排标准</td><td>能源供需方案
低碳能源方案
节能减排设计</td><td>能源系统设计
低碳能源技术
节能减排评估</td></tr>
<tr><td colspan="6">由“微观→ 中观→宏观”的低碳落实、结果反馈与修正</td></tr>
</table>

图 7.5　能源专项规划内容体系

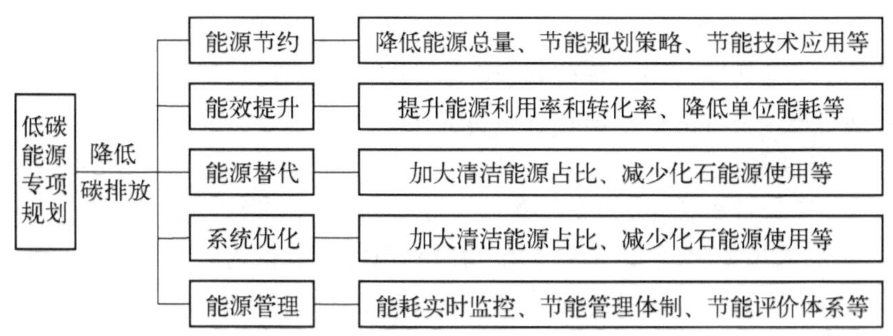

图 7.6　确保能源低碳的规划关注重点与具体措施

（三）编制路线

传统能源规划涉及多个部门，各部门在规划目标、技术线路、规划方法等方面存在一定差异。如由能源主管部门制定实施的能源发展规划，偏重于能源的宏观调控和国家能源宏观发展政策的落实。区域建筑能源规划侧重于一定规划范围内的能源综合利用，与原城乡规划体系中的规划级别、内容深度存在一定偏差，造成规划实施性弱、规划目标难以实现。传统规划中常将能源规划作为总体规划、控制性详细规划、修建性详细规划中的专项规划对待，缺少对能源综合利用、能量替代、节能目标等问题的深入考虑。当前低碳能源规划研究成果集中在技术层面（如建筑物的节能、低碳产业体系、低碳城市规划指标体系）和空间层面（紧凑城市、综合交通模式、碳汇系统等），各类能源规划的技术路线差异较大。

能源专项规划的编制应量化研究能源对低碳城市建设的促进作用，使国土空间规划中的综合能耗预测、节能潜力、能效等指标均可统计、可核查。规划编制可依据“综合分析、设计定位、规划方案、规划实施”的技术路线展开，各项技术内容前后关联、相互衔接与协调。

“综合分析”包括背景、相关规划、现状等分析内容，通过分析结论指导设计定位。“设计定位”阶段应重点关注规划目标设定、能源需求预测、实现供需平衡等内容，以指导规划方案的生成。“规划方案”阶段应包括供应方案、设施和网络布局等内容，以确保能源专项规划内容的落实。“规划实施”阶段重在形成规划指标、提出实施措施，提出确保规划检验、评估和实施的重要保障。

三、广州区域综合能源配置案例

（一）广州从化经济开发区绿色能源智慧信息港

1. 区域概况说明

广州从化经济开发区聚焦生物医药、新能源、新材料、互联网信息技术等先进产业发展，聚力打造高端高质高新现代产业体系。本区域未来重点引进各类数据中心产业集群，依托大数据的存储和计算，以及数据之间的互联互通和深度挖掘，吸引带动信息相关产业链的大规模发展，对地方经济支撑提供新发展动力，提高企业和地区发展的竞争力。

2. 用能需求分析

从化经济开发区智慧信息港的用能建筑以数据机房为主，机房主要负载互联网数据中心（Internet Data Center，IDC）设备，需要大量电力作为服务区能量来源，且由于数据中心的高热密度特性，需要保证对机房设备提供持续且稳定的冷能，故用能建筑的全年电、冷需求量大且稳定，同时对供能保障要求高、要求全年 8 760 h 不间断供能。综合来看，从化经济开发区智慧信息港能源系统以节能降耗、保障供能为核心需求，同时结合当地建设条件，可充分利用本地可再生资源减少社会化石燃料消耗。

3. 配置方案设想

数据中心负荷以冷电为主，建立以燃气分布式多能联供系统为核心，结合当地的风光和地热资源，以分布式风光为辅，以地热及生物质利用冷电联供为补充的绿色能源供应模式。同时，整合地区内的资源，以燃气电站为核心的"风光火储"一体化系统，充分挖掘电站余热梯级利用供冷供热。

此外，将大数据分析和实时感知互动等信息技术融入传统能源系统，使传统能源数字化智能化转型，最大化地提高能源效和清洁能源的消纳。通过信息网络和能源网络的高度整合，依托智慧能源管控系统，最终构建与先进信息产业配套的多元能源互补共济的智慧能源系统。

4. 经验总结

该项目为区域性数据中心，属于典型的通信枢纽应用场景，园区建设空间较大，区域用能负荷具有高耗能、基荷占比高且保供持续性要求高等特点，负荷以冷、电为主，尤其是需要大容量的空调制冷负荷。

采用燃气为主的分布式多能联供系统配置模式，并充分挖掘本地资源禀赋，如风光、地热和生物质能作为补充，利用余热回收系统对能源进行二次梯级利用，该系统配置模式的功能优势在于燃料综合利用效率高，且系统输出的热电比特别适合数据中心的负荷特性，且可满足多负荷要求，并兼顾保障电源、黑启动等功能，此模式适用于大体量、稳定的电、冷负荷需求，且存在较高的保供需求，建设空间需要足够充裕，可应用于大型通信枢纽场景。

（二）琶洲创新会展区智慧绿能系统

1. 区域概况说明

琶洲创新会展区（以下简称"琶洲地区"）规划范围包括琶洲岛及黄埔涌南岸的琶洲南区，用地规模共 14.9 km^2。区域产业发展类型主要以会展产业、数字经济产业、总部经济产业以及现代服务业为导向，用地功能类型主要包括大型会展场馆、会议中心、商业、住宅、公园绿地等。按照国家现行能耗引导标准，结合琶洲地区不同功能类型的基准建设量，预测未来琶洲地区建筑能耗总量约 140 万吨标准煤。

2. 项目条件分析

琶洲创新会展区内规划有广交会四期展馆、新建展览中心、会议中心等对空调需求大的大型会展建筑，商业建筑群具有高端综合体属性，属于电、冷需求体量大、密度高、峰谷性强的典型区域，且因其人流量、经济活跃度等原因具有一类负荷保供需求；区内大型会展建筑多属于屋顶面积大、室外空间开敞的建筑，公园绿地空间大且毗邻珠江，可以就地利用规划区清洁资源，提高可再生能源利用率，降低能源碳排放。

3. 综合能源配置方案

琶洲创新会展区构建以"双工况＋蓄冷"集中供冷为核心的区域综合能源系统，利用大容量集中制冷机组的规模效益提升制冷能效、减少区域能耗，并利用地下空间配置冰蓄冷系统进行削峰填谷、降低制冷成本；利用区内建筑屋顶、立面等可利用空间因地制宜配置各种类型的光伏设备，提升本地可再生能源利用率；以电储能或天然气机组作为应急供能设施，在紧急情况下保证应急负荷用能；配合热泵设备、卫星冷站、送冷管网等配套，提升区域能源系统的整体效益。同时，区域可考虑通过优化调整公园绿地能源设施与用能建筑、能源站建筑间的布局，提升区域的空气流通性，进而达到自然散热、节约能源、降低热岛效应的目的。

4. 经验总结

（1）此项目具有大量的高端综合体属性建筑群，建筑以展馆、会议中心为主，且存在大面积的地下空间。该区域冷、电需求大、密度高且峰谷性强，可采用在地下空间配置“双工况＋蓄冷”集中供冷模式，其功能优势在于制冷效率高、节能降耗，可减少峰期用电，缓解峰期供能压力并降低制冷成本，可兼顾后备冷源功能，此集中供冷模式适用于商业/展馆区域场景。

（2）该区域建筑屋顶、立面面积大，可利用空间适于布置光伏设备，采用分布式光伏系统配置模式，进一步提升本地的可再生能源消纳能力，提高本地新能源利用率，缓解地区用电对主网的供应压力。

（3）该区域绿地下方有大面积的地下空间，可布置占地面积较大的区域综合能源冷站，全域通过地下综合管廊敷设冷、热水循环管道，覆盖琶洲地区内所有的用冷需求建筑，且可灵活调节绿地能源设施与能耗设施的布局，降低热岛效应。

第八章

城市通信工程规划与设计

第一节　城市通信设施规划设计

一、城市邮政工程

邮政设施与城市性质、人口规模、经济发展目标、产业结构等因素密切相关。因此，在深入研究城市现状邮政业务量以及与经济社会因素关系的基础上，根据城市规划确定的人口规模、经济发展目标、产业结构等指标，预测城市邮政业务量，来确定城市邮政设施的种类及数量。

（一）城市邮政设施需求量预测

城市邮政设施的种类、规模、数量主要依据通信总量、邮政年业务收入来确定。因此，城市邮政需求量主要是用邮政年收入或通信总量来表示。预测通信总量（万元）和年邮政收入（万元），采用发展态势延伸法、单因子相关系数法、综合因子相关系数法等预测方法。

（二）邮政局所规划

邮政设施主要可分为邮件处理中心和提供邮政普遍服务的邮政营业场所。提供邮政普遍服务的营业场所可分为邮政支局和邮政所等。

城市邮件处理中心选址应与城市用地规划相协调，且应满足下列要求：① 便于交通运输方式组织，靠近邮件的主要交通运输中心；② 有方便大吨位汽车进出接收、发运邮件的邮运通道。

1. 城市邮政局所规划的主要内容

城市邮政局所的合理布局是方便群众使用，便于邮件的收集、发运和及时投递的前提条件。邮政局所规划的主要内容有：

（1）确定近、远期城市邮政局所数量、规模；

（2）确定各级邮政局所的面积标准；

（3）进行各级邮政局所的布局。

2. 邮政局所的设置原则

（1）邮政支局所应设在邮政业务量较为集中，方便人民群众交寄或窗口领取邮件的地方，如闹市区、商业区、居民聚集区、企业工矿区、党政军机关行政区、大专院校。邮政所还可设在人民群众公共活动的场所，如车站、机场、港口、宾馆、文化游览胜地等。

（2）邮政支局所的位置要面临主要街道，交通便利。这样邮运和投递车辆易于出入，能保障邮件的及时传递和邮件交接的安全性。

（3）邮政支局所选址既要照顾布局的均衡，又要有利于投递工作的组织和管理。投递区的合理划分、投递道段的科学组划是支局所规划中的重点。

3. 城市邮政局所等级、标准

邮政所在城市内的邮政企业分支机构，最基层的生产单位。具有营业全功能和投递功能的称为“邮政支局”，归属邮政支局管辖的只办理部分邮政业务的称为“邮政所”。城市支局所大部分属于邮政通信企业自办性质，在城市郊区农村也有一定数量的委代办邮政所。

4. 邮政局所总量配置

城市邮政局所设置应符合现行行业标准《邮政普遍服务规范》(DB31/T 1016—2016)的有关规定，其服务半径和服务人口宜符合表 8.1 的规定，学校、厂矿、住宅小区等人口密集的地方，可增加邮政局所的设置数量。

城市邮政局所总量主要依据城市人口规模和城市用地面积来配置邮政局所数量。在城市总体规划阶段，根据规划期内城市人口规模和城市规划建设用地计算人口密度，参照表 8.1，确定服务半径，从而计算城市规划期内的邮政局所配置的总量。

表 8.1　邮政局所服务半径和服务人口

类　别	每邮政局所服务半径/km	每邮政局所服务人口/万人
直辖市、省会城市	1～1.5	3～5
一般城市	1.5～2	1.5～3
县级城市	2～5	2

市邮政支局用地面积、建筑面积应按业务量大小结合当地实际情况，并宜符合表 8.2 的规定。

表 8.2　邮政支局规划用地面积、建筑面积　(单位：m^2)

支 局 类 别	用 地 面 积	建 筑 面 积
邮政支局	1 000～2 000	800～2 000
合建邮政支局	—	300～1 200

城市邮政所应在城市详细规划中作为小区公共服务配套设施配置，并应设于建筑首层，建筑面积可按 100～300 m^2 预留。

二、城市电信工程

电信系统工程是城市基础设施的重要组成部分，载负着整个城市的通信网络，是城市综合竞争力水平的标志之一。近年来，我国电信系统发展很快、变化很大，给城市电信工程规划提出了更高要求。

(一) 电信工程需求量的预测

(1) 城市电信用户预测应包括固定电话用户预测、移动电话用户预测和宽带用户预测等内容。

(2) 城市总体规划阶段电信用户预测应以宏观预测方法为主，可采用普及率法、分类用地综合指标法等多种方法预测；城市详细规划阶段应以微观分布预测为主，可按不同用户业务特点，采用单位建筑面积测算等不同方法预测。

(3) 固定电话用户采用普及率法和分类用地综合指标法预测时，预测指标宜符合表 8.3 和表 8.4 的规定。

表 8.3 固定电话主线普及率预测指标 （单位：线/百人）

城　市	预 测 指 标
特大城市、大城市	58～68
中等城市	47～60
小城市	40～54

表 8.4 固定电话分类用地用户主线预测指标 （单位：线/hm^2）

城市用地性质	特大城市、大城市	中等城市	小城市
居住用地(R)	110～180	90～160	70～140
商业服务业设施用地(B)	150～250	120～210	100～190
公共管理与公共服务设施用地(A)	70～200	55～150	40～100
工业用地(M)	50～120	45～100	36～80
物流仓储用地(W)	15～20	10～15	8～12
道路与交通设施用地(S)	20～60	15～50	10～40
公用设施用地(U)	25～140	20～120	15～100

(4) 移动电话用户预测采用普及率法时，预测指标宜符合以下规定：特大城市、大城市：125～145 卡号/百人；中等城市：105～135 卡号/百人；小城市：95～115 卡号/百人。

(5) 按城市用地分类的单位建筑面积电话用户预测指标宜符合表 8.5 的规定。

表 8.5 按城市用地分类的单位建筑面积电话用户预测指标 （单位：线/100 m^2）

大 类 用 地	中 类 用 地	主要建筑的单位建筑面积用户综合指标
R	一类居住(R1)	0.75～1.25
	二类居住(R2)	0.85～1.50
	三类居住(R3)	1.25～1.70

续　表

大类用地	中类用地	主要建筑的单位建筑面积用户综合指标
A	行政办公用地(A1)	2.00～4.00
	文化设施用地(A2)	0.40～0.85
	教育科研用地(A3)	1.35～2.00
	体育用地(A4)	0.30～0.40
	医疗卫生用地(A5)	0.60～1.10
	社会福利(A6)	0.85～2.50
	文物古迹(A7)	0.30～0.85
	外事用地(A8)	2.00～4.00
	宗教设施用地(A9)	0.40～0.60
B	商业用地(B1)	0.65～3.30
	商务用地(B2)	1.40～4.00
	娱乐康体用地(B3)	0.75～1.25
	公用设施营业网点用地(B4)	0.85～2.00
	其他服务设施用地(B9)	0.60～1.35
M	一、二、三类工业(M1)	0.40～1.25
W	一、二、三类物流仓储(W1)	0.15～0.50
S	交通枢纽、场站用地(S3、4、9)	0.40～1.50
U	供应设施用地(U1)	0.50～1.70
	环境设施用地(U2)	0.50～0.65
	安全设施用地(U3)	1.00～1.25
	其他公用设施用地(U9)	0.40～0.85

注：表中所列指标主要针对不同分类用地有代表性建筑的测算指标，应用中允许结合不同分类用地的实际不同建筑组成适当调整。

(6) 宽带用户预测采用普及率法进行预测时，具体预测指标宜符合以下规定：特大城市、大城市：40～52 户/百人；中等城市：35～45 户/百人；小城市：30～37 户/百人。

(二) 电信局规划

电信局站应根据城市发展目标和社会需求，按全业务要求统筹规划，并应满足多家运营企业共建共享的要求。

(1) 电信局站可分一类局站和二类局站，并宜按以下划分。

① 位于城域网接入层的小型电信机房为一类局站。包括小区电信接入机房和移动通信基站等。

② 位于城域网汇聚层及以上的大中型电信机房为二类局站。包括电信枢纽楼、电信生产楼等。

(2) 城市电信二类局站规划选址除符合技术经济要求外，还应符合下列要求：① 选择地形平坦、地质良好的适宜建设用地地段，避开因地质、防灾、环保及地下矿藏或古迹遗址保护等不可建设的用地地段；② 距离通信干扰源的安全距离符合国家相关规范要求。

城市的二类电信局站应综合覆盖面积、用户密度、共建共享等因素进行设置，并符合表8.6的规定。

表8.6 城市主要二类电信局站设置

城市电信用户规模/万户	单局覆盖用户数/万户	最大单局用户占比不超过规划总用户数的比例/%
<100	8	20
100～200	8	20
200～400	12	15
400～600	12	15
600～1 000	15	10
1 000以上	15	10

注：城市电信用户包括固定宽带用户、移动电话用户、固定电话用户。

城市电信用户密集区的二类局站覆盖半径宜不超过3 km，非密集区二类局站覆盖半径宜不超过5 km。城市主要二类局站规划用地应符合表8.7规定。

表8.7 城市主要二类局站规划用地

电信用户规模/万户	预留用地面积/m^2
1.0～2.0	2 000～3 500
2.0～4.0	3 000～5 500
4.0～6.0	5 000～6 500
6.0～10.0	6 000～8 500
10.0～30.0	8 000～12 000

注：1. 表中局所用地面积包括同时设置其兼营业点的用地。
2. 表中电信用户规模为固定宽带用户、移动电话用户，固定电话用户之和。

小区通信综合接入设施用房建筑面积应按城市不同小区的特点及用户微观分布，确定含广电在内的不同小区通信综合接入设施用房，并应符合表 8.8 的规定。

表 8.8　小区通信综合接入设施用房建筑面积

小区户数规模/户	小区通信接入机房建筑面积/m^2
100～500	100
500～1 000	160
1 000～2 000	200
2 000～4 000	260

注：当小区户数规模大于 4 000 户时，应增加小区机房分片覆盖。

城市移动通信基站规划布局应符合电磁辐射防护相关标准的规定，避开幼儿园、医院等敏感场所，并符合保护城市历史街区、城市景观的有关要求。

三、广播电视工程

城市无线通信设施应包括无线广播电视设施在内的以发射信号为主的发射塔（台、站）、以接收信号为主的监测站（场、台）、发射或（和）接收信号的卫星地球站、以传输信号为主的微波站等。

城市收信区、发信区及无线台站的布局、微波通道保护等应纳入城市总体规划，并与城市总体布局相协调。

城市各类无线发射台、站的设置应符合现行国家标准《电磁环境控制限值》（GB 8702—2014）的有关规定。

（一）无线广播设施

（1）规划新建、改建或迁建无线广播电视设施应满足全国总体的广播电视覆盖规划的要求，并符合国家相关标准的规定。

（2）规划新建、改建或迁建的中波、短波广播发射台、电视调频广播发射台、广播电视监测站（场、台）应符合现行行业标准《中、短波广播发射台场地选择标准》（GY/T 5069—2020）和《调频广播、电视发射台场地选择标准》（GY 5068—2001）等广播电视工程有关标准的规定。

（3）接收卫星广播电视节目的无线设施，应满足卫星接收天线场地和电磁环境的要求。

（二）有线电视用户与网络前端

城市有线广播电视规划应包括信号源接收、处理、播发设施和网络传输、分配设施规划。

城市有线广播电视网络总前端、分前端、一级机房、二级机房及线路设施应符合安全播出的相关规定。

1. 有线电视用户

城市总体规划阶段有线电视网络用户预测采用综合指标法预测，预测指标可按 2.8～3.5 人一个用户，平均每用户两个端口测算。

城市详细规划阶段，城市有线电视网络用户宜采用单位建筑面积密度法预测，预测指标可按表8.9并结合实际比较分析确定。

表8.9　建筑面积测算信号端口指标　　(单位：端/m^2)

用地性质	标准信号端口预测指标
居住用地	1/40～1/60
公共管理与公共服务设施用地	1/40～1/200

2. 有线电视网络前端

(1) 城市有线广播电视网络主要设施可分为总前端、分前端、一级机房和二级机房4个级别。

(2) 城市有线广播电视网络总前端规划建设用地可按表8.10规定，结合当地实际情况比较分析确定。

表8.10　城市有线广播电视网络总前端规划建设用地

用户/万户	总前端数/个	总前端建筑面积/(m^2·个$^{-1}$)	总前端建设用地/(m^2·个$^{-1}$)
8～10	1	14 000～16 000	6 000～8 000
10～100	2	16 000～30 000	8 000～11 000
≥100	2～3	30 000～40 000	11 000～12 500 (12 000～13 500)

注：1. 表中规划用地不包括卫星接收天线场地用地。
2. 表中括号规划用地含呼叫中心、数据中心用地。

(3) 城市有线广播电视网络分前端规划建设用地可按表8.11规定，结合当地实际情况比较分析确定。

表8.11　城市有线广播电视网络分前端规划建设用地

用户/万户	分前端数/个	分前端建筑面/(m^2·个$^{-1}$)	分前端建设用地/(m^2·个$^{-1}$)
<8	1～2	5 000～10 000	2 500～4 500
≥8	2～3	10 000～15 000	4 500～6 000

注：表中规划用地不包括卫星接收天线场地用地。

(4) 城市有线广播电视网络一级机房宜设于公共建筑底层，建筑面积宜为300～800 m^2。

(三) 通信管道规划

1. 一般要求

通信管道应满足全社会通信城域网传输线路的敷设要求，通信城域网应包括固定电话、移动电话、有线电视、数据等公共网络和交通监控、信息化、党政军等通信专网。

通信管道应统一规划，统筹多方共享使用需求，并留有余量。

2. 主干管道

(1) 电信局局前管道应依据局站覆盖用户规模、用户分布及路网结构，按表 8.12 规定确定电信局出局管道方向与路由数选择。

表 8.12　电信局出局管道方向与路由数选择

电信局站覆盖用户规模/万户	局前管道
1~3	两方向单路由
3~8	两方向双路由
≥8	3个以上方向、多路由

注：覆盖用户规模较大的局站宜采用隧道出局。

(2) 有线广播电视网络前端出站管道可依据前端站的级别，按表 8.13 规定确定有线电视前端出站管道方向与路由数选择。

表 8.13　有线电视前端出站管道方向与路由数选择

前端站级别	出站管道
总前端	3个方向、多路由
分前端	2个方向、双路由

(3) 有线广播电视网络前端进出站管道远期规划管孔数应依据前端站的级别、出站分支数量、出站方向用户密度，按表 8.14 的规定，结合当地实际情况分析计算确定。

表 8.14　有线广播电视网络前端进出站管道远期规划管孔数

前端站分级	距站 500 m 的分支路由管孔数	距站 500~1 200 m 的分支路由管孔数
总前端	12~18	8~12
分前端	8~12	6~8

(4) 城市通信综合管道规划管孔数应按规划局站远期覆盖用户规模、出局分支数量、出局方向用户密度、传输介质、管材及管径等要素确定，并符合表 8.15 的规定。

表 8.15 城市通信综合管道规划管孔数

城市道路类别	管孔数/孔
主干路	18～36
次干路	14～26
支路	6～10
跨江大桥及隧道	8～10

(5) 城市通信管道与其他市政管线及建筑物的最小净距应符合现行国家标准《城市工程管线综合规划规范》(GB 50289—2016)的有关规定。

3. 小区配线管道

小区通信配线管道应与城市主干路及小区各建筑物引入管道相衔接。

小区通信配线管道管孔数应按终期电缆、光缆条数及备用孔数确定，规划阶段其配线管道可按 4～6 孔计算，建筑物引入管道可按 2～3 孔计算；特殊地段小区管道和有接入节点的建筑引入管道应按实际需求计算管孔数。

四、计算机信息管理技术的应用

通信工程发展的现实意义明显，为人们生产与生活奠定了坚实的基础，特别是国防与军事等相关领域。基于当前计算机网络技术的发展，在通信工程规划中引入计算机信息管理，能够进一步推动通信工程项目的发展，全面提高通信工程的运行安全性与稳定性。由此可见，深入研究并分析计算机信息管理在通信工程规划中的应用具有现实意义。

(一) 计算机信息管理在城市移动通信工程规划中的应用

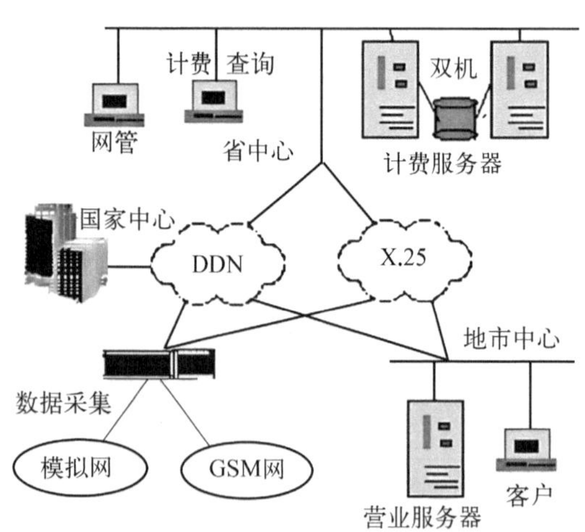

图 8.1 城市移动通信大厅的计算机信息管理系统图示

注：DDN—digital data network，数字数据网络；GSM 网—global system for mobile communications，全球移动通信系统；X. 25——个使用电话或者综合业务数字网设备作为网络硬件设备来架构广域网的国际电信联盟电信标准分局网络协议。

在通信工程中，城市移动通信是不可或缺的组成部分，而且城市移动通信规划效果将对通信工程的建设质量产生相应的影响。所以，城市移动通信规划的作用十分重要。将计算机信息管理引入城市移动通信当中，针对城市移动通信展开实时监督与控制，集中表现在补办电话卡、申办电话卡、办理优惠业务、咨询通信记录等方面。图 8.1 是城市移动通信大厅的计算机信息管理系统图示。在应用计算机信息管理的过程中，使得城市移动通信工程中的各项工作更具智能化与自动化特征，快速解决了城市移动通信人力资源浪费的问题，为城市移动通信的优化发展提供了必要的保障。

（二）计算机信息管理在邮政设施规划中的应用

1. 设计并完善邮政枢纽

邮政枢纽在邮政通信中占据基础性地位，将计算机信息管理引入邮政设施规划中，最关键的工作内容是设计并完善邮政枢纽。其中，从本质上来讲，计算机信息管理邮政枢纽是计算机信息管理系统的构建。作为工作人员，要向系统中传输邮政枢纽实地考察所获得的信息内容，系统则自动化设计邮政枢纽，制定更为健全与完善的方案，更好地实施邮政枢纽设计与完善工作。

2. 连接中心地区与周边地区

有机连接中心地区和周边地区的通信，为邮政通信的实现提供了必要的保障，使城市间、乡村间、城乡间的沟通更为顺畅。借助计算机信息管理方式，明显提高了连接中心地区和周边地区的连接质量，不断强化了连接的稳定性与安全性。在实际管理过程中，相关工作人员会向计算机信息管理系统输入周边地区设置及相关信息，系统则会自动连接线路，向中心地区传输周边地区的信息。也就是说，计算机信息管理属于传输媒介，可以连接中心地区和周边地区。

3. 全面保护邮政设施

通过对计算机信息管理的运用，可以对邮政设施进行保护，使得人力资源的利用率得以下降，增强邮政设施的安全稳定程度。在实际管理的过程中，需要在计算机信息管理系统中输入邮政设施正常运行条件下的相关信息。在监督监控邮政设施的时候，如果发现邮政设施存在问题，计算机信息管理系统会立即采取保护指令，对邮政设施的故障加以控制，以免出现故障扩大的情况，引发严重的破坏问题。

（三）计算机信息管理在城市电话系统规划中的应用

在现代通信化背景下，电话系统的基础性作用逐渐突显出来。如果电话系统的质量不理想，将直接影响人们之间的信息传递与通信。电话已经发展成人们日常通信工具，为电话通信的畅通提供了必要的保障。在这种情况下，将计算机信息管理引入通信工程规划中，并严格监督与控制电话系统十分有必要。

1. 办理固定电话

办理固定电话业务是固定电话开通的基本要求。在实际办理的过程中，要求用户提供必要的资料，如居住住址、身份证件等。在开展此项工作的时候，引入计算机信息管理方式的主要目标是提高办理固定电话的准确性与高效性，规避不必要的麻烦对用户使用效果带来的不利影响。借助计算机信息管理办理固定电话业务的过程是在计算机信息管理系统中输入用户的资料信息，系统会自动化完成固定电话办理的相关工作，全面增强固定电话办理工作的准确性与高效性。

2. 维修固定电话故障

在固定电话使用的过程中，固定电话故障是不可规避的。引起固定电话故障的原因是用户使用方法不正确，或者使用时间过长，使得固定电话的某些部位出现破损或老化。将计算机信息管理应用在维修固定电话故障的过程中，只要电话发生故障，拨打客服电话并提供固定电话的号码，系统就能及时发出自动指令，安排相应的维修工作人员维修。这种方式使得原有固定电话故障维修的步骤明显简化，具有一定的可行性与高效性。

（四）计算机信息管理在城市广播电视设施规划中的应用

城市广播是人们日常生活的“调味剂”，帮助人们掌握生活中的事件。广播电视的发展时间相对较长，较之于计算机与电话更古老。虽然现代社会的信息技术水平明显提高，但广播电视始终存在，且呈现出全面创新与发展的趋势。所以，广播电视设施的覆盖面积广泛且信息量相对较大。然而，广播电视仍存在一定的发展问题，特别是广播电视故障。在这种情况下，城市广播电视设施规划的过程中应得到必要的关注，以保证对广播电视设施中的问题加以处理与控制。为此，计算机信息管理的重要性逐渐突显出来。通过对计算机信息管理的运用，可以对广播电视设施问题进行处理，合理地规划城市广播电视设施，确保其在网络系统中的应用更加安全与稳定。伴随计算机信息管理系统的运用，数据信息向用户的传达更及时与准确，进一步推动了城市广播电视设施的全面规划。

第二节　智慧城市与通信基础设施的规划建设——以广州从化为例

一、智慧城市概述

智慧城市是把新一代信息技术充分运用在城市的各行各业之中的基于知识社会下一代创新的城市信息化高级形态。智慧城市基于互联网、云计算等新一代信息技术以及大数据、社交网络、微观装配实验室（fabrication laboratory，Fab Lab）、城市生活实验室（Living Lab）、综合集成法等工具和方法的应用，营造有利于创新涌现的生态，实现全面透彻的感知、宽带泛在的互联、智能融合的应用以及以用户创新、开放创新、大众创新、协同创新为特征的可持续创新。

有两种驱动力推动智慧城市逐步形成，一是以物联网、云计算、移动互联网为代表的新一代信息技术，二是知识社会环境下逐步孕育的开放的城市创新生态。前者是技术创新层面的技术因素，后者是社会创新层面的社会经济因素。由此可以看出创新在智慧城市发展中的驱动作用。新一代信息技术与创新是智慧城市的两大基因，缺一不可。

智慧城市的建设内容主要包括通信基础设施、通信网络规划、基础服务平台和智慧应用。其中，通信基础设施、通信网络规划、基础服务平台是智慧城市建设的基础，智慧应用是根据每个城市经济、社会、民生等发展特点而确定的实际应用。

本次广州从化的规划重点解决通信基础设施的规划建设并提出智慧应用的相关建议。

1. 通信基础设施建设

通信汇聚机房：近期保留16座固话机楼，44座移动汇聚机房，新建1座移动汇聚机楼。

通信综合管道：统一规划、统一建设；光纤全覆盖；发挥网络高效的优势，使之达到通融性能好，稳定性强，可持续发展，能满足各电信运营商的需求。

无线基站：根据《广州市从化区无线通信基站专项规划》的相关成果，近期2020年新建基站720座，远期2025年共新建基站583座。

基础服务平台：远景控制2座数据中心，搭建从化基础服务平台。

2. 智慧应用相关建议

从化的发展定位：从化区共分为综合服务功能片区和山地生态旅游功能片区。综合服务功能片区定位为：构建以绿色发展为引领的现代产业体系，加快新区开发建设，增强生活服务和旅游服务功能，打造广州市域北部地区综合型生活、生产服务中心；山地生态旅游功能片区定位为：依托丰富的生态资源，以温泉旅游为基础，重点发展生态休闲旅游产业，专业化打造面向世界的，以温泉生态旅游、商务会议度假为文化品牌的区域旅游服务中心。

根据从化的发展定位，结合两个功能片区发展的特点，本次规划在智慧应用方面将重点建设智慧物流、智慧园区、智慧农业和智慧旅游。

二、智慧城市建设

（一）感知层

感知层主要包含手机、视频电话、呼叫中心、无线网络、电脑、摄像头、微博、雷达、全球定位系统（global positioning system，GPS）、传感器等终端设备，用于全面感知一切人、物的信息。

（二）网络层

未来用户的通信需求将不局限于单一的通信需求，而是扩展到所有与信息相关的需求。特别随着“物联网”相关技术的成熟，通信交互将从“人-人”通信扩展到“人-物”通信乃至“物-物”通信。因此，网络层包括了传统的通信网、互联网和物联网。

在光纤网、4G（第四代移动通信技术）网飞速发展的时期，本地区要实现以下网络的要求。

无线网：按 IEEE 802.11 标准，使用 2.4 GHz 频段，传输速度达到 54 M 以上。

有线接入网：从综合业务承载、服务质量（quality of service，QoS）以及差异化服务考虑，以光纤到 x（fiber to the x，FTTx）和以太网无源光网络（ethernet passive optical network，EPON）网络为主，提供 50～100 Mb/s 的带宽，实现光纤到户[fiber to the home，FTTH]。

传输网：全面使用 40G 设备，以节省端口、简化网络、提高效率、降低 OPEX（operating expense，指的是企业的管理支出、办公室支出、员工工资支出和广告支出等日常开支）、减少等价路由数量。

数据网：局域网实现带宽 1 Gb/s，城域网实现 50～100 Mb/s。

移动核心网：全面实现 4G，即网络带宽达到 10 Mb/s，并向 LTE（long term evolution，一般指长期演进技术）演进。支持 EDD - LTE 和 TD - CTE（FDD - LTE 和 TDD - LTE 都是 4G 网络，TDD - LTE 是时分双工，即发射和接收信号是在同一频率信道的不同时隙中进行的；FDD - LTE 是频分双工，即采用两个对称的频率信道来分别发射和接收信号。形象点来说，TDD 是单车道，FDD 是双车道，双向放行。是国际主流的 4G 通信技术）。

固定语音网：低速数据业务≤64 kb/s，局域网互联≥2 Mb/s，本地高速数据≥10 Mb/s。

未来城市发展的目标应是光网城市，即光纤入户。

（三）基础服务平台

1. 云计算平台

目前，广州已建成或规划建设中的云计算中心包括：广州超级计算中心、亚太信息引擎、中移动南方基地、中国电信广州云计算数据中心、戴尔云计算中心、云计算科技园、网易、中金数据等。

鉴于云计算平台的服务范围较广，且耗电和占地面积也较大，建议近期考虑利用周边已有规划或已建成的云计算中心，通过政府或企业购买服务的方式实现；远期建立数据中心，搭建从化基础服务平台。

2. IDC

IDC 的主要服务包括整机租用、服务器托管、机柜租用、机房租用、专线接入和网络管理服务等。广义上的 IDC 业务，实际上是数据中心所提供的一切服务。客户租用数据中心的服务器和带宽，并利用数据中心的技术力量，实现自己对软、硬件的要求，搭建自己的互联网平台，享用数据中心所提供的一系列服务。随着互联网用户的迅速增长和企业信息化过程的加速以及电子商务的逐渐成熟，IDC 的发展仍将有极大的空间。

3. 信息化平台

物联网监控平台：物联网监控平台由前端采集设备、传输网络、监控运营平台三块组成。物联网监控平台通过视频、声音监控，对从化温泉风景区内部城市部件进行实时监测，并在平台上直观、及时展现出准确的信息内容，实现物以物之间联动反应，实现其在监控领域（图像、视频、安全、调度）等相关方面的应用。物联网监控平台需要与云计算平台进行连接。

政务数据服务中心：从化内部政务数据中心集运算、交换、存储及信息安全为一体，为电子政务提供服务。采用服务、应用、存储相分离的架构，建立规划区内部政务资源库，并提供统一的共享平台，解决“信息孤岛”问题，并对应用系统提供支持。整合审批性电子政务平台，营造高效的投资服务环境。结合规划区迫切的投资服务需求，建设统一审批服务政务平台，实现一体化的网上审批服务。对于前来规划区投资的审批事项，提供一站式的网上并联审批服务和集中在线服务，优化审批办理条件，统一调整审批办理时限，最大限度地提高审批效率，创造高效廉洁的投资服务环境。

综合以上平台，建议在从化打造基于云计算平台的综合管理平台：综合管理政务、产业、民生三个方面的数字城管、应急管理、智慧旅游、智慧物流、智慧园区、智慧交通、智慧交通、智慧医疗、智慧社区、物联网监控等一系列系统，实现规划区内各个部件的有效感应、处理、融合，通过物联网、互联网、数据库的无缝融合，达到分散资源集中化、集中资源分散化的目标。

（四）智慧应用

智慧城市的主要应用体现在政务、产业、民生各个方面的内容，如图 8.2 所示。

1. 政务信息化

摄像头、射频识别技术（radio frequency identification，RFID）、GPS、GIS 等传感器对城市部件实时监测系统；基于数据交换、GIS、GPS 和统一视频监控的智能决策系统；整合利用规划、公安、工商、环保等部门信息的公共数据中心；基于云计算平台的综合管理平台和决策支持系统。

2. 产业信息化

通过信息化手段构建公平、公开、自由、安全、高效的市场交易环境。本区重点打造智慧物流、智慧园区、智慧农业和智慧旅游。

（1）智慧物流。规划在明珠工业区内打造以汽车及其配套、电子家电等产业的产品与技术为主要品种，集商贸、展示、交易、信息、仓储、物流配送于一体的综合性商贸物流园区；积极承接空港国家物流园区的产业转移，加快融入广州市物流体系，成为广州北部重要的区

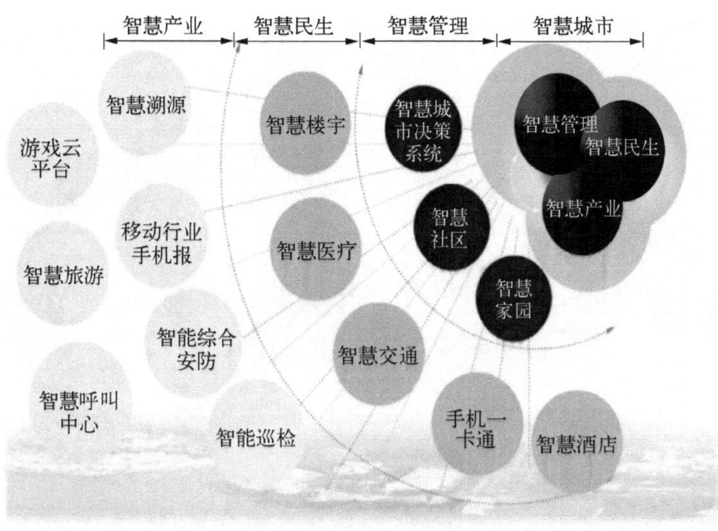

图 8.2　智慧应用

域性物流节点及从化区区域物流中心。在物流园区内统一建设物流公共信息平台，以信息技术为支撑，以广州物流公共信息平台、国家交通运输物流公共信息平台为依托，加快完善联通海关、国检、铁路、公路、航空等的智慧物流信息平台，实现信息平台与周边城市间信息互联互通，如图 8.3 所示。

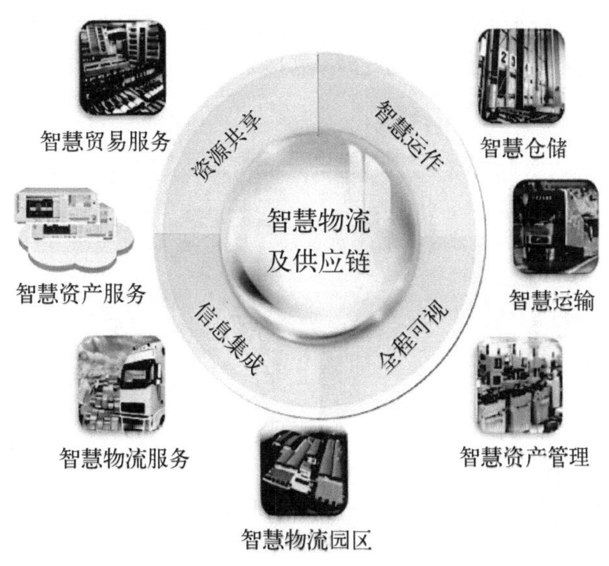

图 8.3　智慧物流

(2) 智慧园区。从化区内的从化高技术产业园和明珠工业园是区内重点的两大工业园区，重点发展高新技术产业、医疗健康及创意产业，新材料、动漫创意等新兴产业和现代物流产业等先进制造业。在园区内实现物联网的普及应用，建设一个强大的园区服务平台，将促进园区的管理部门、企业、合作单位良性互动，更好地推动园区建设的良性发展，如图 8.4 所示。

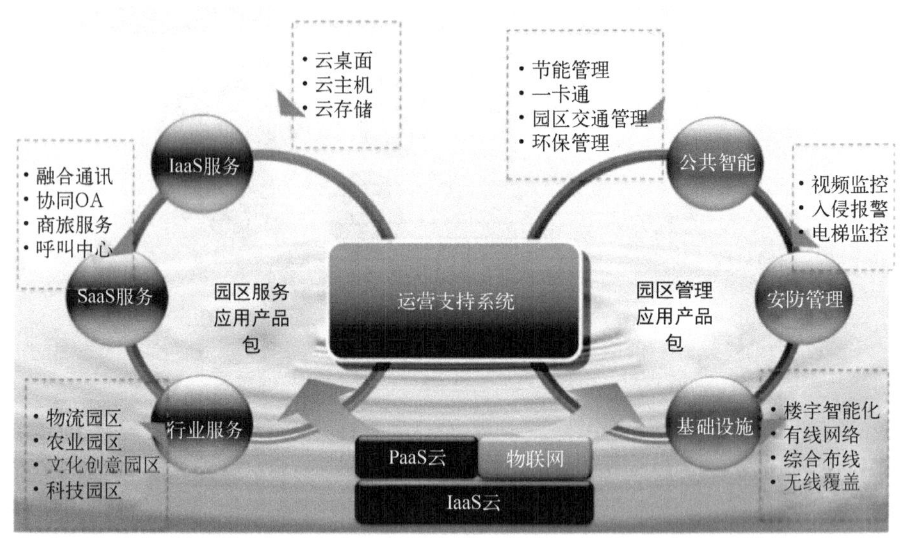

图 8.4　智慧园区

(3) 智慧农业。完善农业科技和电子商务服务体系，建设农业电子商务平台，为农业产业化提供大量的多元化信息服务，为农业生产者、经营者、管理者提供及时、准确、完整的农业产业化的资源、市场、生产、政策法规、实用科技、人才、减灾防灾等信息，同时为企业和农户提供网上交易的平台；加强农业产业化数据库建设，并在各部门结合本地农业产业化发展的实际情况建设各具特色的数据库的基础上，实现数据交换的及时通畅，共享信息资源。其中广州从化万亩鲜切花生产与旅游综合示范区已列入广东省物联网发展重点项目，如图 8.5 所示。

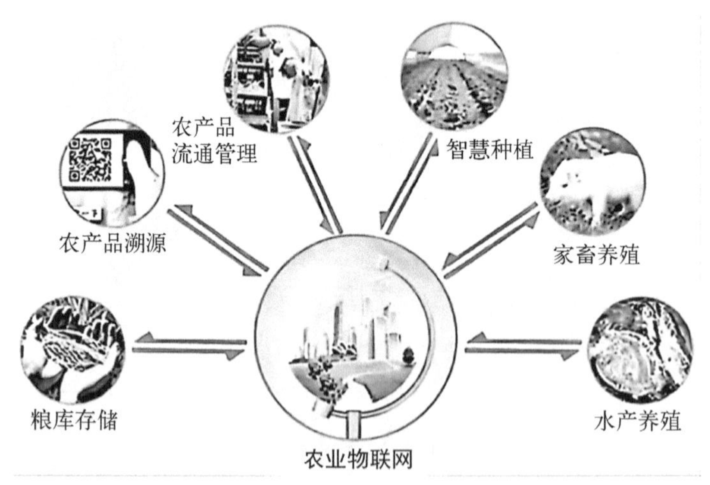

图 8.5　智慧农业

(4) 智慧旅游。通过建立广泛覆盖和深度互联的城乡信息网络，对从化的食、住、行、游、购、娱等多方面旅游要素进行全面感知，将从化的景区、景点、餐饮、酒店、交通等数据整合为旅游资源核心数据库信息，并对信息进行智能处理和利用，构建协同共享的旅游信息平台，从而为游客提供智能化旅游体验。具体可以打造从化温泉旅游网、手机终端 App、微信平台等，使游客能随时全面了解温泉镇的旅游特色、景点、餐饮、酒店、交通、天气、门票、医疗等信息，如图 8.6 所示。

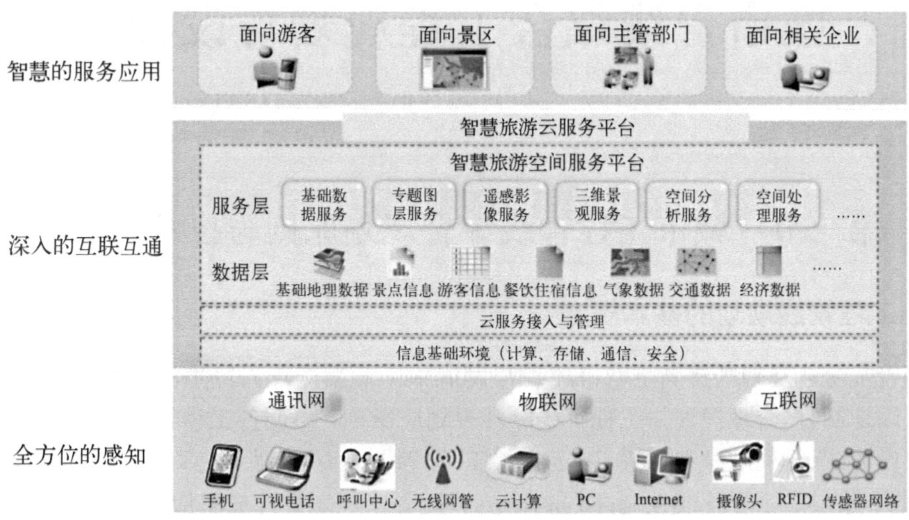

图 8.6　智慧旅游

3. 民生信息化

规划区关乎于民生，提高人民生活质量的主要包括为人们提供便捷的出行系统，良好体验的智慧社区以及智慧医疗等。

(1) 智慧交通。实现出行方式的转变，引导绿色、低碳、可持续发展。同时结合绿道建设，推广公共自行车交通系统建设，建立连接旅游资源、公共设施、开敞空间的区域性生态绿道以及连接交通站点、商务办公区、居住区的社区性生活绿道，增加市民出行体验。在智慧技术应用方面，充分运用信息技术在公共交通领域的应用，实现交通信息的充分共享、公路交通状况的实时监控及动态管理，提高交通效率与服务水平。

(2) 智慧医疗。通过居民健康档案、电子病历、实时医疗影像等基础数据库的建立，有效整合医疗信息和资源，实现跨部门和跨区域的病历信息共享和访问，帮助医疗机构分析从不同医疗信息平台和系统手机的数据，从而降低医院的重复诊断和检查以及患者的医疗费用和成本。同时，重点建设远程医疗系统在社区的应用，远程实时监测慢性病人和居家老人健康状况，推进远程挂号、图文体检诊断系统、电子收费等智慧医疗系统，从而帮助医疗机构以新的模式提供创新、高效的医疗服务，为居民提供安全、有效、方便、廉价的医疗卫生服务。

(3) 智慧社区。完善社区信息化基础设施建设，建设以高清互联网交互电视(internet protocol television，IPTV)应用电视为载体的新型社区服务形态，推动以街道为单元的社区管理与服务综合信息平台建设，通过家庭和社区公共设施的信息互联，提供社区医疗、社区环保、社区家政、社区微电网、社区远程监控、社区声信呼叫、社区物业管理等公共服务。在实施过程中，充分考虑公共区、商务区、居住区的不同需求，分重点、分阶段地发展不同的社区服务类型。

第九章

城市管线综合工程规划与设计

第一节　城市工程管线综合规划原则与技术规定

一、工程管线规划的基本规定

工程管线综合规划既要满足城市建设与发展中工业生产与人民生活的需要，又要结合城市特点因地制宜，合理规划。工程管线综合规划应做到：协调各工程管线布局，确定工程管线的敷设方式、排列顺序和位置，确定相邻工程管线的水平间距、交叉工程管线的垂直间距，确定地下敷设的工程管线控制高程和覆土深度等。规划设计成果应能够指导各工程管线的工程设计，并满足工程管线施工、运行和维护的基本要求。

城市工程管线应采用城市统一的坐标系统和高程系统，尽量避开城市建成区，按规划的道路网布置，工程管线多以地下敷设为主，结合用地规划优化布局，要充分利用现状管线及线位，避免再次迁移和浪费空间。规划专用管廊时，应与铁路、高速公路的布局相协调。管线综合时，确定管道避让原则，并尽量减少管线与铁路和道路的交叉。

二、工程管线布置原则

（一）管线综合的坐标体系

各种管线的位置应采用统一的坐标系及高程系统，彻底避免工程管线在位置和高程上的不衔接。当局部地区内部的管线定位和高程也可采用自己的坐标系统时，在管线进出口处应进行换算，与城市主干管线的坐标及其高程相一致。

（二）管线的平面布局

(1) 工程管线综合规划工程管线要按照城市规划道路网布置，宜与总平面布置、道路规划设计、竖向设计和绿化方案统一进行，并优化布局。旧城改造、历史街区改造类规划时，还应考虑现有管线布局和必须采用的安全措施，使管线之间、管线与建筑物之间在平面及竖向相互协调、紧凑合理，做到合理布局。

综合布置管线时，管线之间或管线与建筑物、构筑物之间的水平距离，要满足技术、卫生、安全以及人防等有关规定。在不妨碍运行、检修和占地合理的前提下，应使管线路径尽量短捷。与城市规划发展方向一致，规划管线工程的管位和容量应留有余地。

(2) 管线带的布置应与道路或建筑红线平行；同一管线宜在路的一侧，不宜跨转到另一侧。

(3) 管线平面布置干管应布置在用户较多的一侧或将管线分类布置在道路两侧，当经济技术比较合理时，应共架、共沟或管廊布置。

应尽量减少管线与铁路、道路及其他干管的交叉。当管线与铁路或道路必须交叉时，应设置为正交。确有困难时，其交叉角宜不小于 45°。工程管线应避开地震断裂带、沉陷区以及滑坡危险的地带。在山区，管线敷设应充分利用地形，并避免山洪、滑坡及其他断裂、沉陷等地质现象的危害。

(4) 工程管线埋地布局工程管线在路面下的规划位置相对固定时，工程管线从道路红线向道路中心线方向平行布置的顺序是：电力、通信、给水(配水)、燃气(配气)、热力、燃气(输气)、给水(中水)输水，再生水、污水、雨水。工程管线在庭院内由建筑线向外方向平行布置的顺序，应根据工程管线的性质和埋深确定，其布置次序宜为：电力、通信、污水、雨水、给水、燃气、热力、再生水。道路红线超过 40 m 的城市干道，宜两侧布置配水、配气、通信、电力和排水管线。

改建、扩建工程中的管线综合布置，应充分利用现状管线，并不妨碍现有管线的正常使用。当管线间距不能满足规范规定时，当采取有效措施后，可适当减小。

当管道内的介质具有毒性、可燃、易燃、易爆性质时，严禁穿越与其无关的建筑物、构筑物、生产装置及贮罐区。

(5) 管线的敷设方式应根据地形、周边环境需求、管线内介质性质以及生产安全、交通运输、施工检修等多种因素，经技术经济比较后择优确定。一般情况下，为了不影响城市美观，提高安全性，城市的工程管线宜采用地下敷设，工业区可采用架空敷设。

当规划区域分期建设时，应全面规划管线布置，近期集中，远近结合。当近期管线穿越远期用地时，不得影响远期用地的使用，在满足生产、安全、检修的条件下，必须考虑节约用地。

架空线路要避免对城市交通和居民安全的影响，并满足工程管线的运行和维护需要，同时与道路分隔带、绿化带、行道树等协调，避免造成相互影响。架空金属管线与架空输电线、电气化铁路的馈电线交叉时，应采取接地保护措施。工程管线利用桥梁跨越河流时，其规划设计与桥梁设计相结合。同一性质的线路应尽可能同杆，如高低压供电线等。电信线路与供电线路合杆架设需征得有关部门同意，并采取相应的措施。高压输电线路与电信线路平行架设时，还要注意干扰问题。

(6) 间距要求工程管线与建筑物、构筑物之间以及工程管线之间水平距离应符合规范规定。当受道路宽度、断面以及现状工程管线位置等因素限制难以满足要求时，可重新调整规划道路断面或宽度。在同一条城市干道上敷设同一类型管线较多时，宜采用专项管沟敷设，或规划建设某类工程管线统一敷设的综合管沟等。敷设管道干线的综合管沟应在车行道下，其覆土深度必须根据道路施工和行车荷载的要求、综合管线的结构强度以及当地的冰冻深度等确定。敷设支管的综合管沟应在人行道下，其埋设深度可以浅些。

埋深大于建筑物基础的工程管线与建筑物之间最小水平距离，按图 9.1 所示考虑。

对非湿陷性黄土或其他特殊土，管道中心与建筑物之间的距离按式(9.1)计算。

$$L=\frac{H-h}{\tan\varphi}+l+\frac{B}{2} \tag{9.1}$$

式中：L 为管道中心与建筑物之间的距离，m；H 为管道槽深，m；h 为建筑物基础砌置深度，m；φ 为土的内摩擦角，°；l 为建筑基础扩大部

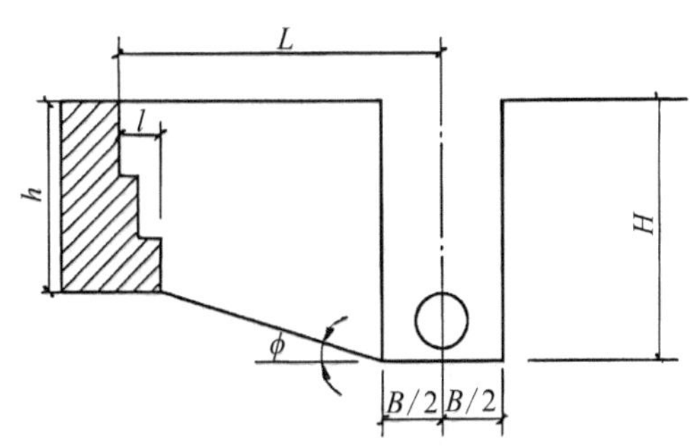

图 9.1　地下管道与建筑物的水平距离

分长度，m；B 为沟槽底宽，m。

埋深较大的工程管线至公路的水平距离，按式(9.2)计算，折算成净距并与《城市工程管线综合规划规范》(GB 50289—2016)的“表 4.1.9 工程管线之间及其与建(构)筑物之间的最小水平净距”的规定比较，采用其较大值。

$$L = l + \frac{B}{2} \tag{9.2}$$

式中：L 为管道中心与公路边之间的水平距离，m；B 为开挖管沟宽度，m；其余符号意义同前。

对于埋深大的工程管线，管道中心至铁路的水平距离按式(9.3)计算。

$$L = 1.25 + h + \frac{B}{2} \geqslant 3.75 \tag{9.3}$$

式中：L 为管道中心与铁道中心之间的距离，m；h 为枕木底至管道底之间的深度，m；B 为开挖管道槽的宽度，m。

（三）地下工程管线的避让原则

编制工程管线综合规划时，当工程管线竖向位置发生矛盾时，宜按下列原则处理：压力管线宜避让重力流管线；易弯曲的管线让不易弯曲的管线；管径小的管线让管径大的管线；分支管线宜避让主干管线；临时性管线让永久的管线；新建管线让现有的；工程量小的管线让工程量大的管线；检修次数少、方便的管线让检修次数多、不方便的管线。

三、管线规划的技术要求

（一）地下敷设

地下敷设是市政工程管线最常见的敷设方式，在严寒的北方地区更为常见。其主要影响因素是水平间距、垂直间距和埋深。

(1) 管线之间最小水平净距，可见《城市工程管线综合规划规范》(GB 50289—2016)的“表 4.1.9 工程管线之间及其与建(构)筑物之间的最小水平净距”。

(2) 管线之间最小交叉垂直净距，可见《城市工程管线综合规划规范》(GB 50289—2016)的“表 4.1.14 工程管线交叉时的最小垂直净距”。

当工程管线交叉敷设时，管线自地表面向下的排列顺序宜为：通信、电力、燃气、热力、给水、再生水、雨水、污水。给水、再生水和排水管线，应按自上而下的顺序敷设。应根据排水等重力流管线的高程确定工程管线交叉点高程，地下工程管线交叉时最小垂直净距，应符合《城市工程管线综合规划规范》(GB 50289—2016)的“表 4.1.14 工程管线交叉时的最小垂直净距”的规定。当受现状工程管线等因素限制难以满足要求时，应根据实际情况采取安全措施后减少其最小垂直净距。

(3) 管线最小覆土深度应根据不同埋设位置的管线(管沟)对荷载的要求确定。地下工程管线最小覆土深度见《城市工程管线综合规划规范》(GB 50289—2016)的“表 4.1.1 工程管线的最小覆土深度”。

（二）架空敷设

管线架空敷设也是市政管线的敷设方法之一。由于经济性好，在一些城镇和工业区多有应用。架空工程管线之间及其与建筑物之间的最小水平净距要求应满足《城市工程管线综合规划规范》(GB 50289—2016)的“表 5.0.8 架空管线之间及其与建(构)筑物之间的最小水平净距”所示的要求。

架空工程管线之间及其与建(构)筑物之间的最小垂直净距，见《城市工程管线综合规划规范》(GB 50289—2016)的“表 5.0.9 架空管线之间及其与建(构)筑物之间的最小垂直净距”。

第二节　城市工程管线综合总体规划的步骤

市政管线多分布于城市道路之下，因此，城市工程管线综合总体规划也是城市总体规划设计中的一项综合性专项规划，应与城市总体规划同步进行。其规划过程一般分为资料收集、综合规划与协调、总体规划编制三个步骤。

一、资料收集

资料收集是城市工程管线综合总体规划、工程管线综合详细规划和综合深化设计的基础。基础资料收集应尽量详尽、准确，资料通常包括以下内容。

(1) 城市自然状况资料，包括城市或区域的气象情况以及地形、地貌、地面高程、河流水系等地质情况。气象资料可到当地气象局查询外，其余均可在城市地形图上取得。

(2) 城市土地使用状况资料，包括城市或区域的各类用地的现状和规划布局，规划地区详细规划平面图等。

(3) 城市人口分布资料，包括城市或区域现状和规划居住人口及其分布。

(4) 城市道路系统资料，包括城市或区域现状道路和规划道路系统情况及平面图。

(5) 竖向规划资料、规划地区竖向规划图，包括各道路和地块控制点的标高和坡度。

(6) 城市基础设施资料，包括基础设施情况、工业情况以及能源、资源等情况。

(7) 有关工程管线基础规范资料，包括国家、主管部门和地方政府对工程规划、管线敷设的各种法规、规范、技术措施等，特别是当地对工程管线布置的技术规定，以及对当地市政管线施工影响而采取的相关措施，如冰冻深度等。

(8) 各专业现状和规划资料，包括各种工程管线的现状分布，各类工程管线各自的技术规范要求，专业部门对本系统近、远期规划或设想等资料。专业基础资料收集，要有所侧重。以下是常规一些资料的收集内容。

① 给水工程基础资料，包括：规划区内水资源情况，地表水、地下水取水工程的现状，城市现有、在建以及规划中的水厂的规模、位置、供水范围，取水构筑物的规模、位置，以及水源卫生防护带等；城市的输配水工程管网的现状和规划、布置形式(枝状、环状等)，给水干管的走向、管径及在城市道路中的平面位置、埋深情况或道路横断面排列等基本情况。

② 排水工程基础资料，包括：城市现状和总体规划确定的排水体制(合流或分流制)；现状和规划的雨水、污水工程管网，包括雨水、污水干管的走向、管径及平面位置，雨水干渠的截面尺寸和敷设方式，雨水、污水干管的埋深情况，雨水、污水泵站的位置，排水口的位置等；当地污水处理情况、水循环使用情况等。

③ 通信工程基础资料，包括：城市现状和规划的邮电局所的规模和分布；现状和规划电

话网络布局，包括城市内各种电话（市话、农话、长话）干线的走向、位置、敷设方式，电话主干电缆、中继电缆的断面形式，通信光缆和电话电缆在城市道路中的平面位置和敷设情况；有线电视台的位置、规模，有线电视干线的走向、位置、敷设方式；有线电视主干电缆的断面形式，在城市道路中的平面位置和埋深要求等。随着网络信息化技术的发展，有部分资料的内容会随之变化。

④ 电力工程基础资料，包括：城市现状和规划电厂、变电站（所）的位置、容量、电压等级和分布形式（地上、地下）等；城市现状和规划的高压输配电网的布局，包括高压电力线路（35 kV 及其以上）的走向、位置、敷设方式，高压走廊位置和宽度，高压输配电线路的电压等级，电力电缆的敷设方式（直埋、管沟等）、在城市道路中的平面位置和埋深等情况。当地是否有风力、水力发电等发电条件，也应该一并查明。

⑤ 燃气工程基础资料，包括：城市现状和规划燃气气源状况，燃气种类（天然气、各种人工煤气、液化石油气、沼气等），天然气的分布位置，储气站的位置和规模，煤气制气厂的位置和规模，液化石油气气化站的位置和规模压力等级；现状和规划的城市燃气系统的布局，包括城市中各种燃气的供应范围，燃气管网的形式（单级系统、二级系统、多级系统）和各级系统的压力等级，燃气干管的敷设方式、走向、位置、在城市道路中的平面位置和埋深情况，各级调压设施的位置；采用分布式能源结构形式的情况等。

⑥ 供热工程基础资料，包括：城市现状和规划整体供热的情况，包括热电厂、集中锅炉房、热力站、工业余热资源、地热以及其他可利用能源的分布位置、热能储量情况、开采规模等情况；供热管网的现状和规划，包括热力网的供热方式（蒸汽供热、热水供热），热媒参数、干管的走向、位置、管径，热力管的敷设方式（架空、地面、地下）、管网在城市道路中平面位置和埋深要求等；当地可实施热电联供以及热电冷三联供的可行性。

二、工程管线的综合规划与协调

所收集的基础资料进行综合与汇总后，首先要将内容综合汇总到管线综合平面图上。要检查各工程管线规划自身是否协调、工程管线规划之间是否矛盾，提出的综合总体协调方案是否合理，并组织相关专业进行讨论，确定出既符合城市工程管线综合规划规定，又能基本满足各专业工程管线规划要求的综合管线总体方案。

1. 绘制总体规划图

总体规划图的绘制是一项比较繁重的工作，规划人员要对各种基础资料进行第一次筛选，有选择地摘录与工程管线综合有关的信息，要求既要全又要精。一张精炼的综合图清晰明了地反映各专业工程管线系统及其相互间的关系，是管线综合协调的基础。因此，制作底图的工作应当精心、细致、耐心。管线综合规划图包括地形信息、各现状管线信息、规划总平面信息和竖向规划信息。这些信息需要分别处理，删除多余的信息，使图尽量清晰、简明。

总图的绘制多采用计算机通过有关专业软件进行，如计算机辅助设计（computer aided design，CAD）、建筑信息模型（building information modeling，BIM）等，这些软件可以清晰地反馈各种管线的平面与空间关系。

2. 专项检查定案

通过制作综合图，使工程管线在平面上相互的位置关系，以及管线和建筑物、构筑物、城市分区的关系一目了然。随后在工程管线综合原则的指导下，检查各工程管线规划自身是否符合规范，确定或完善各专项规划方案。

3. 工程管线规划的综合协调

工程管线规划综合协调是以单项工程或专项工程的现状、规划资料为基础，在工程管线综合原则的指导下进行统一的总体布局，主要解决各工程、各专业的主干管线在总体布局上的位置问题，并检查各工程管线的规划自身，是否符合规范要求，是否各工程管线过分集中在某一条干道上以及管线走向相互之间出现矛盾等。通过调整、综合及完善方案，并在此基础上绘制出工程管线综合规划图，标出必要的数据，并附注扼要的说明。该阶段的主要任务是总体布局，因此对于管线的具体位置，除必须定出的少数控制点外，一般不做具体规定，但对各单项工程的规划布局提出修改建议。对于已确定的管线，可在道路平面及断面图上标出其具体位置。

三、工程管线综合总体规划编制的成果

城市工程管线综合规划成果分为说明书和图纸两个部分。

1. 工程管线综合总体规划说明书

总体规划说明书的内容包括管线综合规划的原则和依据，对综合管线所做的说明，引用资料及精准程度的说明，单项或专业工程详细规划以及设计应注意的问题等。

2. 工程管线综合规划图纸

（1）工程管线总体规划平面图。平面图的比例大小随城市规模的大小、管线的复杂程度等情况而有所变化，但应尽可能和城市总体规划图的比例一致。通常图纸的比例采用1∶1 000～1∶10 000。平面图中主要应包括以下内容：① 自然地形、主要的地物、地貌以及表明地势的等高线；② 规划的居住、公共设施、工业及仓库等用地，以及道路网、铁路等；③ 确定的各种工程管线、主要工程管线及设施以及防洪堤（沟）等设施平面布置；④ 道路横断面所在位置的标注；⑤ 管线在平面上的具体位置，道路中心线交叉点，管线的起止点、转折点以及工程管线的进出口位置、坐标等。

（2）工程管线道路标准横断面图。通常采用1/200～1/500编绘工程管线道路标准横断面图的比例，图面内容主要包括：道路红线范围内的各组成部分在横断面上的位置及宽度，如机动车道、非机动车道、人行道、分隔带、绿化带等；工程管线在道路中的位置；道路横断面的编号等。

工程管线道路标准横断面图的绘制方法比较简单，即根据该路各管线布置位置和次序逐一配入城市总体规划所确定的横断面，并标注必要的数据。道路横断面的各种管线与建筑物的距离，也应符合各有关单项设计规范的规定。

绘制城市工程管线综合总体规划图时，通常不会把电力和通信架空线路绘入综合总体规划图中，而在道路横断面图中定出它们与建筑红线的距离，从而控制它们的平面位置，避免图面过于复杂和繁乱。

第三节 城市工程管线综合详细规划的步骤

工程管线综合详细规划的作用主要是协调城市详细规划中各专业工程详细规划的管线

布置，确定各种工程管线的平面位置和控制标高，是城市详细规划中的一项专项规划。一般分为三个阶段：基础资料收集；汇总综合，协调定案；编制规划成果。

一、工程管线综合详细规划的基础资料

工程管线综合详细规划通常有两种情况：一是有城市工程管线综合总体规划，在已完成的基础上，进行某一地域的工程管线综合详细规划；二是没有城市工程管线总体规划，直接进行某一地域的工程管线综合详细规划。

其基础资料主要包括以下方面。

(1) 自然地形资料：规划区内地形、地貌、地物、地面高程、河流水系等情况。一般可由规划委托方提供的最新的地形图(1∶500～1∶2 000)上取得。

(2) 土地利用状况资料：规划区内详细规划平面图(1∶500～1∶2 000)，规划区内现有和规划的各类用地的情况，如建筑物、构筑物、铁路、道路、铺装硬地、绿化等用地。

(3) 道路系统资料：规划区内现状和规划道路系统平面图(1∶500～1∶2 000)，各条道路横断面图(1∶100～1∶200)，道路控制点标高等情况。

(4) 工程管线综合总体规划资料：城市工程管线排列原则和规定，本规划区各项工程设施的布局，各种工程管线干管的走向、位置、管径等。

(5) 各专业工程现状和规划资料：规划区内现状各类工程设施和工程管线分布情况，各专业工程详细规划的初步设计成果，以及相应的技术规范。城市给水、排水、供电、通信、供热、供燃气等工程管线综合详细规划需收集的基础资料。

工程管线综合详细规划收集基础资料要有针对性。工程管线综合详细规划资料应侧重于详细规划方面的资料，现状资料为辅。

二、城市工程管线综合详细规划的协调

城市工程管线综合总体规划的第二阶段工作是对所收集的基础资料进行汇总，将各项内容汇总到管线综合平面图上，检查各工程管线规划自身是否有矛盾，更为重要的是各项工程管线规划之间是否有矛盾，提出综合总体协调方案，组织相关专业共同讨论，确定符合城市工程管线综合敷设规范、基本满足各专业工程管线规划的综合总体规划方案。该阶段的工作可按下列步骤进行。

(1) 首先应准备好相关规划图或绘制管线综合规划的底图。

(2) 专项检查定案。通过制作管道规划图，工程管线在平面上相互的位置关系，管线和建筑物、构筑物城市分区的关系一目了然。接下来在工程管线综合原则的指导下，检查各工程管线规划自身是否符合规范，确定或完善各专项规划方案。

(3) 管线平面综合。管线平面综合的一项主要工作是绘制各城市道路的横断面布置图。根据管线综合有关规范、各专业工程管线的规范、当地有关规定，将所有管线按水平位置间距的关系安排在道路横断面上的位置上。在道路横断面中安排管线位置与道路规划有着密切的联系，有时会由于管线在道路横断面中配置不下，需要改变管线的平面布置，或者变动道路横断面形式，或者变动机动车道、非机动车道、分隔带、绿化带等的排列位置与宽度乃至调整道路总宽度。同时，应结合道路的规划，尽可能合理布置各种管线，不要把较多的管线过分集中到几条道路上。

道路横断面的绘制方法比较简单，即根据该路中各管线布置和次序逐一配入城市总体规划(或分区规划)所确定的横断面，并标注必要的数据。但是，在配置管线位置时，树冠易与架空线路发生干扰，树根易与地下管线发生矛盾。一定要合理地解决这些问题。道路横断面的各种管线与建筑物的距离，应符合各有关单项设计规范的规定。

(4) 管线竖向综合。管道平面综合基本解决了管线自身及管线之间，管线和建筑物、构筑物之间平面上的矛盾后，该阶段是检查路段和道路交叉口工程管线在竖向上分布是否合理，管线交叉时垂直净距是否符合有关规范要求。若有矛盾，需制订竖向综合调整方案，经过与专业工程详细规划设计人员的共同研究、协调，修改各专业工程详细规划，确定工程管线综合详细规划。

① 路段检查主要在道路横断面图上进行。首先依据收集的基础资料绘制各条道路横断面图，根据各工程规划初步设计成果的工程管线的截面尺寸、标高检查管道间的垂直净距，要校核每条道路横断面中已经确定平面位置的各类管线是否垂直净距不足，埋深是否合理。

② 道路交叉口是工程管线分布最复杂的地区，多方向的工程管线在此交叉，此处也是工程管线的各种管井密集地区，是工程管线综合详细规划的主要任务。有些工程管线在路段上不易彼此干扰，但到了交叉口可能产生矛盾。因此，需要将规划区内所有道路(或主要道路)交叉口平面放大至一定比例(1∶500～1∶1 000)，按照工程管线综合的有关规范和当地关于工程管线净距的规定，调整部分工程管线的标高，使各条工程管线在交叉口能安全有序的敷设。

三、详细规划的成果要求

城市工程管线综合规划的成果，主要有图纸和文本两个部分。

1. 工程管线综合详细规划平面图

通常平面图的比例采用1∶1 000。图中内容和编制方法基本与综合总体规划图相同，在内容深度上有所差别。编制综合详细平面图时，需确定管线在平面上的具体位置，道路中心线交叉点、管线的起止点、转折点以及各大单位管线进出口处的坐标及标高等。

2. 管线交叉点标高图

该图的作用是检查和控制交叉管线的竖向高程位置。图纸比例大小及管线的布置和综合详细平面图相同，并在道路的每个交叉点编上号码，便于查对。

在路口处，管线交叉点标高等表示方法有以下几种形式。

(1) 在管线交叉点处插入垂直距离表。然后把地面标高、管线截面大小(可用直径表示)、管底标高以及管线交叉处的垂直净距等项填入表中。

如果发现交叉管线发生冲突，则将冲突情况和原设计的标高在表下注明，将修正后的标高填入表中，一般表中管线截面尺寸单位用 mm，标高等均用 m。这种表示方法使用比较方便。但当管线交叉点较多时，会出现在图中绘不下的情况。

(2) 先将管线交叉点编上号码，而后依照编号将管线标高等数据填入，另外绘制交叉管线垂直距离表，有关管线冲突和处理的情况则填入垂直距离表的附注栏内，修正后的数据填入表 9.1 相应各栏中。这种方法不受管线交叉点标高图图面大小的限制，但使用起来不如前一种方便。

表 9.1　交叉管线垂直距离表

名　称	截　面	管底标高
净距/m		地面标高/m

(3) 一部分管线交叉点用垂直距离表绘在标高图上，对另一部分交叉点则进行编号，并将数据填入垂直距离表中。当道路交叉口的管线交叉点很多而无法在标高图中注清楚时，通常用较大的比例(1∶1 000～1∶500)把交叉口画在垂直距离表的第一栏内。采用此法时，往往是将管线交叉点较多的交叉口，或者管线交叉点虽少但在竖向发生冲突的交叉口，填入垂直距离表中。

(4) 不绘制交叉管线标高图，而将每个道路交叉口用较大的比例(1∶1 000 或 1∶500)分别绘制，每个图中附有该交叉路口的垂直距离表。此法的优点是交叉口图的比例较大，比较清晰，使用起来较灵活简便，缺点是绘制时较费工。

(5) 不采用管线交叉点垂直距离表的形式，而将管道直径、地面控制高程直接注在平面图上(1∶500)，然后将管线交叉点两管相邻的外壁高程用线分出，注于图纸空白处。这种方法适用于管线交叉点较多的交叉口，优点是能看到管线的全面情况，绘制时也较简便，使用灵活。

表示管线交叉点标高的方法较多，采用何种方法应根据管线种类、数量以及具体情况而定。总之，管线交叉点标高图应简单明了，其内容可根据实际需要进行增减。

3. 修订道路标准横断面图

工程管线综合详细规划时，有时由于管线的增加或调整规划所做的布置，需根据综合详细平面图，对原有配置在道路横断面中的管线位置进行补充修订。道路标准横断面的数量较多，通常是分别绘制，汇订成册。

在现状道路下配置管线时，一般应尽可能保留原有的路面，但可根据管线拥挤程度、路面质量、管线施工时对交通的影响，以及近远期结合等情况做方案比较后，再确定各种管线的位置。同一道路的现状横断面和规划横断面均应在图中表示出来。表示的方法可采用不同的图例和文字注释绘在图中，或将二者分上下两行绘制。

4. 工程管线综合详细规划说明书

工程管线综合详细规划说明书的内容包括：所综合的各专业工程详细规划的基本布局，工程管线的布置，国家和当地城市对工程管线综合的技术规范和规定，本工程管线综合详细规划的原则和规划要点，以及必须叙述的有关事宜；对管线综合详细规划中所发现的目前还不能解决，但又不影响当前建设的问题提出处理意见，并提出下一阶段工程管线设计应注意的问题。

工程管线综合详细规划图，应根据城市的具体情况而有所增减，如管线简单的地段、图纸比例较大时，可将现状图和规划图合并在一张图上；对于管线情况复杂的地段，可增绘辅助平面图等。有时，根据管线在道路中的布置情况，采用较大的比例尺，按道路逐条绘制图纸。总之，应根据实际需要，并在保证质量的前提下尽量减少综合规划工作量。

第四节　城市工程管线综合设计方法

工程管线综合设计是各类工程管线设计与管线工程施工合理衔接的必不可少的过程，也是工程管线详细规划的深化与完善过程。工程管线综合设计与各专业工程管线设计可交叉进行。首先要汇总各专业工程管线设计提供的成果资料，检查工程管线之间是否有矛盾和重大问题，及时与相关专业工程设计人员进行磋商，共同确定工程管线综合设计方案，使各工程管线施工设计更为协调合理。

工程管线综合设计工作一般分以下步骤：收集工程管线综合设计资料→汇总各专业工程设计资料→路段工程管线综合设计→交叉口工程管线综合设计→编制工程管线综合设计成果。

一、设计资料的收集与汇集

1. 设计资料的收集

工程管线综合设计阶段的资料收集，比工程管线综合总体规划、综合详细规划阶段要更加具体和深入。

设计的基础资料有以下几类。

(1) 设计范围内详细规划资料资料应包括详细规划总平面图、道路规划图、竖向规划图、各专业工程详细规划图。

(2) 设计范围内工程管线综合详细规划资料应包括管线综合详细规划剖面图、道路标准横断面图、交叉口工程管线平面布置图、设计范围内道路的道路设计平面图、道路桩号和控制点标高图、道路横断面布置图，以及横断面在平面图中的剖切位置、道路分段纵断面图(包括道路纵坡、坡度、坡向、起止点设计标高)、路面结构图等资料。

(3) 设计范围内的道路工程设计资料应包括设计平面图、道路桩号和控制点标高图、道路横断面布置图以及断面在平面图中的剖切位置。还应有道路分段纵剖图，包括道路纵坡、坡度、坡向、起止点设计标高等。

(4) 设计范围内各专业工程管线设计资料。

① 给水管网设计图。内容包括设计范围内给水干管、支管、过路管的分布、水平位置、管径、管底标高；管径变化点的具体位置、管底标高；配水构筑物的设计详图及其与给水管网的衔接方式。有时还会涉及中水等领域。

② 雨水管网设计图。内容包括设计范围内各级雨水管道的分布、具体位置、管径、管底标高、坡度；变坡点位置和管底标高、管径；管径变化点的具体位置、管底标高；雨水泵站、客井排水口的具体位置设计详图。

③ 污水管网设计图。内容包括设计范围内污水干管、支管、过路管的分布、具体位置、管径、管底标高、坡度；变坡点位置和管底标高、管径；管径变化点的具体位置、管底标高；污水检查井、污水泵站的具体位置、形式和设计详图；该范围内污水处理厂的设计详图及其与污水管网的衔接方式。

④ 电力管网设计图。包括设计范围内电力管网的敷设方式；电力排管的分布、具体位置、孔数、截面尺寸、管底标高；共井的具体位置和设计详图；过路管的具体位置、孔数、截面

尺寸；直埋电力电缆的分布、水平位置、回数、截面形式、电缆底部和缆顶部标高；该范围内各级电源、变配电设备的具体位置和设计详图。

⑤ 通信网络设计图。包括设计范围内通信网络管网的敷设方式；通信网络管道的分布、具体位置、孔数、截面尺寸、管底标高；共井的具体位置和设计详图；直埋通信电缆的分布、水平位置、回数、截面形式、电缆底和电缆顶标高；电话局所的具体位置、设计详图及其与管网的衔接方式。

⑥ 燃气管网设计图。内容包括设计范围内燃气干管、支管、过路管的分布、具体位置、管径、管底标高、坡度；变坡点位置和管底标高、管径；管径变化点的具体位置、管底标高；燃气站、燃气调压站的具体位置和设计详图。如果燃气管网输送的是煤气，还应包括集水器的具体位置和详图。

⑦ 供热管网设计图。包括设计范围内热力管道的敷设方式、分布、管径、管底标高、坡度；变坡点位置和管底标高；管径变化点的具体位置、管底标高；通行地沟位置和设计详图；抢修孔的数量、具体位置和设计详图。

2. 汇集各专业工程设计资料

在工程管线综合详细规划基础上，将各专业工程管线设计图的资料汇总到工程管线综合设计平面图上。

将工程管线综合详细规划平面图放大，作为工程管线综合设计的底图。如该地区未做工程管线综合详细规划，则用最新的 1∶1 000 或 1∶500 地形图作为基础底图。再将道路设计图的主要内容按比例绘制在底图上，包括桩号、道路纵坡、控制点设计标高等因素。最后将各专业工程管线设计图的主要内容按比例绘制到底图上。

二、路段工程管线综合设计

工程管线设计资料汇总后，出现设计深化带来的新矛盾是正常现象。首先检查路段上各类管线之间的水平、垂直的间距、净距是否满足规范要求，从而调整管线综合道路横断面。操作过程如下。

(1) 检查路段管线、管井、过路管之间的矛盾。首先要分段检查管井对两侧管线的影响，因为管井的形式和位置可能会干扰两侧管线的通行。根据各类管井、共井、检查井的设计详图提供的外围尺寸和标高等数据，按比例绘制在工程管线综合设计平面图上；随后逐一检查各种过路管与相交管线的矛盾。因过路管在工程管线综合详细规划时，尚未布置设计，故无具体位置、管径、标高。在工程管线设计时，则有其具体位置、管径、标高等要求。因此，工程管线综合设计时，必须解决过路管与道路下工程管线垂直净距之间的矛盾。根据各类过路管及与之相交的其他管线的具体位置、管径、标高等数据，在平面图上检查各种过路管在路段上是否和上下管线保持足够的垂直间距、净距。第三分段检查重力管(雨水管、污水管)在坡度变化途中是否与其他管线产生矛盾。因为重力管的埋深一般为 0.11～4.0 m，而大多数管线的最佳埋深为 0.11～1.5 m，所以两者可能产生矛盾。而且重力管有时坡度变化比较大，又缺乏灵活性，容易与其他管线发生矛盾，所以需要按照排水分区和排水方向，逐段核查重力管与其他管线的矛盾。

(2) 综合调整路段工程管线水平和竖向位置。根据路段各种井位对两侧管线的影响，分段调整路段工程管线的水平位置，使各种工程管线及与各种井位的水平净距符合规范的要求。针对各种过路管与相交管线的矛盾，根据管线综合基本原则，调整路段工程管线的竖向排列、过路管平面排列位置和竖向标高，尽量使各类过路管在平面和竖向上错开。根据压力管让重力管、细管让粗管等避让原则，协调因坡度变化的重力管在坡度变化途中与其他管线产生的垂直净距等问题。最后，做出调整后的分段道路工程管线综合设计横断面图、分段道路工程管线综合设计平面图。

三、道路交叉口工程管线综合设计

各专业工程管线设计的各种管线从不同方向通过道路交叉口形成大量的管线交叉点，如果工程管线需在道路交叉口处汇接或转向，根据各专业的技术规范，还必须设置转换装置和转接小室。因此，道路交叉口会有各种工程管线的管井、共井、检查井、小室。有时交叉口四周街坊内用户汇总管也接入各种管井中，两街坊之间过路管也通过道路交叉口，从而使道路交叉口在平面和竖向上均出现更为复杂的管线交叉点，因此，交叉口管线综合是管线综合设计的重点。由于道路交叉口的空间是有限的，需要合理地安排好各种管线和井(小室)位置，确保各种管线的安全畅顺通过。

道路交叉口管线综合设计过程如下。

(1) 检查道路交叉口工程管线、井位布置的合理程度

① 逐个检查交叉口各种管线、井位平面布置是否合理。需将各专业工程设计的管线和井位按设计位置，汇总到 1∶500 的道路设计图或更大比例的设计图上，检查各管线之间、井位和井位之间、管线和井位之间的水平净距是否符合规范要求。由于各专业工程设计时，各种支管、街坊过路管等均要设计时表示出来，交叉口的管线要比综合详细规划时多很多，且道路交叉口的各种井位平面尺寸均比本专业管线平面尺寸大，因此需合理调整。

② 逐条检查道路交叉口管线竖向布置是否合理。将各专业工程设计的管线、井位的平面位置、标高等汇总到综合设计底图上后，这时各管线交叉口的竖向净距比较清晰，可逐个检查是否符合规范要求。由于各种工程管线的方向、坡向多有不同，往往未经管线综合设计的工程管线在交叉点的竖向净距难以全部符合规范的要求。

(2) 综合调整道路交叉口工程管线井位布置

① 调整道路交叉口的管线、井位平面布置。首先要减少、简化交叉口的管线交叉，尽可能将进入交叉口的支管、过路管、局部汇总管移出交叉口密集地区，或移出道路交叉口，调整在其他路段上接入或者通过。井位的占地平面尺寸大，会阻碍管线正常通过或水平净距不足。因此，应先调整管线平面位置，若无法调整，则可采用移位或调整井位长宽方向等方法解决。

② 调整道路交叉口的管线竖向位置。根据已汇总的各专业工程设计的管线标高，在适合专业工程技术规范、管线埋深等规范的前提下，调整部分管线在交叉口段内的管线标高，使各类管线在交叉口交叉时均有合理的垂直净距，保证管线平顺地通过交叉口。

③ 调整管线交叉点的垂直净距和管线标高。完成道路交叉口管线、井位的平面调整和管线竖向调整后，再按照管线综合避让原则，调整个别垂直净距不符合要求或过不去的交叉点的管线标高。

④ 编制工程管线综合设计道路交叉口详图。将综合调整后的交叉口各类管线、井位的具体平面位置尺寸按比例绘制到放大的道路交叉口平面图上，并给各个管线交叉口编号，列表注明该点的两条管线的种类、管径、管顶标高、管材等。

四、综合设计成果

工程管线综合设计成果以规划图为主，辅有少量文字说明。

1. 工程管线综合设计图

(1) 综合平面图图面应能表示综合设计范围内道路平面、道路交叉口中心线的坐标、路面标高、各类工程管线、泵站、井位、过路管、支管接口等具体平面位置。图纸比例通常为1∶500。若设计范围过大，图纸比例也可采用1∶1 000，但需要有1∶500的分段道路工程管线综合设计平面图补充。

(2) 道路横断面图图面应表述清楚综合设计范围内的各条道路标准横断面和控制点横断面，经综合协调确定后的各种工程管线水平和竖向排列。横断面图要表示出道路断面、各种工程管线的水平位置、管径、截面形式与尺寸、水平净距、地下工程管线的路段控制标高等。通常图纸比例为1∶50～1∶100。

(3) 道路交叉口详图交叉路口详图应配有管线竖向标高综合控制表，表中分别列出交叉口每个交叉点上下管线的种类、管径、管顶标高、管材等详尽内容，以便在施工时进行控制。每个道路交叉口独立成图，图表一体，表述清楚道路交叉口或过路管密集地段的各种工程管线、各种井位综合布置，并附有交叉口管线竖向标高综合控制表。图中表示道路中心线交叉点路面标高，各类井位的具体平面位置、尺寸，以及交叉口各种工程管线交叉点编号等。一般图的比例为1∶200～1∶500。

2. 文字说明

在有关图上备注有关说明和必要的解释文字。同时，工程管线综合设计通常还有简明的设计说明，叙述综合设计范围、设计依据与原则等。

第五节　广州市地下管线综合规划体系

随着城市化的快速发展，城市地下管线的建设规模和密度越来越大，道路浅层地下空间资源越来越紧张。受经济社会发展水平和“重地上、轻地下”观念影响，城市地下管线的规划编制和管理长期滞后，存在各种地下管线重叠交错、相互打架现象，不仅造成地下空间资源的浪费，而且造成了“拉链马路”、挖断管线等问题。城市地下管线埋设在地下，具有建设工期长、涉及面广、变动难度大等特点，编制城市地下管线综合规划，理顺地下管线空间关系，优化管线系统布局，集约利用地下空间资源，提升城市规划及地下管线规划建设管理整体水平，具有十分重要的理论和实践意义。

一、现状存在问题

1. 相关法规制度有待进一步完善

目前，国家层面尚没有一部专门的城市地下管线综合规划编制的法规制度。已有的部门规章仅仅提出要进行地下管线综合，或要求编制地下管线综合规划，而对于地下管线综合规划编制的层次、内容、深度等没有具体的要求。由于没有上位法的依据，地方政府制定相关管理制度没有依据，具体要求各不相同。例如：对于地下管线综合规划的层次，《陕西省城市地下管线管理条例》规定编制控制性详细规划应当根据地下管线综合规划，而《上海市地下空间规划建设条例》规定应当根据控制性详细规划制定地下管线综合规划。

2. 城市地下管线综合规划编制滞后，行业规划缺乏综合统筹和安排

由于现有相关法律法规和规章制度中没有明确提出城市地下管线综合规划编制和审批管理的具体要求，受经费等因素影响，绝大多数城市没有编制专门的城市地下管线综合规划，仅在城市总体规划和控制性详细规划中按照要求有相关内容，但实际可操作性较差。虽然各种地下管线专业规划编制相对完善，但是缺少城市地下管线综合规划，不对各类管线进行综合安排、统筹规划，往往造成各种工程管线在规划设计中存在矛盾，导致管线重叠交错现象严重。

二、城市地下管线综合规划编制体系

与城市规划编制体系相对应，城市地下管线综合规划可分为城市地下管线综合总体规划、城市地下管线控制性详细规划和城市地下管线修建性详细规划，这三类规划分别应是所对应的城市总体规划、控制性详细规划和修建性详细规划的专项规划，应与城市规划同步编制和审批。同时，每一层次的城市地下管线综合规划均应与同层次的各类行业管线规划相协调和衔接，如图 9.2 为规划系统图。

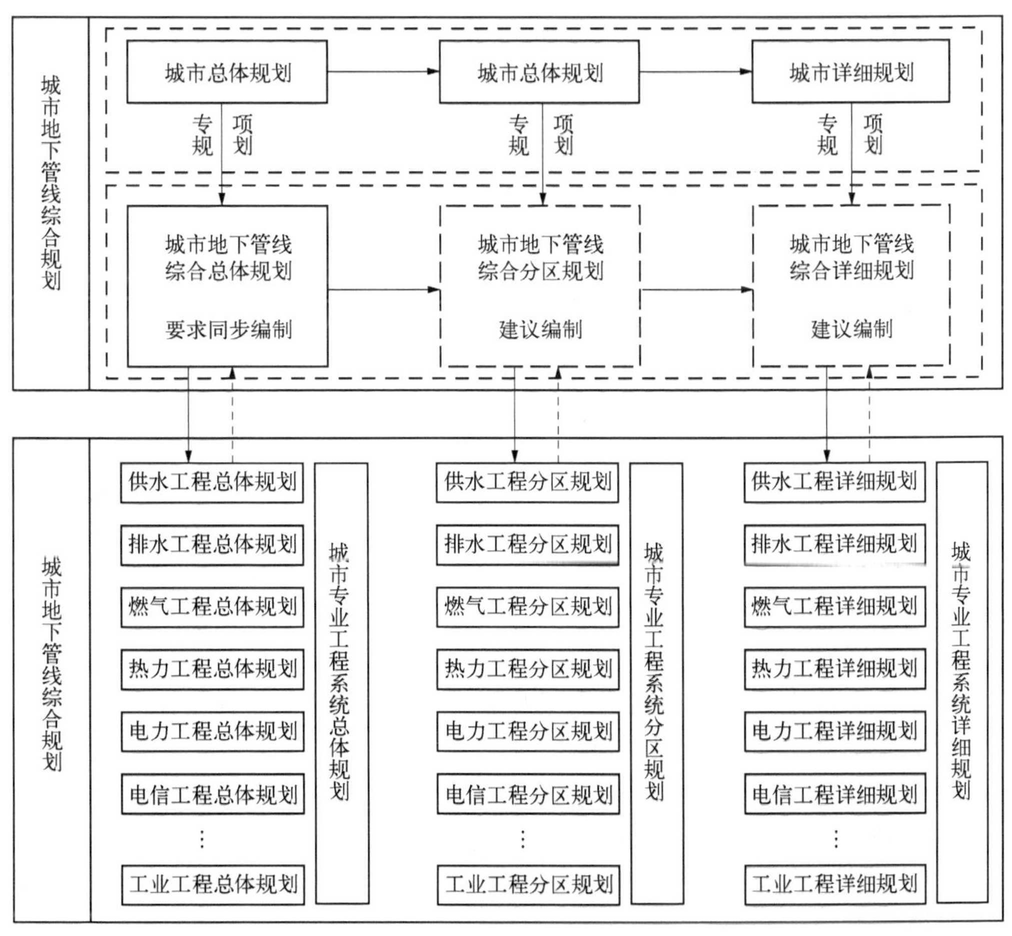

图 9.2 规划系统图

三、总规层面管线综合规划

城市地下管线综合总体规划主要应根据管线综合有关规范、各行业管线规范、当地有关规定等，对各行业管线规划进行平面和竖向的综合统筹和协调，确定管线在道路上的合理位置排列和横断面布置，制定综合总体协调方案。重点应研究确定大型管线、跨区域主干管线及特种管线的布置，如原水干管、500 kV 电力高压廊道、跨区域通信光缆、输油输气干管等，明确这些管线的建设规模、平面位置等。

（一）GIS 数据覆盖区域

1. 基础资料

数据基础：以地下管线普查、道路和管线竣工等资料为基础资料。建议以广州市 GIS 数据平台主干管数据为规划编制的数据基础。

规划路网：有控规覆盖的区域以控规路网为基础；其他区域以总规路网为基础，规划道路等级为主干路、次干路。

规划主干管：根据基础资料汇编中整理的各专业规划主干管和重点规划平台的规划成果，在规划路网上将规划主干管落实。

2. 规划技术要点

有控规覆盖的区域：应确定规划主干管在道路上的合理排列，明确建议平面位置；对于管位不足的区域，应给出规划建议。

以总规路网为基础的区域：由于现阶段广州总规路网为单线条路网，没有明确规划道路横断面，确定规划主干管平面位置的不确定因素过多。因此，本区域规划重点在于，判断道路规划主干管位是否充足；为下阶段规划及规划主干管实施提出建议。

（二）GIS 数据未覆盖区域

1. 基础数据

数据基础：根据基础资料汇编中整理的各专业主干管和重点规划平台的规划成果。

规划路网：总规路网为基础，规划道路等级为主干路、次干路。

2. 规划技术要点

有控规道路横断面的区域：规划落实控规道路的管线横断面管线布置图，同时校核本次规划主干管位的合理性，对于管位间距不足或空间位置不合理的主干管进行规划调整。

未有控规道路横断面的区域：根据《广州城市总体规划》中不同等级道路横断面的形式，进行基于主干管的管线综合规划，制定不同等级道路管线综合规划标准横断面，以指引控规的编制。

对于某条特定道路，可能仅存在一条或几条主干管，考虑到将来其他管线的建设需求，在横断面中对其他管线的管位进行预留。

（三）规划成果

（1）规划附件：规划说明书；基础资料汇编。

（2）规划图件：土地利用现状、规划图；地下管线现状图；道路交通规划图；各专业管线专项规划图；管线综合断面布置图。

（3）GIS 覆盖区域成果的数据文件。

四、控规层面管线综合规划

（一）编制的技术性原则

（1）应加强与地下空间、道路交通、人防建设、地铁建设等规划的衔接和协调，并作为控制性详细规划的基本依据。

（2）工程管线的平面位置和竖向位置均应采用统一的坐标系统和高程系统，以避免发生地下管线建设混乱和互不衔接的现象。

（3）编制地下管线综合规划，应当充分利用现有管线。既有管线改造的规划路径，宜按原管位或规划作废的管线管位考虑。

（4）对暂不实施的专业系统规划中的干管、干线的管位必须予以预留控制；同时应当根据材质、使用年限以及对道路工程、其他有关工程的影响程度，综合考虑原有地下管线的废弃或保留。

（二）建成区管线综合规划编制技术要点

（1）建成区管线密集，规律性差，空间利用效率低，矛盾冲突多，地下管线一步到位实施整体改造的可能性不大。因此应充分尊重老城区现状，以维持现状为主，对历史管线进行整合归并或取代，优化管网结构。只能通过长期努力，逐步规范老城区地下管线系统。

（2）对现状管线进行保留及规整规划，应以 GIS 数据或管线勘探资料为基础进行。

（三）新建设区域管线综合规编制划技术要点

（1）这些区域一般在批复的控制性详细规划指导下进行地下管线的建设，因此现状地下管线布置较有序，但不同片区和不同道路间的管位规律性差异较大。因此，应在满足规范要求和经济合理的前提下，提出新建、改建管道尽量顺应现状规律。

（2）在局部改造管线冲突多发的少数路口时，避免新、旧道路间布管矛盾，避免大拆大建。

（3）部分管位富余的路段，应考虑预留规划管位。

（四）工作内容及成果组成

根据《广东省城市控制性详细规划编制指引（试行）》关于“工程管线综合规划”工作内容的相关要求，管线综合规划的工作内容应包括以下内容。

（1）管线与道路及相关工程关系。

（2）现状保留管线和各种类、各规格的规划管线的空间布局。

（3）特殊情况下的管线安排。

（4）分道路、路段，以及若干重要节点详解管线综合规划方案。

城市地下管线综合详细规划成果以图纸为主，说明书为辅。主要应包括以下内容。

（1）平面图。平面图需确定管线在平面上的具体位置、起讫点、转折点等。

（2）管线交叉点标高图。管线交叉点标高图的作用主要是检查和控制交叉管线的高程。

（3）修订道路标准横断面图。修订道路标准横断面图主要用于增加或调整管线时，对原来配置在道路横断面中的管线位置进行补充修订。

（4）规划说明书。评价工程管线综合的现状，统筹安排编制区城市道路上各类工程管线的布设方式和空间位置，协调工程管线之间以及道路两侧建（构）筑物之间的关系。

（五）深化建议

（1）控规市政管线综合规划常规设计（即 2D 设计）设计仅能够表达单一截面或局部信息，很难对管线综合进行全面整体的分析，致使管线交叉部分的问题难以完全呈现。

（2）常规控规层面市政管线综合规划通常缺乏整体性与连续性，其横断面图仅能表达典型断面设计，无法将整条道路下对应的管线情况完全表达，在进行管线交叉综合时难以避免调整管线标高时带来的“连锁反应”，往往调整一处碰撞，又会忽略另一处碰撞。

（3）常规控规层面市政管线综合规划中管线交叉处的标注多为“控制高程”，即各专业管线彼此相交时竖向规定的“极值”标高，很难保证完全精确定位。此外，“控制高程”只规定了标高区间的上限极值或下限极值，有时交汇处满足“控制高程”条件后又会造成另一处“碰撞”。

为直观、系统地展现成果内容，解决平面具体位置（水平净距、垂直净距、覆土分析），并展开横断面分析（纵断面、横断面、自定义横断面）、区域分析（特征搜索、附属物搜索）、拓扑分析（爆管分析、追踪分析、连通分析、流向分析）、工程分析（开挖分析、隧道分析、智能排管）、生命周期分析等，验证主、次干管线规划的合理性和可实施性，建议有条件的区域可采用相关软件对现状及规划主、次干管进行三维建模模拟。

参考文献

[1] 白晶.市政工程规划在城市规划体系中的地位与作用分析[J].住宅与房地产,2018(19):95.

[2] 北京市市政工程设计研究总院有限公司.城市道路工程设计规范(2016年版):CJJ 37-2012[S].北京:中国建筑工业出版社,2012.

[3] 曾予新,郝伟斌.城市建设与工程项目档案管理[M].北京:中国铁道出版社,2018.

[4] 陈春光.城市给水排水工程[M].成都:西南交通大学出版社,2017.

[5] 陈杰.探讨我国当前市政工程管理中存在的问题及其对策[J].工程建设与设计,2022(6):207-209.

[6] 陈伟.海绵城市理念在市政给排水设计中的应用[J].工程建设与设计,2023,(5):95-97.

[7] 陈希,陈洪.基于智慧城市建设的城市综合杆设计与应用思考[J].光源与照明,2021,(S1):11-14.

[8] 陈友川.计算机信息管理通信工程规划中的应用分析[J].科技创新导报,2018,15(12):174-175.

[9] 翟作卫,华杰,江姝瑶.工程建设理论与实践丛书 城市水利工程设计与管理实务[M].武汉:华中科学技术大学出版社,2022.

[10] 段连旭.浅谈市政道路基本要素设计及布局规划设计[J].珠江水运,2012(6):68-69.

[11] 李军,罗曦,谭春华.基于"双碳"目标的能源专项规划编制研究[J].中外建筑,2023,(6):92-97.

[12] 李岚.城市规划与管理[M].大连:东北财经大学出版社,2014.

[13] 李通.建筑设备[M].北京:北京理工大学出版社,2018.

[14] 刘其.低碳城区综合能源规划影响因素敏感性分析研究[D].天津:天津大学,2017.

[15] 吕明华.以绿色生态为导向的城市道路横断面布置研究[D].西安:长安大学,2017.

[16] 马晓晓.基于绿色交通理念的城市道路设计思路分析[J].工程建设与设计,2022,(19):146-148.

[17] 马新,王晓晓.城市道路景观设计[M].重庆:重庆大学出版社,2022.

[18] 浦华友.海绵城市在市政道路给排水设计中的应用[D].合肥:安徽建筑大学,2018.

[19] 秦春丽,孙士锋,胡勤虎.城乡规划与市政工程建设[M].北京:中国商业出版社,2021.

[20] 全国城市规划执业制度管理委员会.城市规划相关知识[M].北京:中国计划出版社,2002.

[21] 全国交通工程设施(公路)标准化技术委员会.道路交通标志和标线 第1部分:总则:GB 5768.1—2009[S].北京:中国标准出版社,2018.

[22] 上海市城市建设设计研究总院，上海市电力公司路灯管理中心. 道路照明工程建设技术规程：DG/TJ 08－2214—2016[S]. 上海：同济大学出版社，2016.
[23] 上海市城市综合管理事务中心（上海市地下管线监察事务中心），同济大学建筑设计研究院（集团）有限公司. 综合杆设施技术标准：DG/TJ 08－2362—2021[S]. 上海：同济大学出版社，2021.
[24] 上海市政工程设计研究总院（集团）有限公司. 室外排水设计标准：GB 50014—2021[S]. 北京：中国计划出版社，2021.
[25] 邵宗义. 市政工程规划[M]. 北京：机械工业出版社，2022.
[26] 孙家驷. 道路勘测设计[M]. 北京：人民交通出版社，2018.
[27] 王炳坤. 城市规划中的工程规划[M]. 天津：天津大学出版社，2011.
[28] 王华荣. 计算机信息管理在通信工程规划中的应用探究[J]. 湖北农机化，2019，(21)：60.
[29] 王江萍，徐轩轩，李军. 城市详细规划设计[M]. 武汉：武汉大学出版社，2011.
[30] 王峤. 城市规划设计[M]. 北京：北京大学出版社，2019.
[31] 王哲. 公园城市背景下的道路横断面规划设计[J]. 工程技术研究，2020，5(20)：197－198.
[32] 魏薇. 城市规划、城市设计和建筑设计的关系[J]. 中国住宅设施，2021(10)：97－98.
[33] 吴俊奇，曹秀芹，冯萃敏. 给水排水工程[M]. 北京：中国水利水电出版社，2015.
[34] 伍建民，任晓刚. 把握高质量发展这个首要任务[N]. 经济日报，2023－11－29.
[35] 谢水波，余健. 现代给水排水工程设计[M]. 长沙：湖南大学出版社，2000.
[36] 徐李莉. 公路市政化改造横断面设计分析[J]. 工程建设与设计，2017(23)：133－135.
[37] 杨岚. 市政工程基础[M]. 北京：化学工业出版社，2020.
[38] 杨庆华等. 城市防洪防涝规划与设计[M]. 成都：西南交通大学出版社，2016.
[39] 余杰，钱振明. 面向中国式现代化的城市高质量发展：五大维度和三重尺度下的实践向度[J/OL]. 当代经济管理：1－17[2023－11－29]. http://kns.cnki.net/kcms/detail/13.1356.F.20231123.1119.002.html.
[40] 张宬. 探究旧合流制排水管渠系统的改造[J]. 门窗，2019(3)：129＋131.
[41] 中国城市规划设计研究院. 城市居住区规划设计标准：GB 50180—2018[S]. 北京：中国建筑工业出版社，2018.
[42] 中华人民共和国公安部. 闯红灯自动记录系统通用技术条件：GA/T 496—2014[S]. 北京：中国标准出版社，2014.
[43] 中华人民共和国公安部. 道路车辆智能监测记录系统通用技术条件：GA/T 497—2016[S]. 北京：中国标准出版社，2016.
[44] 中华人民共和国公安部. 道路交通信号灯设置与安装规范：GB 14886—2016[S]. 北京：中国标准出版社，2016.
[45] 中华人民共和国公安部. 公安交通管理外场设备基础设施施工通用要求：GA/T 652—2017[S]. 北京：中国标准出版社，2017.
[46] 中华人民共和国建设部. 城市规划基本术语标准：GB/T 50280—1998[S]. 北京：中国建筑工业出版社，1998.

[47] 中华人民共和国水利部. 城市防洪工程设计规范：GB/T 50805—2012[S]. 北京：中国计划出版社，2012.

[48] 中华人民共和国住房和城乡建设部. 城市道路交通设施设计规范(2019 年版)：GB 50688—2011[S]. 北京：中国计划出版社，2019.

[49] 中华人民共和国住房和城乡建设部. 城市道路照明设计标准：CJJ 45—2015[S]. 北京：中国建筑工业出版社，2015.

[50] 中华人民共和国住房和城乡建设部. 城市工程管线综合规划规范：GB 50289—2016[S]. 北京：中国建筑工业出版社，2016.

[51] 中华人民共和国住房和城乡建设部. 城市工程管线综合规划规范：GB 50289—2016[S]. 北京：中国建筑工业出版社，2016.

[52] 中华人民共和国住房和城乡建设部. 道路照明灯杆技术条件：CJ/T 527—2018[S]. 北京：中国标准出版社，2018.

[53] 中华人民共和国住房和城乡建设部. 电力工程电缆设计标准：GB 50217—2018[S]. 北京：中国计划出版社，2018.

[54] 中华人民共和国住房和城乡建设部. 钢结构设计规范：GB 50017—2017[S]. 北京：中国建筑工业出版社，2017.

[55] 中华人民共和国住房和城乡建设部. 工业企业总平面设计规范：GB 50187—2012[S]. 北京：中国计划出版社，2012.

[56] 中华人民共和国住房和城乡建设部. 建筑地基基础设计规范：GB 50007—2011[S]. 北京：中国建筑工业出版社，2011.

[57] 中华人民共和国住房和城乡建设部. 建筑结构荷载规范：GB 50009—2012[S]. 北京：中国建筑工业出版社，2012.

[58] 中华人民共和国住房和城乡建设部. 通信管道与通道工程设计标准：GB 50373—2019[S]. 北京：中国计划出版社，2019.

[59] 钟远岳，曾胜，钟广鹏. 高质量和可持续目标下的城市核心区市政系统规划[J]. 城市规划学刊，2022，(S1)：179－185.

[60] 朱跃华，张晔，贾倩倩，等. 多维视角下市政工程综合规划的思与变[C] //中国城市规划学会. 人民城市，规划赋能：2023 中国城市规划年会论文集(03 城市工程规划). [出版者不详]，2023：7.

[61] 余以文. 对城市道路规划设计的探讨[J]. 广东科技，2010，19(4)：118－119.

[62] 余以文. 城市道路横断面设计探讨[J]. 广东科技，2010，19(2)：167－169.

[63] 曾向前. 广州市城市更新项目市政工程评估研究[J]. 市政技术，2022，40(1)：178－180.

[64] 曾向前，姜应和，程静，等. 管道输送过程中污染物的降解及污水厂进水水质预测[J]. 中国农村水利水电，2010，(10)：47－49＋52.

[65] 张秋芳. 和谐城市中的绿色规划设计[J]. 建材与装饰(下旬刊)，2008，(3)：15－16.

[66] 张秋芳，余以文. 城市变电站规划[J]. 山西建筑，2005，(13)：36－37.